21 世纪高等职业教育计算机系列规划教材

信息安全产品配置与应用

武春岭　主　编

李贺华　副主编

高　林　主　审

電子工業出版社·

Publishing House of Electronics Industry

北京·BEIJING

内 容 简 介

本书是一本专注于信息安全产品的教材，内容涵盖了防火墙、VPN、入侵检测、网络隔离、安全审计及上网行为管理、网络存储、数据备份、防病毒等常用信息安全设备，详细介绍了它们各自的功能、工作原理、配置，以及应用部署方案。

本书的写作融入了作者丰富的教学和工程实践经验，采用项目导向、任务驱动，基于典型工作任务组织教学内容，每个章节都专注于特定的主题，讲解通俗，案例丰富，力争让读者能够在最短的时间内掌握核心安全设备的基本操作与应用技能、快速入门与提高。

本书不仅可以作为高职、高专计算机信息类专业学生的教材，也可作为企事业单位网络信息系统管理人员的技术参考手册，尤其适合想在短期内快速掌握安全产品应用与部署的用户。

图书在版编目（CIP）数据

信息安全产品配置与应用 / 武春岭主编. —北京：电子工业出版社，2010.10
（21世纪高等职业教育计算机系列规划教材）
ISBN 978-7-121-11868-5

Ⅰ.①信…　Ⅱ.①武…　Ⅲ.①信息系统－安全技术－高等学校：技术学校－教材　Ⅳ.①TP309

中国版本图书馆 CIP 数据核字（2010）第 184561 号

策划编辑：徐建军
责任编辑：徐建军　　　特约编辑：李云霞
印　　刷：涿州市京南印刷厂
装　　订：涿州市桃园装订有限公司
出版发行：电子工业出版社
　　　　　北京市海淀区万寿路173信箱　邮编　100036
开　　本：787×1092　1/16　印张：18　字数：460.8千字
印　　次：2010年10月第1次印刷
印　　数：3 000册　定价：29.00元

凡所购买电子工业出版社图书有缺损问题，请向购买书店调换。若书店售缺，请与本社发行部联系，联系及邮购电话：(010) 88254888。

质量投诉请发邮件至 zlts@phei.com.cn，盗版侵权举报请发邮件至 dbqq@phei.com.cn。

服务热线：(010) 88258888。

前　言

随着互联网在中国的快速发展与普及，人们的生产、工作、学习和生活方式已经开始并将继续发生深刻的变化。互联网在促进经济结构调整、经济发展方式转变等方面发挥着越来越重要的作用，目前中国已成为世界上互联网使用人口最多的国家。然而，互联网安全问题日益突出，成为各国普遍关切的问题，中国也面临着严重的网络安全威胁。

近几年来，随着网络技术的迅速发展，网络环境也更加复杂化。计算机网络安全威胁的日益严重，如病毒和蠕虫不断扩散、黑客活动频繁、垃圾邮件猛增等都成为目前困扰网络信息安全的较大网络威胁。比如，2009 年新的安全威胁 Conficker（飞客）的出现，打破了全球 500 万台计算机的感染记录，这些都迫使计算机用户不断地提高防范意识，并对信息安全产品提出了更高需求。

目前，信息安全最基本的防护手段是构建完善的信息安全防御平台，以防火墙、入侵检测产品为代表的信息安全产品构建综合防御体系，构建保障信息安全的基础屏障。信息安全产品已经成为政府、金融和其他企事业单位信息化推进的基本硬件保障，市场对信息安全产品的需求日益增长。与此同时，信息安全厂商、信息系统集成商和信息系统运营商对信息安全产品技术支持和技术服务的专业人员需求也与日俱增、日趋迫切。

重庆电子工程职业学院信息安全技术专业，是国家示范院校建设中唯一一个信息安全类国家级重点建设专业，该专业自 2003 年开办以来，就开设了"信息安全产品配置与应用"课程，目前该课程已经获得重庆市市级精品课程称号。我们根据多年的教学实践，与天融信公司合作，编写了该专业的核心技术教材，旨在更有效地培养信息安全产品工程师（产品销售工程师、产品维护工程师和产品技术支持工程师）。

作为一本专注于信息安全产品的教材，本书详细介绍了信息安全领域常用产品的配置与应用及产品部署方案。本书共 8 章，第 1 章讲述防火墙产品配置与应用；第 2 章讲述VPN 产品配置与应用；第 3 章讲述入侵检测产品配置与应用；第 4 章讲述网络隔离产品配置与应用；第 5 章讲述安全审计及上网行为管理产品配置与应用；第 6 章讲述网络存储设备配置与应用；第 7 章讲述数据备份软件配置与应用；第 8 章讲述防病毒过滤网关系统配置与应用。

本书的写作融入了作者丰富的教学和企业实践经验，内容安排合理，每个章节都专注于特定主题，讲解通俗，案例丰富，力争让读者能够在最短的时间内掌握核心安全设备的基本操作与应用技巧、快速入门与提高。本书第 1 章、第 5 章和第 8 章由武春岭编写，第 2 章由路亚编写，第 3 章、第 4 章由鲁先志编写，第 6 章、第 7 章由李贺华编写。

为了方便教师教学，本书配有电子教学课件，有此需要的教师可登录华信教育资源网（www.hxedu.com.cn）免费注册后进行下载，有问题时可在网站留言板留言或与电子工业出版社联系（E-mail：hxedu@phei.com.cn）。

本书在编写过程中，得到了教育部高等学校高职高专电子信息类专业教学指导委员会高林主任、鲍洁秘书长和盛鸿宇秘书的指导。此外，天融信公司成都分公司周非副总经理和魏振国工程师的大力支持和帮助，在此一并致以衷心的感谢！

由于编者水平有限，加上时间仓促，书中难免有不当之处，敬请各位同行与读者批评指正，以便在今后的修订中不断改进。

编　者

目　录

第 1 章　防火墙产品配置与应用

学习目标

➢ 了解防火墙基本技术及发展历史。
➢ 了解防火墙工作原理及关键技术。
➢ 掌握防火墙系统部署方式。
➢ 掌握防火墙应用方案及安全策略的设计方法。
➢ 掌握天融信防火墙基本配置方法。

引导案例

　　某集团公司，随着业务的发展对信息化的依赖逐渐提高，信息化的高效率也为该集团的快速发展提供了有力的保障。企业的核心系统如 OA、ERP、财务系统等均已实现网络应用、异地互连的状态，可以让员工随时随地访问，极大地提升了办公效率。以前需要跑来跑去几天才能完成的纸质文件办公方式，现在 1 个小时就可以圆满完成。

　　然而，该集团虽然很注重自身信息化平台的建设，但却忽略了网络安全，集团核心网使用了各种高档交换、路由设备，但没有部署包括防火墙在内的任何网络安全产品。因为接入了互联网，企业的核心应用系统在 2009 年被黑客入侵，后来经过专业公司的调查，发现这个有心计的黑客其实早已入侵该集团网络，一直处于潜伏窃取集团资料的状态，在该集团的一次商业竞标中，才发现竞争对手竟然已经非常了解自己的投标机密。

　　于是，该集团公司第一次意识到了问题的严重性，随后集团聘请了专业的网络安全技术公司，对该集团的网络、信息资产、业务等内容进行了全面的风险评估，并提出了包括使用防火墙、VPN、入侵防御等技术手段来提高该集团的网络安全级别。该集团于 2009 年年底，完成了一期的网络安全建设，在集团总部及下属数十家单位的互联网出口，全面部署了防火墙系统，通过防火墙系统实现了对集团总部及其下属单位与互联网之间的访问控制，极大地提升了抵御互联网攻击、入侵的能力，同时通过防火墙系统的部署，实现了对网络应用办公流量的控制，提升了集团互联网办公带宽的利用效率。根据防火墙的日志记录，自一期项目完成后，防火墙已经成功抵御过数次来自互联网针对该集团应用系统的攻击入侵行为。
　　……

　　2010 年年初，某政府行业用户，在某区域 40 余个区县，完成了 50 余台防火墙设备的部署，实现了对这 50 余个直属单位网络的安全访问控制，提升了其网络的整体安全性。使其日常办公应用的安全性与稳定性得到了全面提升。

　　2009 年年底，某国防单位，在全国范围内实施了一次网络边界防护项目，在该单位专网上，为每个接入点接入边界部署了一套防火墙系统，使每个接入点在访问总部或被其他节点访问时的网络流量均能被部署的防火墙系统进行检测和控制，极大地提升了整体网络及节点网络的安全性，其应用系统因违规网络流量带来的故障率由原来的 5%直线降低到 0.5%。

2009 年年初，某大型企业，为提高企业网络使用效率、降低网络病毒感染率及遭受网络攻击的可能性，在企业互联网边界及内部服务器区域边界，部署了多功能防火墙系统，系统部署后大大地降低了网管人员的日常工作强度，全面提升了互联网带宽的利用效率，在潜移默化中为企业带来了无形的价值收入。

......

防火墙（Firewall）系统作为采用访问控制过滤技术的代表产品已经被越来越多的用户认可，其作为网络安全最基本、经济、有效的手段之一，通常部署在内、外两个网络（或多个网络）或者两个网络安全域的边界处，对经过防火墙系统的数据进行检测、判断是否符合制定的通信策略，决定是否进行数据转发，有效地对内、外网络实施隔离，严格保护内部网络不受非授权信息的入侵和访问。防火墙可以实现内、外网或不同信任域之间的网络隔离与访问控制。同时，它也是任何一个网络安全建设必不可少的安全产品。据有关数据统计，防火墙的建设会使整个网络的安全风险降低 90%。

在最近 10 年的用户信息安全项目调研中发现，不管是政府、企业还是金融、军队等，各个行业在自己的网络安全建设中，均将防火墙的部署作为网络安全建设的第一步，可见防火墙在实际应用中的意义之大。为能让大家全面地了解防火墙技术、产品及其技术发展状况，本章将对防火墙进行全面的介绍，配合实际操作让大家加深印象，并达到可以独立完成防火墙产品部署方案设计及产品实际部署配置的目的。

相关知识

1.1 防火墙概述

1.1.1 什么是防火墙

防火墙原是建在大楼内用于防火的一道墙，就如森林里的隔离带或防止外敌入侵的护城河。在计算机网络中，防火墙是设置在被保护网络和外部网络之间的一道屏障，以防止发生不可预测的、潜在的破坏性入侵，保护网络内部的安全。

防火墙是不同网络（如可信任的企业内部网和不可信任的公共网）或网络安全域之间信息的唯一出入口，本身具有强大的抗攻击能力，可以根据企业的安全政策（允许、拒绝、监测）控制出入网络的信息流。

物理上，防火墙是设置在不同网络或网络安全域之间的一系列部件的组合。逻辑上，防火墙是一个分离器，一个限制器，也是一个分析器。

1.1.2 防火墙的功能

1. 防火墙是网络安全的屏障

防火墙通过过滤不安全的服务降低风险，能够极大地提高内部网络的安全性。由于只有经过精心选择的应用协议才能通过防火墙，所以网络环境变得更安全。比如，防火墙可以禁止众所周知的不安全的 NFS 协议进出受保护的网络，这样外部的攻击者就不可能利用这些协议的脆弱性来攻击内部网络。防火墙还可以保护网络免受基于路由的攻击，如 IP 选项中的源路由攻击和 ICMP 重定向中的重定向路径。

2．防火墙可以强化网络安全策略

通过以防火墙为中心的安全方案配置，能将所有安全软件（如口令、加密、身份认证、审计等）配置在防火墙上。与将网络安全问题分散到各个主机上相比，防火墙的集中安全管理更经济。例如，在网络访问时，一次口令系统和其他的身份认证系统完全不必分散在各个主机上，而是集中在防火墙上。

3．对网络存取和访问进行监控审计

如果所有的访问都经过防火墙，那么，防火墙就能记录下这些访问并做出日志记录，同时也能提供网络使用情况的统计数据。当发生可疑动作时，防火墙能进行适当的报警，并提供网络是否受到监测和攻击的详细信息。另外，收集一个网络的使用和误用情况也是非常重要的，可以清楚防火墙是否能够抵挡攻击者的探测和攻击，并且清楚防火墙的控制是否充足。而网络使用统计对网络需求分析和威胁分析等而言也是非常重要的。

4．防止内部信息的外泄

利用防火墙对内部网络的划分，可实现内部网络中重点网段的隔离，从而限制局部重点或敏感网络安全问题对全局网络造成的影响。隐私是内部网络非常关心的问题，一个内部网络中不引人注意的细节可能包含了有关安全的线索而引起外部攻击者的兴趣，甚至因此而暴露了内部网络的某些安全漏洞。使用防火墙就可以隐蔽那些透漏内部细节的（如 Finger、DNS 等）服务。Finger 显示了主机的所有用户的注册名、真名，最后登录时间和使用 shell 类型等，而且 Finger 显示的信息非常容易被攻击者所获悉。攻击者可以知道一个系统使用的频繁程度，这个系统是否有用户正在连线上网，这个系统是否在被攻击时引起注意，等等。防火墙可以同样阻塞有关内部网络中的 DNS 信息，这样一台主机的域名和 IP 地址就不会被外界所了解。

除了安全作用，防火墙还支持具有 Internet 服务特性的企业内部网络技术体系 VPN。通过 VPN，将企事业单位在地域上分布于世界各地的 LAN 或专用子网有机地连成一个整体，不仅省去了专用通信线路，而且为信息共享提供了技术保障。

1.1.3　防火墙的局限性

1．限制有用的网络服务

防火墙为了提高被保护网络的安全性，限制或关闭了很多有用但存在安全缺陷的网络系统服务。由于绝大多数网络服务在设计之初根本没有考虑安全性，只考虑使用的方便和资源共享，所以难免存在安全问题。这样防火墙将限制这些服务，等于从一个极端走到了另一个极端。

2．无法防止内部网络用户的攻击

目前，防火墙只是提供对外部网络用户的防护，对来自内部网络用户的攻击只能依靠

网络主机系统的安全性。也就是说，防火墙对内部网络用户来讲形同虚设，目前还没有更好的解决办法，只有采用多层防火墙系统。

3．无法防范不经过防火墙的攻击

假如，在一个被保护的网络上有一个没有限制的拨出存在，内部网络上的用户就可以直接通过 SLIP 或 PPP 连接进入 Internet。用户可能会对需要附认证的代理服务器感到厌烦，因而向 ISP（互联网服务提供商）或 ISP 连接，从而试图绕过由精心构造的防火墙提供的安全系统。这就为从后门攻击创造了极大的可能。网络用户必须了解这种类型的连接对于一个有安全保护系统来说是绝对不允许的。

4．不能完全防止传送已感染病毒的文件

因为病毒的类型太多，操作系统也有多种，编码与压缩二进制文件的方法也各不相同。所以不能期望 Internet 防火墙对每一个文件进行扫描，查出潜在的病毒。对病毒特别关心的机构应在每个桌面部署防病毒软件，防止病毒从软盘或其他来源进入网络系统。

5．无法防范数据驱动型的攻击

数据驱动型的攻击从表面上看是无害的数据被邮寄或复制到 Internet 主机上，但一旦执行就开始攻击。例如，一个数据型攻击可能导致主机修改与安全相关的文件，使得入侵者很容易获得对系统的访问权。后面章节中我们将会看到，在堡垒主机上部署代理服务器是禁止从外部直接产生网络连接的最佳方式，并能减少数据驱动型攻击的威胁。

6．不能防备新的网络安全问题

防火墙是一种被动式的防护手段，只能对已知的网络威胁起作用。随着网络攻击手段的不断更新和一些新的网络应用的出现，不可能靠一次性的防火墙设置来解决永久的网络安全问题。

1.2　防火墙的体系结构

1.2.1　防火墙系统的构成

防火墙由一个或多个构件组成，这些构件有：
- 包过滤型路由器；
- 应用层网关（或代理服务器）。

根据构成，现有的防火墙主要分为包过滤型、代理服务器型、复合型，以及其他类型。包过滤型防火墙通常安装在路由器上，大多数路由器都提供了包过滤的功能。包过滤在网络层进行，以 IP 包信息为基础，对 IP 源地址、目标地址、协议类型、端口号等进行筛选。代理服务器型防火墙通常由两部分构成，即服务器端程序和客户端程序。客户端程序与中间节点连接，中间节点再与提供服务的服务器实际连接。复合型防火墙将包过滤和代理服务两种方法结合起来，形成新的防火墙，由堡垒主机提供代理服务。

1．包过滤型路由器

包过滤型路由器对所接收的每个数据包做允许或拒绝的决定。路由器审查每个数据报以便确定其是否与某一条包过滤规则相匹配。过滤规则基于可以提供给 IP 转发过程的包头信息。包头信息中包括 IP 源地址、IP 目标端地址、封装协议（ICP、UDP、ICMP 或 IP Tunnel）、TCP/UDP 目标端口、ICMP 消息类型、包的进入接口和输出接口。如果可以匹配并且规则允许该数据包，那么该数据包就会按照路由表中的信息被转发。如果匹配但是规则拒绝该数据包，那么该数据包就会被丢弃。如果没有相匹配的规则，用户配置的默认参数会决定是转发还是丢弃数据包。

1）与服务相关的过滤

包过滤型路由器使得路由器能够根据特定的服务允许或拒绝流动的数据，因为多数的服务提供者都在已知的 TCP/UDP 端口号上监听请求包的到来。例如，Telnet 服务器进程监听在 TCP 的 23 号端口，SMTP 服务器进程监听在 TCP 的 25 号端口。为了阻塞所有进入的 Telnet 连接，路由器只需简单地丢弃所有 TCP 端口号等于 23 的数据包即可。为了将进来的 Telnet 连接限制到内部的数台机器上，路由器必须拒绝所有 TCP 端口号等于 23 并且目标 IP 地址不等于允许主机的 IP 地址的数据包。

一些常用的典型包过滤规则包括：允许进入的 Telnet 会话与指定的内部主机连接；允许进入的 FTP 会话与指定的内部主机连接；允许所有外出的 Telnet 会话；允许所有外出的 FTP 会话；拒绝所有来自特定的外部主机的数据包；等等。

2）与服务无关的过滤

有几种类型的攻击很难使用基本的包头信息来识别，因为这几种攻击是与服务无关的。它们很难被指定，因为过滤规则需要附加的信息只能通过审查路由表和特定的 IP 选项，或检查特定段的内容等才能得到。但是，可以对路由器进行配置，以防止这几种类型的攻击。下面是这几种攻击类型的例子：

● 源 IP 地址欺骗式攻击（Source IP Address Spoofing Attacks）

源 IP 地址欺骗式攻击的特点是入侵者从外部传输一个假装是来自内部主机的数据包，即数据包中所包含的 IP 地址为内部网络上的 IP 地址。入侵者希望借助于一个假的源 IP 地址渗透到一个只使用了源地址安全功能的系统中。在这样的系统中，来自内部信任主机的数据包被接受，而来自其他主机的数据包全部被丢弃。对于源 IP 地址欺骗式攻击，可以利用丢弃所有来自路由器外部端口的使用内部源地址的数据包的方法来挫败。

● 源路由攻击（Source Rowing Attacks）

源路由攻击的特点是源站点指定了数据包在 Internet 中所走的路线。这种类型的攻击是为了旁路安全措施并导致数据包循着一个对方不可预料的路径到达目的地。只需简单地丢弃所有包含源路由选项的数据包即可防范这种类型的攻击。

● 极小数据段式攻击（Tiny Fragment Attacks）

极小数据段式攻击的特点是入侵者使用了 IP 分段的特性，创建极小的分段并强行将 TCP 包头信息分成多个数据包段。这种攻击是为了绕过用户定义的过滤规则。黑客寄希望于过滤器路由器只检查第一个分段而允许其余的分段通过。对于这种类型的攻击，只要丢弃协议类型为 TCP、IP Fragment Offset 等于 1 的数据包就可安然无恙。

2. 应用层网关

应用层网关使得网络管理员能够实现比包过滤型路由器更严格的安全策略。应用层网关不用依赖包过滤工具来管理 Internet 服务在防火墙系统中的进出，而是采用为每种所需服务安装在网关上特殊代码（代理服务）的方式。

如果网络管理员没有为某种应用安装代理编码，那么该项服务就不被支持而不能通过防火墙系统。同时，代理编码可以配置成为只支持网络管理员认为必需的部分功能。

这样增强的安全带来了附加的费用：购买网关硬件平台、代理服务应用、配置网关所需的时间和知识。提供给用户的服务水平的下降，由于缺少透明性而导致缺少友好性的系统。同以往一样，仍要求网络管理员在机构安全需要和系统的易于使用性方面做出平衡。允许用户访问代理服务是很重要的，但是用户是绝对不允许注册到应用层网关中的。假如允许用户注册到防火墙系统中，防火墙系统的安全就会受到威胁，因为入侵者可能会在暗地里进行某些损害防火墙有效性的动作。例如，入侵者获取 Root 权限，安装特洛伊木马来截取口令，并修改防火墙的安全配置文件。

与包过滤型路由器（允许数据包在内部系统与外部系统之间直接流入和流出）不同，应用层网关允许信息在系统之间流动，但不允许直接交换数据包。允许在内部系统和外部系统之间直接交换数据包的主要危险是驻留在受保护网络系统中的主机应用避免任何由所允许的服务带来的威胁。一个应用层网关常常被称做"堡垒主机"（Bastion Host）。因为它是一个专门的系统，有特殊的装备，并能抵御攻击。

堡垒主机的硬件执行一个安全版本的操作系统。例如，如果堡垒主机是一个 UNIX 平台，那么它执行 UNIX 操作系统的安全版本，其经过了特殊的设计，避免了操作系统的脆弱点，保证防火墙的完整性。

只有网络管理员认为必需的服务才能安装在堡垒主机上。原因是如果一个服务没有安装，它就不能受到攻击。一般来说，在堡垒主机上安装有限的代理服务，如 Telnet、DNS、FTP、SMTP 及用户认证等。

用户在访问代理服务之前，堡垒主机可能要求附加认证。比如，堡垒主机是一个安装严格认证的理想位置。在这里，智能卡认证机制产生一个唯一的访问代码。另外，每种代理可能在授予用户访问权之前进行其自己的授权。

对代理进行配置，使得其只支持标准应用的命令集合的子集。如果代理应用不支持标准的命令，那么很简单，被认证的用户没有使用该命令的权限。对代理进行配置，使得其只允许对特定主机的访问。这表明，有限的命令/功能只能适用于内部网络中有限数量的主机。每个代理都通过登记所有的信息、每一次连接，以及每次连接的持续时间来维持一个详细的审计信息。审计记录是发现和终止入侵者攻击的一个基本工具。

每个代理都是一个简短的程序，专门为网络安全目的而设计。因此可以对代理应用的源程序代码进行检查，以确定其是否有纰漏及安全上的漏洞。在堡垒主机上每个代理都与所有其他代理无关。如果任何代理的工作产生问题，或在将来发现脆弱性，只需简单地卸载，不会影响其他代理的工作。并且，如果一些用户要求支持新的应用，网络管理员可以轻而易举地在堡垒主机上安装所需的应用。

代理除了读取初始化配置文件之外，一般不进行磁盘操作。这使得入侵者很难在堡垒主机上安装特洛伊木马程序或其他危险文件。每个代理在堡垒主机上都以非特权用户的身份运行在其自己的并且是安全的目录中。

1.2.2　防火墙的类型与实现

目前，防火墙的类型主要有包过滤型防火墙、双宿主主机防火墙、屏蔽主机防火墙和屏蔽子网防火墙。

1．包过滤型防火墙

包过滤型防火墙也称包（分组）过滤型路由器，是最基本、最简单的一种防火墙，位于内部网络与外部网络之间。内部网络的所有出入都必须通过包过滤型路由器，包过滤型路由器审查每个数据包，根据过滤规则决定允许或拒绝数据包。

包过滤型防火墙可以在一般的路由器上实现，也可以在基于主机的路由器上实现，其配置如图 1-1 所示。除具有路由器功能外，再装上分组过滤软件，利用分组过滤规则完成基本的防火墙功能。

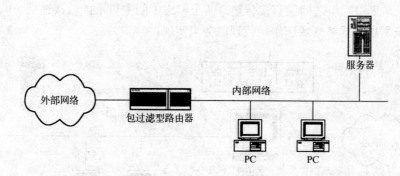

图 1-1　包过滤型防火墙的配置

1）包过滤型路由器的优点

容易实现，所需费用少，如果被保护网络与外界之间已经有一个独立的路由器，那么只需简单地加一个分组过滤软件便可保护整个网络。

包过滤型路由器，除了要花费时间去规划过滤器和配置路由器之外，实现包过滤几乎不再需要费用（或极少的费用），因为这些都包含在标准的路由器软件中。

由于 Internet 访问一般都是在 WAN 接口上提供，因此在流量适中并定义较少过滤器时对路由器的性能几乎没有影响。另外，分组过滤在网络层实现，不要求改动应用程序，也不要求用户学习任何新的东西，用户感觉不到过滤服务器的存在，因而使用方便。

2）包过滤型路由器的缺点

定义数据包过滤器会比较复杂，因为网络管理员需要对各种 Internet 服务、包头格式，以及每个域的意义有非常深入的理解。如果必须支持非常复杂的过滤，过滤规则集合会非常大及复杂，因而难以管理和理解。另外，在路由器上进行规则配置之后，几乎没有什么工具可以用来检验过滤规则的正确性，因此会成为一个脆弱点。

任何直接经过路由器的数据包都有被用做数据驱动式攻击的潜在危险。已经知道数据驱动式攻击从表面上来看是由路由器转发到内部主机上没有害处的数据，该数据包括了一些隐藏的指令，能够让主机修改访问控制和与安全有关的文件，使得入侵者能够获得对系统的访问权。

一般来说,随着过滤器数目的增加,路由器的吞吐量会下降。可以对路由器进行这样的优化抽取每个数据包的目标 IP 地址,进行简单的路由表查询,然后将数据包转发到正确的接口上去传输。如果打开过滤功能,路由器不仅必须对每个数据包做出转发决定,还必须将所有的过滤器规则施用给每个数据包。这样就消耗了 CPU 时间并影响系统的性能。

IP 包过滤器可能无法对网络上流动的信息提供全面的控制。包过滤路由器能够允许或拒绝特定的服务,但是不能理解特定服务的上下文环境/数据。例如,网络管理员可能需要在应用层过滤信息以便将访问限制在可用的 FTP 或 Telnet 命令的子集之内,或者阻塞邮件的进入及特定话题的新闻进入。这种控制最好在高层由代理服务和应用层网关来完成。

2. 双宿主主机防火墙

这种防火墙系统由一种特殊的主机来实现,这台主机拥有两个不同的网络接口,一端接外部网络,另一端接需要保护的内部网络,并运行代理服务器软件,故被称为双宿主主机防火墙,如图 1-2 所示。它不使用包过滤规则,而是在外部网络和被保护的内部网络之间设置一个网关,隔断 IP 层之间的直接传输。两个网络中的主机不能直接通信,两个网络之间的通信通过应用层数据共享或应用层代理服务来实现。

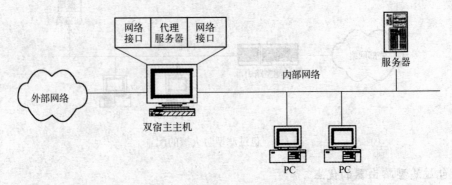

图 1-2 双宿主主机防火墙

1)双宿主主机防火墙的优点

双宿主主机防火墙将受保护网络与外界完全隔离,由于域名系统 DNS 的信息不会通过受保护系统传到外界,所以站点系统的名字和 IP 地址对 Internet 是隐蔽的。

由于双宿主主机防火墙本身是一台主机,可以使其具有多种功能。另外,代理服务器提供日志记录,有助于发现入侵记录。

2)双宿主主机防火墙的缺点

代理服务器必须为每种应用专门设计,所有的服务依赖于网关提供,在某些要求灵活的场合不太适用。

如果防火墙只采用双宿主主机一个部件,一旦该部件出现问题,将使网络安全受到危害。如果重新安装操作系统而忘记关掉路由器,将失去安全性。

3. 屏蔽主机防火墙

屏蔽主机防火墙由一台包过滤型路由器和一台堡垒主机组成,如图 1-3 所示。在这种结构下,堡垒主机配置在内部网络上,包过滤型路由器则放置在内部网络和外部网络之间。

外部网络的主机只能访问该堡垒主机，而不能直接访问内部网络的其他主机。内部网络在向外通信时，必须先到堡垒主机，由该堡垒主机决定是否允许访问外部网络。这样堡垒主机成为内部网络与外部网络通信的唯一通道。

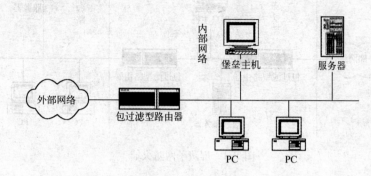

图 1-3　屏蔽主机防火墙

在内部网络和外部网络之间建立了两道安全屏障，既实现了网络层安全，又实现了应用层安全。来自 Internet 的所有通信都直接到包过滤型路由器，它根据所设置的规则过滤这些通信。在多数情况下与应用网关之外机器的通信都将被拒绝。网关的代理服务器软件用自己的规则，将被允许的通信传送到受保护的网络上。在这种情况下，应用网关只有一块网络接口卡，因此它不是双宿主网关。

1）屏蔽主机网关防火墙的优点

屏蔽主机网关比双宿主网关更灵活。屏蔽主机网关可以设置成为使包过滤型路由器将某些通信直接传到 Intranet 的站点，而不是传到应用网关。

屏蔽主机网关中的包过滤型路由器的规则比单独的包过滤型路由器防火墙要简单，这是因为多数的通信将直接到应用网关。

主机屏蔽网关具有双重保护，安全性更高的特点。

2）屏蔽主机网关防火墙的缺点

屏蔽主机网关要求对两个部件认真配置以便能协同工作，系统的灵活性可能会因为走捷径而破坏安全。

即使包过滤型路由器的规则较简单，配置防火墙的工作也会很复杂。一旦堡垒主机被攻破，内部网络将完全暴露。

4．屏蔽子网防火墙

屏蔽子网防火墙是在屏蔽主机网关防火墙的配置上加上另一个包过滤型路由器，如图 1-4 所示。堡垒主机位于两个包过滤型路由器之间，是整个防御体系的核心，可被认为是应用层网关，可以运行各种代理服务程序，对于出站服务不一定要求所有的服务都经过堡垒主机代理，但对于入站服务应要求所有服务都通过堡垒主机。

在屏蔽主机网关防火墙中，堡垒主机最易受到攻击，而且内部网对堡垒主机是完全公开的，入侵者只要破坏了这一层的保护，那么入侵也就成功了。屏蔽子网防火墙就是在被屏蔽主机结构中再增加一台路由器的安全机制，这台路由器的意义就在于它能够在内部网和外部网之间构筑出一个安全子网，该子网又被称为非军事区（DMZ），从而使得内部网与外部网之间有两层隔断。用子网来隔离堡垒主机与内部网，就能减轻入侵者冲开堡垒主机后给内部网带来的冲击力。

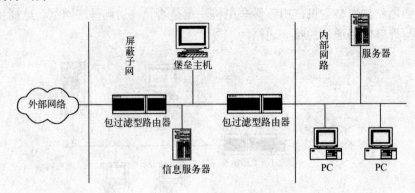

图 1-4　屏蔽子网防火墙

1）屏蔽子网防火墙的优点

提供多层保护，一个入侵者必须通过两个包过滤型路由器和一个应用网关，是目前最为安全的防火墙系统，它可以对数据服务进行更为灵活的控制。

2）屏蔽子网防火墙的缺点

屏蔽子网防火墙要求的设备和软件模块最多，整个系统的配置所需费用高且复杂，适合大、中型企业，以及对安全性要求高的单位。

1.3　防火墙的关键技术

1.3.1　访问控制列表 ACL

网络中常说的 ACL 是 Cisco IOS 所提供的一种访问控制技术。ACL 使用包过滤技术，在路由器上读取第三层及第四层包头中的信息（如源地址、目的地址、源端口、目的端口等），根据预先定义好的规则对包进行过滤，从而达到访问控制的目的。

1. ACL 的功能

网络中的节点包括资源节点和用户节点两大类，其中资源节点提供服务或数据，用户节点访问资源节点所提供的服务与数据。ACL 的主要功能是一方面保护资源节点，阻止非法用户对资源节点的访问；另一方面限制特定的用户节点所具备的访问权限。

2. 配置 ACL 的基本原则

在实施 ACL 的过程中，应当遵循如下两个基本原则：最小特权原则——只给受控对象完成任务所必需的最小的权限；最靠近受控对象原则——所有的网络层访问权限控制。

3. 局限性

由于 ACL 是使用包过滤技术来实现的，过滤的依据又仅是第三层和第四层包头中的部分信息，这种技术具有一些固有的局限性，如无法识别到具体的人、无法识别到应用内部的权限级别等。因此，要达到端到端的权限控制目的，需要和系统级及应用级的访问权限控制结合使用。

1.3.2　代理技术 Proxy

随着因特网技术的迅速发展，越来越多的计算机连入了因特网。它促进了信息产业的发展，并改变了人们的生活、学习和工作方式，对很多人来说，因特网已成为其不可缺少的工具。而随着因特网的发展也产生了诸如 IP 地址耗尽、网络资源争用和网络安全等问题。代理服务器就是为了解决这些问题而产生的一种有效的网络安全产品。

1．代理服务器的功能

代理服务器只允许因特网的主机访问其本身，并有选择地将某些允许的访问传输给内部网，这是利用代理服务器软件的功能实现的。采用防火墙技术，易于实现内部网的管理，限制访问地址。代理服务器可以保护局域网的安全，起到防火墙的作用：对于使用代理服务器的局域网来说，在外部看来只有代理服务器是可见的，局域网的其他用户对外是不可见的，代理服务器为局域网的安全起到了屏障的作用。因此，可以提高内部网的安全性。

另外，代理服务器软件允许使用大量的伪 IP 地址，节约网上资源，即用代理服务器可以减少对 IP 地址的需求，对于使用局域网方式接入 Internet，如果为局域网（LAN）内的每个用户都申请一个 IP 地址，其费用可想而知。但使用代理服务器后，只需代理服务器上有一个合法的 IP 地址，LAN 内其他用户就可以使用内部网 IP 地址，这样可以节约大量的 IP。这对缓解目前 IP 地址紧张问题很有用。还有，在几台 PC 想连接 Internet，却只有一根拨号线的情况下，使用代理服务器是一个非常合适的解决方案。

2．代理服务器的原理

代理服务器（Proxy）的工作机制很像生活中常常被提及的代理商，假设你的机器为 A 机，你想获得的数据由 B 机提供，代理服务器为 C 机，那么具体的连接过程是：

首先，A 机需要 B 机的数据，它与 C 机建立连接，C 机接收到 A 机的数据请求后，与 B 机建立连接，下载 A 机所请求的 B 机上的数据到本地，再将此数据发送至 A 机，完成代理任务。

这只是一个简单的描述，实际上代理服务器完成的任务比这要复杂得多，提供的功能也多得多。代理服务器犹如一个屏障，它允许向 Internet 发送请求并且接收信息，但禁止未授权用户的访问。目前通过代理方式可以支持绝大部分的 Internet 应用，从一般的 WWW 浏览到 RealAudio、NetMeeting 等都可以通过代理方式实现，而且目前新型的代理服务器软件可以支持对 Novell 用户的代理服务。

代理服务通常由两部分组成：服务器端程序和客户端程序。用户运行客户端程序，要先登录至代理服务器（有的是透明处理的，没有显示的登录），再通过代理服务器访问相应的站点。

客户端程序可以分为专用客户端及 Internet 应用内嵌的代理设置。例如，WinGate 有自己专用的客户端程序 Internet Client，在客户机安装了以后，可透明地通过 WinGate 访问 Internet；SocksCap 也是一个专用的客户端程序，它是 Socket 代理的客户端，可以透明地通过 Socks 代理访问 Internet。很多 Internet 应用都有设置代理的功能，如 IE、Netscape 等浏览器都可以设置代理，CuteFTP 等 FTP 软件也可以设置代理。

代理服务器的实现十分简单，只需在局域网的一台服务器上运行相应的服务器端软件，目前代理服务器软件产品十分成熟，功能也很强大，可供选择的服务器软件很多。主要的服务器软件有 WinGate 公司的 WinGate Pro、微软公司的 Microsoft Proxy、Netscape 公司的 Netscape Proxy、Ositis Software 公司的 WinProxy、Tiny Software 公司的 WinRoute、Sybergen Networks 公司的 SyGate 等，这些代理软件不仅可以为局域网内的 PC 提供代理服务，还可以为基于 Novell 网络的用户，甚至 UNIX 的用户提供代理服务，服务器和客户机之间可以用 TCP/IP、IPX、NETBEUI 等协议通信，可以提供 WWW 浏览、FTP 文件上传/下载、Telnet 远程登录、邮件接收发送、TCP/UDP 端口映射、SOCKS 代理等服务，可以说目前绝大部分 Internet 的应用都可以通过代理方式实现。

1.3.3　网络地址转换 NAT

NAT（Network Address Translation）中文意思是"网络地址转换"，它允许一个整体机构以一个公用 IP（Internet Protocol）地址出现在 Internet 上。顾名思义，NAT 是一种把内部私有网络地址（IP 地址）翻译成合法公用 IP 地址的技术，如图 1-5 所示。

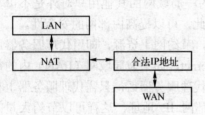

图 1-5　NAT 原理图

1．NAT 的功能

NAT 就是在局域网内部网络中使用内部地址，而当内部节点要与外部网络进行通信时，就在网关处将内部地址替换成公用地址，从而在外部公网上正常使用。NAT 可以使多台计算机共享 Internet 连接，这一功能很好地解决了公共 IP 地址紧缺的问题。通过这种方法，用户可以只申请一个合法 IP 地址，就把整个局域网中的计算机接入 Internet 中。并且，NAT 屏蔽了内部网络，所有内部网计算机对于公共网络来说是不可见的，而内部网计算机用户通常不会意识到 NAT 的存在。NAT 将无法在互联网上使用的保留 IP 地址翻译成可以在互联网上使用的合法的公网 IP 地址。

2．NAT 的三种类型

NAT 的三种类型如下：

（1）静态地址转换（Static NAT）：静态地址转换是设置起来最为简单和最容易实现的一种，内部网络中的每个主机都被永久映射成外部网络中的某个合法的地址。

（2）动态地址转换（Dynamic NAT）：动态地址转换为每个内部的 IP 地址分配一个临时的公用 IP 地址。动态地址转换主要应用于拨号，对于频繁的远程连接也可以采用动态地址转换。当远程用户连接上之后，动态地址转换就会分配给它一个公用 IP 地址，用户断开后这个 IP 地址就会被释放而留待以后使用。

（3）网络地址和端口转换（Network Address Port Translation）：这是最普遍的情况，网络地址/端口转换器检查、修改包的 IP 地址和 TCP/UDP 端口信息，这样，更多的内部主机就可以同时使用一个公网 IP 地址。

3．NAT 的局限性

理论上一个全球唯一 IP 地址后面可以连接几百台、几千台乃至几百万台拥有专用地址的主机。但实际上存在着缺陷。例如，许多 Internet 协议和应用依赖于真正的端到端网络，数据包完全不加修改地从源地址发送到目的地址。比如，IP 安全架构不能跨 NAT 设备使用，因为包含 IP 源地址的原始包头可能采用了数字签名，如果改变源地址，则数字签名将不再有效。

NAT 还向我们提出了管理上的挑战。尽管 NAT 对于一个缺少足够的全球唯一 Internet 地址的组织、分支机构或者部门来说是一种不错的解决方案，但是当需要对两个或更多的专用网络进行整合时，它就变成了一种严重的问题。甚至在组织结构稳定的情况下，NAT 系统不能多层嵌套，从而造成路由噩梦。

1.3.4　虚拟专用网 VPN

Microsoft 将虚拟专用网定义为专用网络的一个扩展，它跨越共享或公共网络建立连接。通过 VPN，可以跨越一个共享或公共网络，模拟点对点专有连接在两台计算机之间发送数据。虚拟专用网连接是创建和配置一个虚拟专用网络的具体行动。

1. VPN 的功能

VPN（Virtual Private Network）中文意思是"虚拟专用网络"。顾名思义，是虚拟出来的企业内部专线。它可以通过特殊的加密通信协议在连接在 Internet 上的位于不同地方的两个或多个企业内部网之间建立一条专有的通信线路，就好比是架设了一条专线一样，但是并不需要真正地去铺设光缆之类的物理线路。例如，去电信局申请专线，但是不用给铺设线路的费用，也不用购买路由器等硬件设备。VPN 的核心就是利用公共网络建立虚拟私用网。VPN 技术原是路由器具有的重要技术之一，目前在交换机、防火墙设备或 Windows Server 2003 主机上也都支持 VPN 功能。

2. VPN 的三种解决方案

（1）远程访问虚拟网（Access VPN）

Access VPN 是通过一个拥有与专用网络相同策略的共享基础设施，提供对企业内部网或外部网的远程访问。Access VPN 能使用户随时随地以其所需要的方式访问企业资源。Access VPN 包括模拟、拨号、ISDN、数字用户线路 xDSL、移动 IP 和电缆技术，能够安全地连接移动用户、远程工作者或分支机构。

（2）企业内部虚拟网（Intranet VPN）

越来越多的企业需要在全国乃至世界范围内建立各种办事机构、分公司、研究所等，各个分公司之间传统的网络连接方式一般是租用专线。显然，在分公司增多、业务开展越来越广泛时，网络结构趋于复杂，所需费用昂贵。利用 VPN 特性可以在 Internet 上组建世界范围内的 Intranet VPN。利用 Internet 的线路保证网络的互连性，而利用隧道、加密等 VPN 特性可以保证信息在整个 Intranet VPN 上安全传输。Intranet VPN 通过一个使用专用连接的共享基础设施，连接企业总部、远程办事处和分支机构。企业拥有与专用网络的相同政策，包括安全、服务质量（QoS）、可管理性和可靠性。

（3）企业扩展虚拟网（Extranet VPN）

随着信息时代的到来，各个企业越来越重视各种信息的处理。希望可以提供给客户最快捷方便的信息服务，通过各种方式了解客户的需要，同时各个企业之间的合作关系也越来越多，信息交换日益频繁。Internet 为这样的一种发展趋势提供了良好的基础，而如何利用 Internet 进行有效的信息管理，是企业发展中不可避免的一个关键问题。利用 VPN 技术可以组建安全的 Extranet，既可以向客户、合作伙伴提供有效的信息服务，又可以保证自身内部网络的安全。

3．VPN 的主要优点

VPN 的主要优点如下：

降低成本：用户不必租用长途专线建设专网、无须大量的网络维护人员和设备的投资。

容易扩展：网络路由设备配置简单。

控制主动权：VPN 上的设施和服务掌握在学校网管服务器手中，可以把拨号访问交给 NSP 去做，服务器负责安全用户的查验、访问权、网络地址、安全性和网络变化管理等重要工作。

4．VPN 的适用范围

适合采用 VPN 的用户：位置众多，特别是单个用户和远程办公室站点多；用户/站点分布范围广，彼此间的距离远，需要长途电信，甚至国际长途手段联系的用户；对线路保密性和可用性有一定要求的用户。

不太适合采用 VPN 的用户：对数据的安全性非常重视；将网络性能放在第一位，价格因素放在其次；采用不常见的网络协议或特殊应用的网络，不能在 IP 隧道中传送数据。

1.4　防火墙性能与部署

1.4.1　常见的防火墙产品

1．NetScreen 208 防火墙

NetScreen 科技公司推出的 NetScreen 防火墙产品是一种新型的网络安全硬件产品。NetScreen 采用内置的 ASIC 技术，其安全设备具有低延时、高效率的 IPSec 加密和防火墙功能，可以无缝地部署到任何网络。设备安装和操控也非常容易，可以通过多种管理界面（包括内置的 WebUI 界面、命令行界面或 NetScreen 中央管理方案）进行管理。NetScreen 将所有功能集成于单一硬件产品中，它不仅易于安装和管理，而且能够提供更高的可靠性和安全性。由于 NetScreen 设备没有其他品牌产品对硬盘驱动器所存在的稳定性问题，所以它是对在线时间要求极高的用户的最佳方案。采用 NetScreen 设备，只需要对防火墙、VPN 和流量管理功能进行配置和管理，减省了配置另外的硬件和复杂性操作系统的需要。这个做法缩短了安装和管理的时间，并在防范安全漏洞的工作上，省略设置的步骤。NetScreen-100 防火墙比较适合中型企业的网络安全需求。

2．Cisco Secure PIX 515-E 防火墙

Cisco Secure PIX 防火墙是 Cisco 防火墙家族中的专用防火墙设施。Cisco Secure PIX 515-E 防火墙系统通过端到端安全服务的有机组合，提供了很高的安全性。适合那些仅需要与自己

企业网进行双向通信的远程站点，或由企业网在自己的企业防火墙上提供所有的 Web 服务的情况。Cisco Secure PIX 515-E 防火墙与普通的 CPU 密集型专用代理服务器（对应用级的每个数据包都要进行大量处理）不同，Cisco Secure PIX 515-E 防火墙采用非 UNIX、安全、实时的内置系统。可提供扩展和重新配置 IP 网络的特性，同时不会引起 IP 地址短缺问题。NAT 既可利用现有 IP 地址，也可利用 Internet 指定号码机构[IANA]预留池[RFC.1918]规定的地址来实现这一特性。Cisco Secure PIX 515-E 防火墙还可根据需要有选择性地允许地址是否进行转化。Cisco 保证 NAT 将同所有其他的 PIX 防火墙特性（如多媒体应用支持）共同工作。Cisco Secure PIX 515-E 防火墙比较适合中小型企业的网络安全需求。

3．天融信网络卫士 NGFW4000-S 防火墙

北京天融信公司的网络卫士 NGFW4000-S 防火墙是我国第一套自主版权的防火墙系统，目前在我国电信、电子、教育、科研等单位广泛使用。它由防火墙和管理器组成。网络卫士 NGFW4000-S 防火墙是我国首创的核检测防火墙，更加安全、稳定。网络卫士 NGFW4000-S 防火墙系统集中了包过滤型防火墙、应用代理、网络地址转换（NAT）、用户身份鉴别、虚拟专用网、Web 页面保护、用户权限控制、安全审计、攻击检测、流量控制与计费等功能，可以为不同类型的 Internet 接入网络提供全方位的网络安全服务。网络卫士防火墙系统是中国人自己设计的，因此管理界面完全是中文化的，使管理工作更加方便，网络卫士 NGFW4000-S 防火墙的管理界面是所有防火墙中最直观的。网络卫士 NGFW4000-S 防火墙比较适合中型企业的网络安全需求。

4．东软 NetEye 4032 防火墙

NetEye 4032 防火墙是 NetEye 防火墙系列中的最新版本，该系统在性能、可靠性、管理性等方面有了大大提高。其基于状态包过滤的流过滤体系结构，保证从数据链路层到应用层的完全高性能过滤，可以进行应用级插件的及时升级，攻击方式的及时响应，实现动态的保障网络安全。NetEye 4032 防火墙对流过滤引擎进行了优化，进一步提高了性能和稳定性，同时丰富了应用级插件、安全防御插件，并且提升了开发相应插件的速度。网络安全本身是动态的，其变化非常迅速，每天都有可能有新的攻击方式产生。安全策略必须能够随着攻击方式的产生而进行动态的调整，这样才能够动态地保护网络的安全。基于状态包过滤的流过滤体系结构，具有动态保护网络安全的特性，使 NetEye 防火墙能够有效地抵御各种新的攻击，动态的保障网络安全。东软 NetEye 4032 防火墙比较适合中小型企业的网络安全需求。

1.4.2　防火墙关键性能指标

不同性能的防火墙设备，需要与所接入的网络相适应，同时权威测评机构（如中国信息安全产品测评认证中心等）在对防火墙产品进行检测、测评时，一般会测评其吞吐量、时延、丢包率、并发连接数等，在进行上述测试时会搭建独立的测试用环境，并且一般使用专用硬件进行测试，如 SmartBits 等设备。以下对这几个常见指标进行说明。

1．吞吐量

网络中的数据是由一个个数据帧组成的，防火墙对每个数据帧的处理要耗费资源。吞

吐量是指在没有数据帧丢失的情况下，防火墙能够接受并转发的最大速率。IETF RFC 1242 中对吞吐量做了标准的定义："The Maximum Rate at Which None of the Offered Frames are Dropped by the Device"，明确提出了吞吐量是指在没有丢包时的最大数据帧转发速率。吞吐量的大小主要由防火墙内网卡及程序算法的效率决定，尤其是程序算法，会使防火墙系统进行大量运算，通信量大打折扣。很明显，同档次防火墙这个值越大说明防火墙的性能越好。

2．时延

网络的应用种类非常复杂，许多应用对时延非常敏感（如音频、视频等），而网络中加入防火墙设备（也包括其他设备）必然会增加传输时延，所以较低的时延对防火墙来说是不可或缺的。测试时延是指测试仪发送端口发出数据包经过防火墙后到接收端口收到该数据包的时间间隔，时延有存储转发时延和直通转发时延两种。

3．丢包率

在 IETF RFC1242 中对丢包率做出了定义，是指在正常稳定的网络状态下，应该被转发，但由于缺少资源而没有被转发的数据包占全部数据包的百分比。较低的丢包率，意味着防火墙在强大的负载压力下，能够稳定地工作，以适应各种网络的复杂应用和较大数据流量对处理性能的高要求。

4．并发连接数

并发连接数是衡量防火墙性能的一个重要指标。在 IETF RFC2647 中给出了并发连接数（Concurrent Connections）的定义，是指穿越防火墙的主机之间或主机与防火墙之间能同时建立的最大连接数。表示防火墙（或其他设备）对其业务信息流的处理能力，反映出防火墙对多个连接的访问控制能力和连接状态跟踪能力，这个参数直接影响到防火墙所能支持的最大信息点数。

除上述指标外，在部分测试中还会进行背靠背缓冲等数据测评，并且随着防火墙技术的不断发展，更多的测评项也会随之不断增加，以分析防火墙各个应用方面的实际性能。

1.4.3　防火墙部署方式

因为历史的原因，一般用户均是在已有的信息系统、网络平台上去部署增加防火墙设备，以提升信息系统和网络的安全性。为此，防火墙的产品在设计之初就考虑到了这些问题，并同时支持透明模式、路由模式和混合模式三种不同的部署方式，这三种部署方式已经涵盖了任何环境下对防火墙部署的需要，并保证在各种模式下防火墙的安全访问控制功能得以全面发挥。以下分别对防火墙这三种部署方式进行说明。

1．透明模式

顾名思义，首要的特点就是对用户是透明的（Transparent），即用户意识不到防火墙的存在。要想实现透明模式，防火墙必须在没有 IP 地址的情况下工作，不需要对其设置 IP 地址，用户也不知道防火墙的 IP 地址。

防火墙作为一个实际存在的物理设备，其本身也可以起到路由的作用，所以在为用户安装防火墙时，就需要考虑如何改动其原有的网络拓扑结构或修改连接防火墙的路由表，以适应用户的实际需要，这样就增加了工作的复杂程度和难度。但如果防火墙采用了透明模式，即采用无 IP 地址方式运行，用户将不必重新设定和修改路由，防火墙就可以直接安装和放置到网络中使用，如交换机一样不需要设置 IP 地址。在采用透明方式部署防火墙后的网络结构不需要做任何调整，即使需要时把防火墙去掉，网络依然可以很方便地连通，不需要调整网络上的交换及路由，如图 1-6 所示为以透明模式部署防火墙后的一个网络结构示意图。

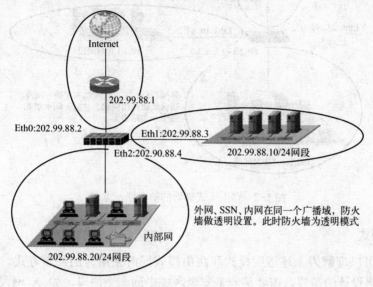

图 1-6　以透明模式部署防火墙后的一个网络结构示意图

透明模式的防火墙就好像是一台网桥（非透明模式的防火墙好像一台路由器），网络设备（包括主机、路由器、工作站等）和所有计算机的设置（包括 IP 地址和网关）无须改变，同时解析所有通过它的数据包，既增加了网络的安全性，又降低了用户管理的复杂程度。

2．路由模式

路由模式比透明模式更容易理解，在此模式下，防火墙需要配置相应的路由规则，并参与所接入网络的路由。为此，如果是在现有的网络上采用路由模式部署防火墙，可能涉及调整现有网络结构或网络上路由设备、交换设备的 IP 地址或路由指向的问题，同时需要考虑防火墙部署位置的关键性，是否需要设计冗余部署防火墙设备，等等。

在路由模式下，防火墙所有使用的接口均需要配置 IP 地址，并且需要在防火墙的路由表内，根据网络结构情况添加相应的路由规则，同时其他连接防火墙的路由设备，需要编写指向防火墙的路由策略。

在现实的实际使用中，因为防火墙具备了路由功能，可以在大部分情况下代替路由器，所以很多用户在使用防火墙时使用了其路由功能，并将其部署在网络边界。甚至有些在网络方案设计初期就设计好如何使用防火墙的路由功能，以最大限度地提高产品的利用率并降低成本。图 1-7 所示是路由模式部署的防火墙示意图。

很明显，在路由模式下，因为需要使用防火墙更多的网络路由功能，那么一旦防火墙出现故障，整个网络结构或连接防火墙的设备配置就需要调整，为此在一般的防火墙部署方案中，特别是路由模式（及混合模式）部署时，一定程度上都会考虑防火墙的冗余部署（双机热备等），以避免因防火墙设备故障长时间造成网络通信中断。

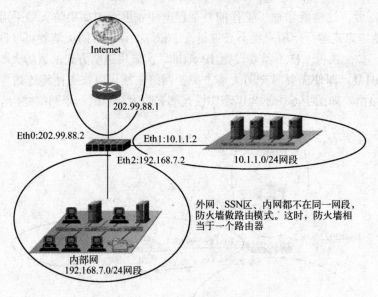

图 1-7　路由模式部署的防火墙示意图

3．混合模式

混合模式可以理解为上述透明模式和路由模式同时采用时的部署方式。在某些网络结构下，因为网络设计的需要，需要某若干安全区域中同一个网段，如 A 网段，但又要求区域间的访问受防火墙的控制，这样就采用透明模式连接这些区域。而另外有些区域出于更安全的要求，要求其与 A 网段不在同一网段，但同时还需要与 A 网段进行安全的、可控制的数据交换，为此防火墙的一些接口就需要配置为交换模式（网桥模式），另外一些接口配置为路由模式，这样部署的防火墙，就是采用的混合模式。图 1-8 所示是采用混合模式部署的防火墙的网络结构示意图。

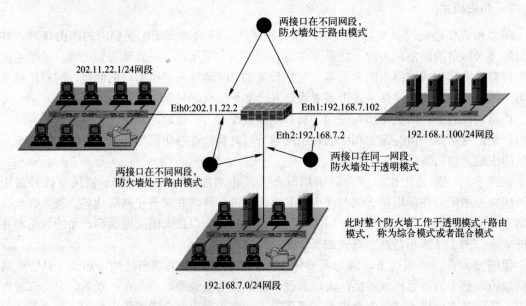

图 1-8　采用混合模式部署的防火墙网络结构示意图

同样,混合模式下部分接口启用了路由功能,在关键网络上也是需要考虑防火墙的冗余部署。

学习项目

1.5 项目 1:防火墙产品部署

1.5.1 任务 1:需求分析

网络安全需求分析的前提,是了解现状,了解现状存在的安全风险,了解风险发生时可能带来的损失,了解规划,分析、引导需求。

某房企随着公司的发展与壮大,公司本部网络规模与信息应用均逐年增多,早先单机的物业管理系统、财务系统及办公系统,均已经被网络化,员工可以通过网络随时接入系统完成相应的工作,企业的日常运作已经无法离开网络。

根据上述情况,该企业对目前的应用情况进行调研,并分析如下:

(1)公司核心应用均已经接入企业局域网,部分应用通过局域网接入互联网;

(2)公司的核心数据均采用网络方式传输,并存储于主机硬盘上;

(3)公司对计算机、网络的依赖性极大,一旦网络或计算机发生故障,可能会严重影响公司的业务乃至今后的发展。该企业的基本网络结构如图 1-9 所示。

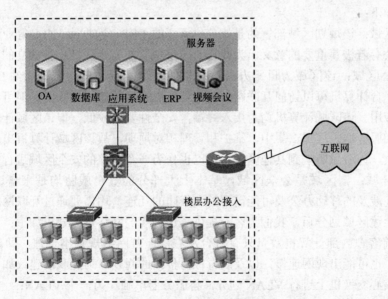

图 1-9 某企业的基本网络结构

针对上述应用及网络情况,特别是核心应用目前的安全使用情况分析如下:

(1)目前的核心服务器直接和局域网连接,并且所有计算机均在一个 C 类网段内,可能遭受局域网内部计算机或员工计算机间接攻击和破坏;

(2)局域网接入互联网边界目前使用的路由器,不具备防火墙功能,无法抵御来自互联网对局域网的攻击;

（3）无法控制局域网用户对互联网及对服务器的访问，网络访问均不在受控范围内。

根据上述情况，该企业的网络管理员找到了一家专业的网络安全公司寻求帮助，并提出以下要求：

（1）设计一个针对本企业目前网络及应用适用的网络安全方案；

（2）方案可以实现对互联网边界的访问控制与保护，可以抵御来自互联网的攻击；

（3）方案可以对内部服务器进行独立的保护；

（4）根据需要应该可以进一步实现对内网用户访问互联网的控制；

（5）配备的产品应具备高扩展能力，可以在适当时候增加其他需要的功能模块，如VPN等；

（6）配备的产品应采用最新技术，产品应具有延续性，至少保证 5 年的产品升级延续。

根据上述情况，该专业公司（为方便说明问题，以下以第一人称角度进行描述）计划为此客户设计一个切实可行并具备一定扩展能力的网络安全方案。

1.5.2　任务 2：方案设计

我们在接到客户的需求并进行分析后，首先发现客户网络的安全区域（SSN）划分不够明确，为此，在方案中首先对客户的网络安全区域进行了设计。区域划分是网络安全规划的首要任务，安全区域划分除了可以实现对重点区域的重点保护外，还可以进一步对网络及应用的安全边界进行明确。

根据对网络及应用的了解，我们在方案中将这个客户的网络划分为 3 个逻辑区域，区域情况分别如下：

服务器区域：该规划区域部署的是该单位重要的 ERP、数据库、OA 等业务系统，对中心的日常办公有着极其重要的意义，为此作为一个独立的安全区域进行独立的安全保护。

内网办公区域：该区域为日常办公计算机的一个区域，该区域下大约有 100 台计算机，其中 30 台计算机可以访问互联网，其他计算机不运行访问互联网，但可以访问服务器区域的部分应用。该区域计算机均为接入终端，安全性要求较低，但该区域计算机因为数量大，分布不如服务器区域那么集中，维护和管理相对烦琐，故该区域计算机出现故障、中病毒的概率较大，为避免影响到其他区域，所以也作为一个独立的安全区域进行接入控制。

互联网区域：该区域是公众区域，基本上大部分的安全威胁均是来自这个区域。同时，以后可能涉及的移动办公及可能需要的和集团的互连，均需要通过互联网区域。

在进行上述区域划分后，我们为客户提供了进一步的网络规划建议如下：

虽然目前客户内部计算机数量只有百台左右，但若网络规划不合理，即使内部网络采用千兆网络，也可能出现网速慢，以及病毒极易传播的问题，为此我们建议如下：

（1）在核心交换机上进行 VLAN 划分，将服务器单独作为一个 VLAN；

（2）将接入计算机按照重要性或部门分为多个 VLAN；

（3）各个 VLAN 间的路由及基本的 ACL 由核心交换机完成，如果核心交换机功能有限，可以使用部署在边界的防火墙实现 VLAN 间的路由和访问控制，但这样需要选择性能相对较高的防火墙设备。

网络 IP 地址规划，不建议使用公网地址，建议根据今后一段时间的扩展需要，最好将VLAN 内地址分在一个 C 类私有网段，并且建议均使用固定 IP，对于网络维护及故障查找较 DHCP 方式方便。

结合区域划分与网络规划，在目前的客户投入及需求的情况下，采用防火墙设计，是一个不错的也是性价比最好的方案，防火墙部署拓扑如图 1-10 所示。

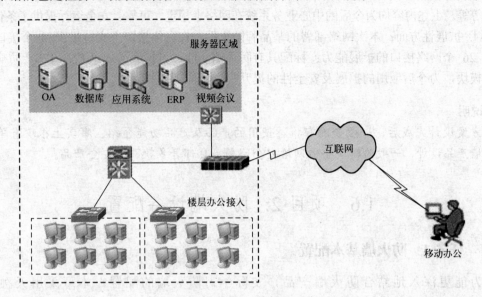

图 1-10 防火墙部署拓扑

如图 1-10 所示，在服务器区域、内网区域、互联网区域边界部署 1 台防火墙设备。

（1）该设备具备 4 个以上的网络接口，将其中 3 个网络接口分别划分为 3 个独立的安全区域，分别连接服务器区域、内部办公区域和互联网区域，首先实现各区域间的逻辑隔离；

（2）根据访问需要，在防火墙上配置相应的地址转换规则，除了内部访问互联网的 NAT 外，建议可以考虑从内部办公网到服务器的访问也进行 NAT 转换，这样即使今后涉及各种地址变化，都不会影响到服务器的地址；

（3）配置防火墙的访问控制规则，建议对于服务器的访问，仅对内网或互联网开放需要使用的端口，关闭其他所有的不需要的端口，并且对服务器打开独立的入侵检测功能；

（4）对于内部办公网计算机访问互联网的控制，天融信防火墙同时支持 IP、MAC、IP/MAC 及用户认证等多种控制方式，具体使用的控制方式在中心网络建设好后根据实际情况选择即可。

（5）建议为所部署的防火墙配备防病毒模块，这样在内部用户访问互联网时，可以最大限度地降低被带病毒的网页及邮件病毒感染的概率。

上述规划，已经将防火墙的功能、扩展等方面均考虑进入了，根据这个方案设计，我们同时为客户分析了如果完全依照上述方案来完成客户的网络改造，可以实现的基本效果如下：

① 网络速度方面：合理的 VLAN 及 IP 地址规划，可以极大地提升网络寻址速度，从而为公司应用高效和稳定提供了条件；

② 网络安全方案：边界防火墙的部署及合理安全区域的划分，对中心应用系统的网络安全保护提供了条件，同时该设备具备的网络访问控制功能，可以对内部办公网访问互联网及服务器的访问行为提供控制能力，同时支持对 BT 下载等应用控制，为应用系统的网络带宽占用提供了可控手段。

③ 可维护性方面：网络及网络安全的合理规划，对今后的网络稳定运行及维护的便利性提供了良好基础，同时所部署的网络防火墙，采用了全中文配置界面，提供了友好的配置界面，等等。上述内容均为今后的中心业务系统在网络上稳定、可靠、安全运行提供了条件。

④ 扩展性方面：本次网络部署的某品牌防火墙，在网络接口上支持最少 4 个接口，最多到 26 个网络接口的扩展能力；标配具有防火墙功能，可扩展增加 VPN、IPS、防病毒等功能模块，为今后应用的扩展及安全性的提升提供全面支持和保障。

✎ 说明

方案设计完成后，一般会附有推荐使用的产品及产品功能介绍。事实上很少有单独的防火墙产品设计，一般为解决整体网络安全问题，会部署多款网络安全产品。

1.6　项目 2：防火墙设备配置

1.6.1　任务 1：防火墙基本配置

为能更深入地结合防火墙产品，实际学习防火墙的配置，本章采用天融信的 NGFWARES 防火墙进行实践操作，通过对该设备的配置，达到 1.5.2 节方案设计中对产品及技术的要求。为此，先来了解一下天融信防火墙的基本配置方法。

天融信防火墙产品目前采用的是 TopsecOS 专用安全系统，目前的最新稳定版本为 3.3.005.066，其具备完善的路由功能，全面的 2～7 层的访问控制功能及详细的日志功能，特别是在某些特殊应用下的支持，如金融机构网络上常用的长连接等。天融信防火墙在产品的配置方面，同时支持命令行模式和图形界面下的配置方式，命令模式下同时支持 Console、Telnet、ssh，图形界面同时支持 GUI 集中管理及 Web 浏览器的管理方式。目前在实际使用中，使用最多的是 Web 浏览器下的管理方式，在天融信产品手册与介绍中，这种管理方式称为 WebUI 管理方式，虽然在一些环境下，命令行下的操作会比图形界面操作更快，但为了避免录入错误，一般建议均采用 WebUI 管理方式，本章的防火墙配置实例，也均采用的是这种管理模式。

在一般的防火墙的配置里，常见配置步骤为：防火墙策略设计→防火墙配置→防火墙规则检测→防火墙上线测试→防火墙运行维护。那么在防火墙实际配置中，一般步骤为：防火墙初始化配置→网络接口配置→路由配置→安全区域与对象（资源）定义→地址转换配置→访问控制规则配置→日志设置→防火墙管理员权限配置→配置保存及备份。以下分别对防火墙配置的几个步骤分别进行说明。

天融信的防火墙在出厂时已经有过初始化配置，但考虑各种因素，根据网络及应用情况，一般建议至少对防火墙的"TCP 连接超时"和"系统时间"进行初始化，"TCP 连接超时"根据网络及应用情况调整，一般可以调整为 600s。"系统时间"主要是要校对准确，避免日志记录不准的问题。而对于某些品牌的防火墙，还可能需要通过串口，为防火墙的接口配置 IP 地址，以便进行管理。

1. 网络接口配置

根据已经确定的防火墙的策略，配置需要使用的防火墙接口模式，如果采用透明模式，则配置为交换模式（透明模式），如果采用路由模式，则为接口配置相应的 IP 地址。对于采用透明模式部署时，天融信防火墙采用了灵活的 VLAN 方式。例如，如果需要将 Eth2 和 Eth3 设置为一个网桥，那么仅需要在相应的接口上配置为交换模式，VLAN ID 选择一个相同的数值即可，在多网桥配置实现时，这种配置方式更加灵活、便利。图 1-11 是防火墙配置-接口配置界面截图。

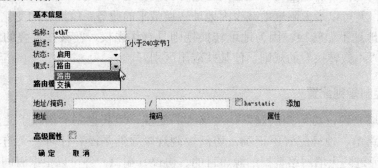

图 1-11　防火墙配置-接口配置界面截图

2. 路由配置

在防火墙路由模式部署或混合模式部署时，需要配置防火墙的路由，一般至少需要添加一条默认路由，这里不做过多说明。需要注意一点，就是天融信的防火墙同时支持静态路由和策略路由。在路由的优先级上，策略路由优先于静态路由；而在同种路由下，路由 ID 号越小越优先。

3. 安全区域与对象定义

安全区域和对象的管理方式，在大的网络环境下，网络调整会带来极大的便利，某些情况下，只需要调整需要调整的地址即可，而不会涉及防火墙访问控制策略、NAT 策略等主要策略的调整，为此目前主流防火墙、IPS 等产品，均采用了安全区域和对象的管理方式。在配置好区域和资源对象后，就可以在后续的访问控制策略、NAT 策略里直接引用这些资源了。图 1-12 是天融信防火墙的一个资源管理配置界面。

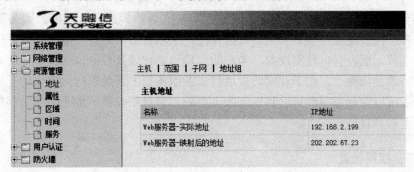

图 1-12　天融信防火墙的一个资源管理配置界面

4. 地址转换配置

在地址转换中，涉及源地址转换、目的地址转换、双向地址转换，在某些特殊的应用下，还会涉及"不做转换"的特殊配置。

源地址转换即内网地址向外访问时，发起访问的内网 IP 地址转换为指定的 IP 地址（可指定具体的服务及相应的端口或端口范围），这可以使内网中使用保留 IP 地址的主机访问外部网络，即内网的多部主机可以通过一个有效的公网 IP 地址访问外部网络。同理，目的地址转换一般是将某个公网地址转换为一个内网的私有地址，使公网用户访问这台主机。而双向地址转换，则是将目的地址与源地址同时进行转换，这种应用方式下，可以同时保护目的地址及源地址，并可以最大限度地减少因地址转换带来的业务系统地址的变化。不做转换就是对某些类型地址不做转换。因为地址转换规则具有优先权，在某些重叠的地址转换规则中，可以通过"不做转换"的规则，使某些应用区别开。

5. 访问控制规则配置

对于防火墙来说，访问控制规则是最核心的配置，但其也完全依赖于此前的规则配置是否正确，如路由、地址配置不正确，访问控制规则显然是没有任何意义的。访问控制规则，可以控制通过防火墙网络数据的源、目的、协议、端口，并可以根据时间设置生效，天融信防火墙还具备长连接/普通连接、深度内容过滤等配置。如下是天融信防火墙访问控制规则配置界面，如图 1-13 所示。

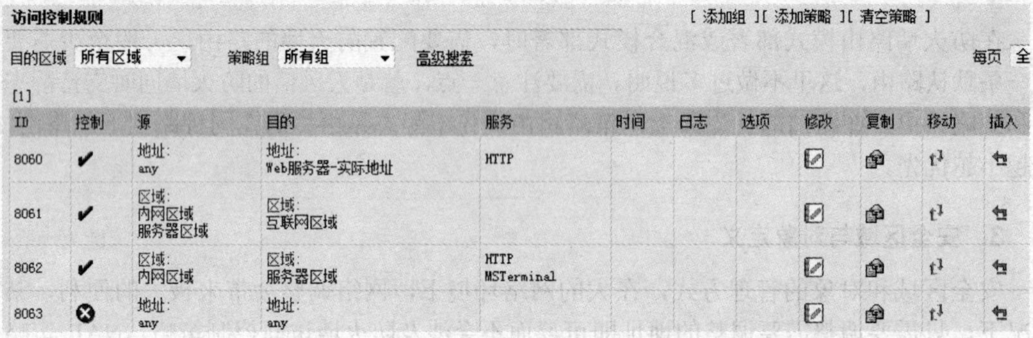

ID	控制	源	目的	服务	时间	日志	选项	修改	复制	移动	插入
8060	✔	地址： any	地址： Web服务器-实际地址	HTTP							
8061	✔	区域： 内网区域 服务器区域	区域： 互联网区域								
8062	✔	区域： 内网区域	区域： 服务器区域	HTTP MSTerminal							
8063	✘	地址： any	地址： any								

图 1-13　天融信防火墙访问控制规则配置界面

6. 日志设置

对于需要防火墙进行日志记录的，需要启用防火墙的日志记录功能。因为防火墙作为网络接入设备，需要能高性能、安全的发挥作用，所以目前主流防火墙产品的存储系统均采用的是专用芯片，而没有再使用硬盘。为此防火墙日志记录及存储也就相应地需要放置到其他空间上，一般是需要一台用于存储防火墙日志的服务器。天融信防火墙为便于用户临时查看日志，除了可以将日志实时传输到指定服务器外，自身还提供了数兆的临时存储芯片，用于日志临时查看和存储。

7. 管理员权限配置

防火墙产品本身就是安全产品，对其自身的安全要求也是必须考虑的。所以在完成防火墙的主要配置后，需要修改防火墙的管理员口令或权限。

8. 配置保存及备份

大多数防火墙的规则设置，是实时生效，但生效的配置并没有存储到存储单元，一旦设备断电或重启，新增加的未保存的配置就会丢失，所以需要在确认配置正确后在防火墙上保存配置。而对于防火墙配置备份，则是出于冗余考虑，在防火墙出现故障时，可以及时恢复正确的配置是非常必要的。

以下将参照 1.5.2 节的方案设计，采用本节描述的防火墙配置方法，来对所设计的防火墙进行部署和配置。

1.6.2　任务 2：防火墙的配置策略设计

要设计防火墙的配置策略，需要了解具体的现场情况，根据需求分析及方案设计，并进一步了解客户网络结构，得到并确认如下信息：

- 服务器区域 IP 段：192.168.2.0/24，网关指向 192.168.2.1；
- 内网区域 IP 段：192.168.100.0/24，网关指向 192.168.100.1；
- 运营商分配的互联网地址：202.202.67.23/27，网关指向 202.202.67.30。

为此，规划防火墙的接口地址分配如表 1-1 所示。

表 1-1　规划防火墙的接口地址分配

接 口 名 称	接口 IP 地址	区 域 名 称	对 端 设 备	备　　　注
Eth0	192.168.1.254	—	无	默认管理地址
Eth1	202.202.67.23	互联网区域	光纤收发器	运营商线路
Eth2	192.168.2.1	服务器区域	服务器交换机	—
Eth3	192.168.100.1	内网区域	内网核心交换机	—

因为服务器交换机及内网交换机的默认网关均已经指向防火墙，并且防火墙的接口地址与它们均在一个地址段内，所以路由方面仅需要增加指向互联网运营商提供的网关地址即可，即防火墙的默认网关需要指向 202.202.67.30。

因为用户内网使用的是私有地址，所以当访问互联网时，防火墙需要为其进行地址转换，即内网访问互联网时源地址转换为 202.202.67.23，同时互联网用户通过访问该地址，可以访问到部署在服务器区域的 192.168.2.119 网站，这样就需要一个目的地址转换规则。地址转换规则规划如表 1-2 所示。

表 1-2　地址转换规则

序　　号	源	目　　　的	转换的服务	地址转换为	备　　　注
1	内网区域	互联网	ALL	源地址转换为 202.202.67.23	实现互联网访问
2	服务器区域	互联网	ALL	源地址转换为 202.202.67.23	实现互联网访问
3	互联网区域	202.202.67.23	Http	目的地址转换为 192.168.2.199	对互联网开放网站

对于服务器区域与内网区域间的互访，通过路由实现，不需要做地址转换。另外，根据访问需求，用户需要内部网络包括服务器区域均可以访问互联网，同时互联网用户（不确定）可以访问服务器区域内部署的公司网站，地址是 192.168.2.119，互联网用户直接访问 202.202.67.23 地址来访问这个网站，该网站对互联网开放 http 服务，内网用户可以对该服

务器的 TCP 3389 端口进行访问，以便远程维护管理该服务器。为此，得到安全策略设计如表 1-3 所示。

表 1-3 安全策略设计

序　号	源	目　　的	开放的端口	安 全 策 略	备　　注
1	内网区域	互联网	ALL	允许	
2	服务器区域	互联网	ALL	允许	
3	内网区域	服务器区域的 192.168.2.119	TCP 3389，HTTP	允许	
4	互联网	192.168.2.119	HTTP	允许	
5	ANY	ANY	ANY	禁止	默认禁止所有

根据上述情况，为方便配置设备，我们对方案设计的网络简图进行了进一步标记，如图 1-14 所示。

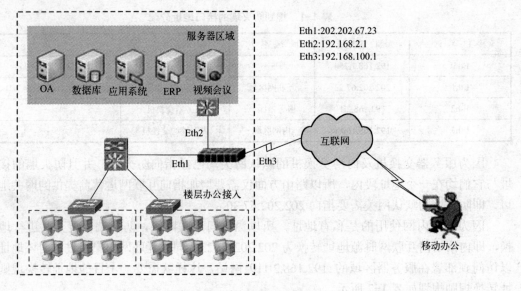

图 1-14 防火墙配置案例

以上策略配置设计中，完成了对防火墙部署位置、接口地址、路由指向、地址转换规则及访问控制规则的设计，如下为在任务 2 中开始安装设计的策略配置防火墙。

1.6.3 任务 3：防火墙配置

使用交叉网线连接防火墙的默认管理接口 Eth0，在浏览器里输入 https://192.168.1.254，登录防火墙的 WebUI 管理界面，开始进行配置。

1. 设置接口地址

选择"网络管理"→"接口"→"物理接口"命令，在 Eth1 接口上单击"设置"图标，打开 Eth1 接口的设置选项卡，并输入接口地址 202.202.67.23，然后单击"添加"按钮。

以此配置 Eth2、Eth3 接口，并在"描述"信息内注明接口，接口配置完成后如图 1-15

和图 1-16 所示。（其他接口，暂不使用，可以不做任何配置）。

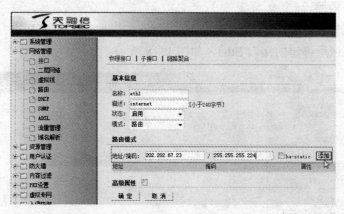

图 1-15　防火墙配置基本信息操作界面

物理接口 | 子接口 | 链路聚合

物理接口

接口名称	描述	接口模式	地址	MTU	状态	链接	协商	速率	设置
eth0	intranet	路由	192.168.1.253/255.255.255.0	1500	启用		全双工	100M	
eth1	互联网接口	路由	202.202.67.23/255.255.255.224	1500	启用				
eth2	服务器区接口	路由	192.168.2.1/255.255.255.0	1500	启用				
eth3	内网区接口	路由	192.168.100.1/255.255.255.0	1500	启用				
eth4		路由		1500	启用				
eth5		路由		1500	启用				
eth6		路由		1500	启用				
eth7		路由		1500	启用				

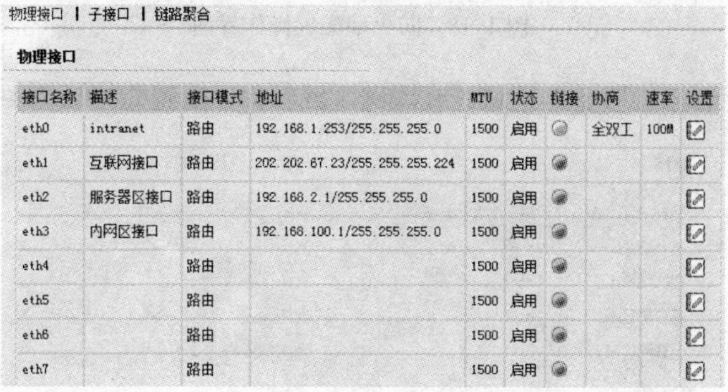

图 1-16　防火墙配置物理接口操作界面

2. 配置路由指向

选择“网络管理”→“路由”→“静态路由”命令，单击“添加”按钮，在新的选项卡内输入默认网关地址 202.202.67.30，并单击“确定”按钮，如图 1-17 所示。

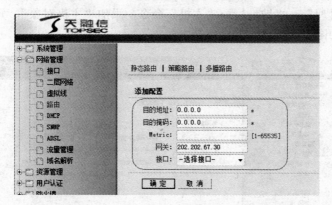

图 1-17　防火墙配置添加配置操作界面

默认路由，即目的地址是任何地址的路由条目，同时天融信防火墙支持自动接口选择，所以“接口”上可以不用选择。

3. 配置安全区域

选择"资源管理"→"区域"命令，单击"添加"按钮，在"名称"处输入"内网区域"，并选择该区域所绑定的接口 Eth3，如图 1-18 所示。

图 1-18　防火墙配置操作界面

然后，依次配置添加服务器区域、互联网区域名称，配置完毕后如图 1-19 所示。

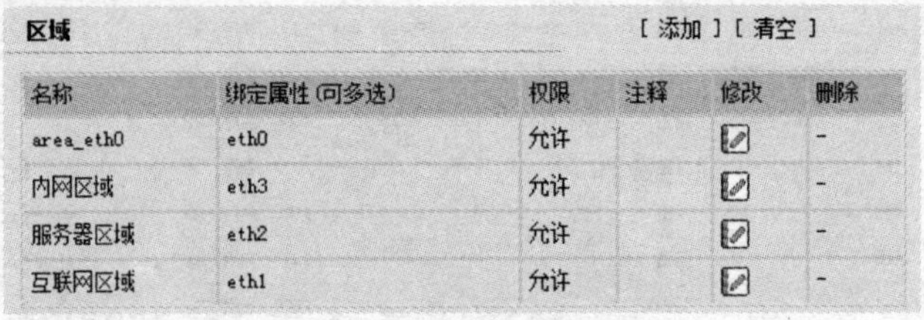

名称	绑定属性(可多选)	权限	注释	修改	删除
area_eth0	eth0	允许		✎	-
内网区域	eth3	允许		✎	-
服务器区域	eth2	允许		✎	-
互联网区域	eth1	允许		✎	-

图 1-19　防火墙配置操作界面

区域中的权限选择是指本区域被其他区域访问的默认访问权限，此处可以不用配置，在配置访问控制规则时再做配置。

4. 主机对象地址

选择"资源管理"→"地址"→"主机"命令，添加"主机对象"，分别添加 Web 服务器的内网地址，如图 1-20 所示。

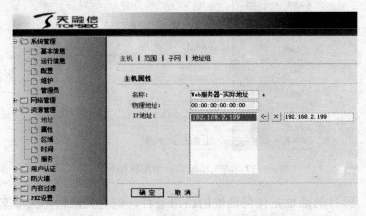

图 1-20　防火墙配置主机属性操作界面

然后，依次添加 Web 服务器映射后的互联网地址，添加完成后如图 1-21 所示。

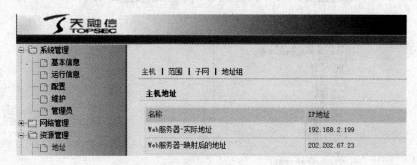

图 1-21　防火墙配置主机地址操作界面

5. 配置地址转换规则

（1）选择"防火墙"→"地址转换"命令，单击"添加"按钮，使用"源转换"在"源"处展开高级选项卡，选择"内网区域"和"服务器区域"，如图 1-22 所示。

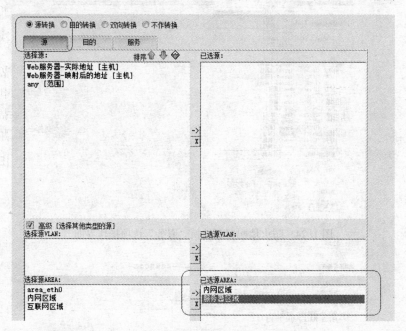

图 1-22　防火墙配置操作界面

（2）单击"目的"选项卡，并展开"高级"选项卡，选择目的区域为"互联网区域"，如图 1-23 所示。

（3）单击"服务"选项卡，因为这一步要做使内网和服务器区域访问互联网的源地址转换，所以"服务"不做任何选择，然后单击"源地址转换为"并选择 Eth1 属性并单击"确定"按钮，即当内网区域和服务器区域访问互联网时，其源地址转换为 Eth1 的接口地址202.202.67.23，如图 1-24 所示。

（4）添加使互联网用户可以访问 Web 网站的目的地址转换规则，单击"添加"按钮后，选择"目的转换"，在"源"选项卡内选择 any，如图 1-25 所示。

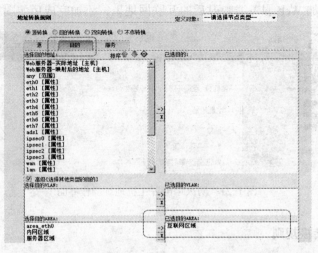

图 1-23　防火墙配置源转换"目的"选项操作界面

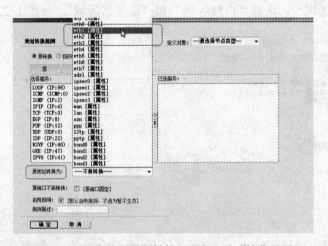

图 1-24　防火墙配置源转换"服务"选项操作界面

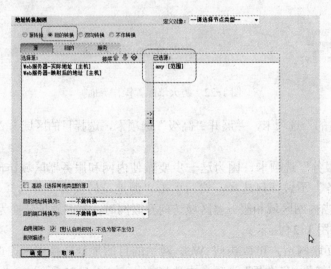

图 1-25　防火墙配置"目的转换"操作界面

（5）单击"目的"选项卡，选择"Web 服务器-映射后的地址（主机）"对象，如图 1-26 所示。

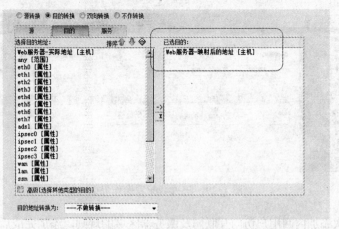

图 1-26　防火墙配置目的转换的"目的"选项操作界面

（6）选择"服务"选项卡，并选择"HTTP"服务，同时在"目的地址转换为"内选择"Web 服务器-实际地址（主机）"对象，并单击"确定"按钮，如图 1-27 所示。

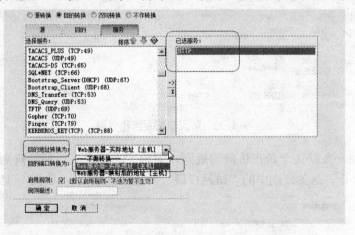

图 1-27　防火墙配置目的转换"服务"选项操作界面

添加了两条地址转换规则，添加完成后的截图如图 1-28 所示。

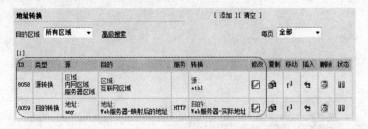

图 1-28　防火墙配置操作界面截图

6．配置访问控制规则

选择"防火墙"→"访问控制"命令，首先添加一条允许互联网用户访问 Web 网站的控制规则，在"添加策略"里，"源"选择"any"，"目的"选择"Web 服务器-实际地址"对象，"服务"选择"HTTP"服务对象，其他不选，配置完成后的界面如 1-29 所示。

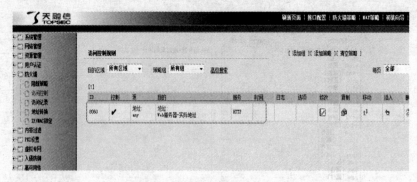

图 1-29　防火墙配置操作界面

然后，再依次添加内网用户访问互联网及服务器区域的规则，添加完成后如图 1-30 所示。

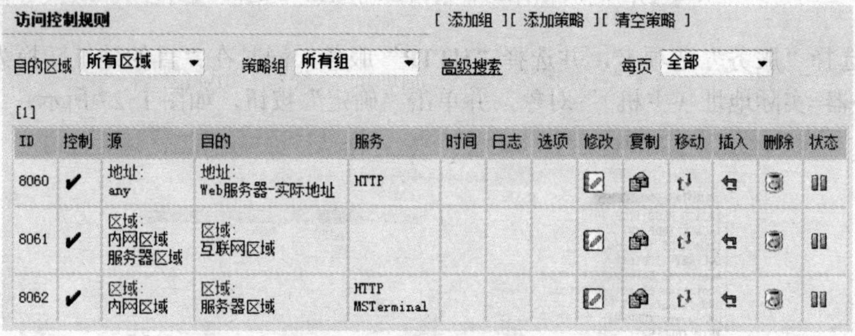

访问控制规则　　　　　　　　　　　　　　　　[添加组][添加策略][清空策略]

目的区域 所有区域　　策略组 所有组　　高级搜索　　　　　　每页 全部

[1]

ID	控制	源	目的	服务	时间	日志	选项	修改	复制	移动	插入	删除	状态
8060	✔	地址：any	地址：Web服务器-实际地址	HTTP										
8061	✔	区域：内网区域 服务器区域	区域：互联网区域											
8062	✔	区域：内网区域	区域：服务器区域	HTTP MSTerminal										

图 1-30　防火墙配置操作界面

最后，添加一条默认全禁止访问的规则，即除了上述允许访问的规则外，其他访问流量均被防火墙禁止，这条规则中的"访问权限"要选择"禁止"，如图 1-31 所示。

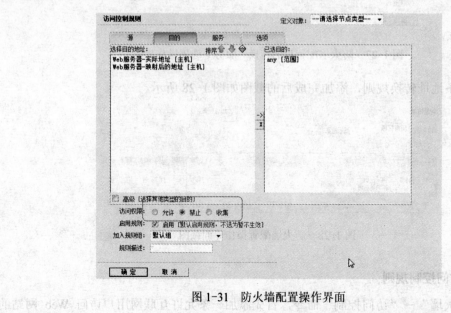

图 1-31　防火墙配置操作界面

访问控制规则至此全部添加完成，整体如图 1-32 所示。

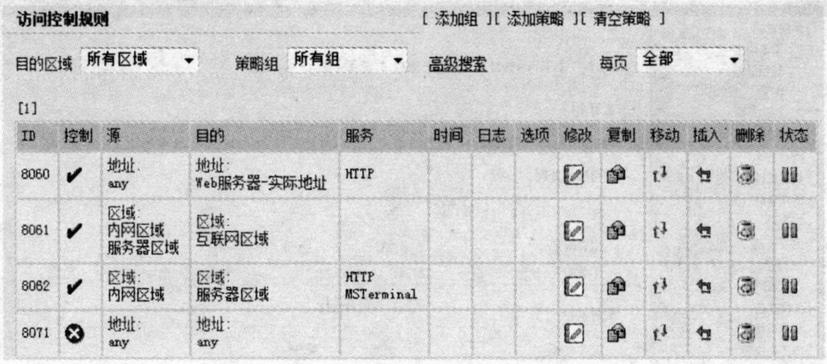

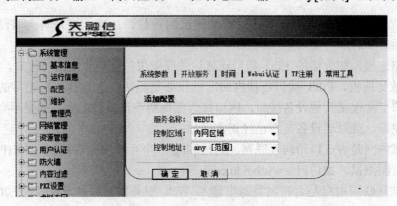

图 1-32　防火墙配置操作界面

7. 配置管理权限

为便于内网管理员对防火墙进行 WebUI 管理，需要在内网区域上开放 WebUI 管理权限。选择"系统管理"→"配置"→"开放服务"命令，添加 1 条规则，"服务名称"输入"WEBUI"，"控制区域"输入"内网区域"，"控制地址"输入"any[范围]"，如图 1-33 所示。

图 1-33　防火墙配置管理权限操作界面

然后，对保存本次配置，单击浏览器右上角的"保存配置"按钮，如图 1-34 所示。

图 1-34　防火墙配置保存配置操作界面

最后，对本次配置进行导出备份，以防万一。选择"系统管理"→"维护"命令，在"配置维护"下单击"保存配置"，并在蓝色字体上单击鼠标右键保存配置文件，如图 1-35 所示。

✏️ 说明

天融信防火墙提供命令行模式及图形界面配置方式，其中在图形界面下同时可支持基于专用软件客户端的 GUI 程序和基于通用浏览器的 WebUI 管理方式，其中 WebUI 管理方式最为常用。

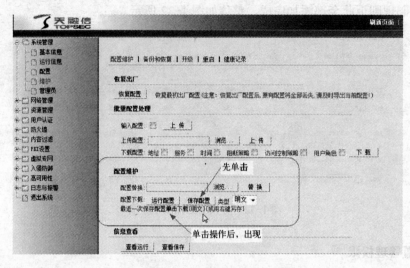

图 1-35　防火墙配置备份操作界面

1.6.4　任务 4：上线测试

设备配置完成后接入实际环境并检查和测试配置是否正确，这是防火墙设备完全投入使用前的最后一步。

（1）线路连接，防火墙的 Eth1 接口连接运营商提供的光纤收发器内接口，Eth2 接口连接服务器区域交换机，Eth3 接口连接内网区域核心交换机，在连接线路正常的情况下，防火墙的各网口正常连接其他设备接口，网口灯会根据协商情况亮起来，如果不亮，则需要检查网线是否完好，或对端设备是否已经正常运行；

（2）测试内网是否可以访问互联网，通过 ping 一个互联网允许被 ping 的 IP 地址或直接访问互联网页面测试，如访问 www.baidu.com 等；

（3）测试互联网用户是否在浏览器里输入 Web 服务器互联网地址（202.202.67.23）或域名时，可以正常打开网站页面；

（4）测试内网是否可以访问 Web 服务器的 HTTP 和 TCP 3389 服务，并确认其他服务是否已经被禁止访问，可以尝试访问服务器的 135、137 等提供共享服务的端口等；

（5）在防火墙上检查当前连接情况，连接是否有收、发数据，如图 1-36 所示。

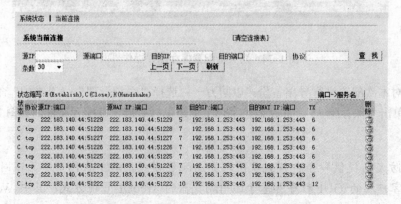

图 1-36　防火墙配置上线测试操作界面

经过以上多个步骤的检查后，确认防火墙在接入后，用户网络应用一切正常，并且被禁止的访问也已经测试，确认已经被禁止，至此该设备即可完全投入实际使用，并进入设备的运行维护阶段。

练 习 题

一、填空题

1. 防火墙一般部署在_____和_____之间。

2. 从实现方式上看，防火墙可以分为_____和_____两类。

3. 为了配置管理方便，内网中需要向外网提供服务的服务器往往放在 Internet 与内部网络之间一个单独的网段，这个网段一般称为_____。

4. _____是指在不丢包的情况下单位时间内通过防火墙的数据包数量，这是测量防火墙性能的重要指标。

5. 防火墙的基本类型有_____、_____、_____和_____。

二、单项选择题

1. 防火墙是（　　）。
   A. 审计内、外网间数据的硬件设备　　　B. 审计内、外网间数据的软件设备
   C. 审计内、外网间数据的策略　　　　　D. 以上的综合

2. 不属于防火墙的主要作用是（　　）。
   A. 抵抗外部攻击　　　　　　　　　　　B. 保护内部网络
   C. 防止恶意访问　　　　　　　　　　　D. 限制网络服务

3. 以下说法正确的是（　　）。
   A. 防火墙能防范新的网络安全问题　　　B. 防火墙能防范数据驱动型攻击
   C. 防火墙不能完全阻止病毒的传播　　　D. 防火墙不能防止来自内部网的攻击

4. "周边网络"是指（　　）。
   A. 防火墙周边的网络　　　　　　　　　B. 堡垒主机周边的网络
   C. 介于内网与外网之间的保护网络　　　D. 包过滤型路由器周边的网络

5. 关于屏蔽子网防火墙体系结构中堡垒主机的说法，错误的是（　　）。
   A. 不属于整个防御体系的核心　　　　　B. 位于周边网络
   C. 可被认为是应用层网关　　　　　　　D. 可以运行各种代理程序

6. 数据包包过滤一般不需要检查的部分是（　　）。
   A. IP 源地址和目的地址　　　　　　　　B. 源端口和目的端口
   C. 协议类型　　　　　　　　　　　　　D. TCP 序列号

7. 下列哪一项是天融信的防火墙产品？（　　）
   A. 黑客愁　　　　　　　　　　　　　　B. 网眼
   C. 网络卫士　　　　　　　　　　　　　D. 熊猫

三、思考题

1. 防火墙的两个基本安全策略是什么？
2. 防火墙的基本功能包括哪些？
3. 防火墙的缺陷有哪些？

四、综合题

1. 某用户使用的防火墙的接口 Eth0 连接企业内网，内网为 192.168.100.0/24，Eth0 的 IP 地址为 192.168.100.1；Eth1 连接外网，Eth1 的 IP 地址为 202.10.10.1。企业可用的公网 IP 地址范围为 202.10.10.1～202.10.10.10，网络拓扑结构的示意图如图 1-37 所示。

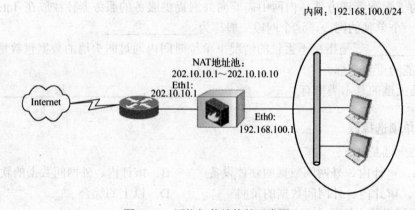

图 1-37　网络拓扑结构的示意图

【任务要求】

（1）分析题中情况下，防火墙可以采用的部署模式。

（2）分析题中情况下，如何使用防火墙在保证各项性能及功能要求的前提下，替换路由器。

（3）以采用透明方式部署防火墙为例，说明题中网络结构下，在天融信防火墙上的基本配置过程及步骤。

2. 某企业的网络结构示意图如图 1-38 所示，所部署的防火墙工作在混合模式。Eth0 接口属于内网区域（area_eth0），为交换 trunk 接口，同时属于 vlan.0001 和 vlan.0002，vlan.0001 的 IP 地址为 10.10.10.1，连接研发部门文档组所在的内网（10.10.10.0/24）；vlan.0002 的 IP 地址为 10.10.11.1，连接研发部门项目组所在的内网（10.10.11.0/24）。Eth1 接口 IP 地址为 192.168.100.140，属于外网 area_eth1 区域，公司通过与防火墙 Eth1 接口相连的路由器连接外网。Eth2 接口属于 area_eth2 区域，为路由接口，其 IP 地址为 172.16.1.1，为信息管理部所在区域，有多台服务器，其中 Web 服务器的 IP 地址为 192.16.1.3。用户具体要求如下：

➢ 内网文档组的机器可以上网，允许项目组领导上网，禁止项目组普通员工上网；

➢ 外网和 area_eth2 区域的机器不能访问研发部门内网；

➢ 内外网用户均可以访问 area_eth2 区域的 Web 服务器。

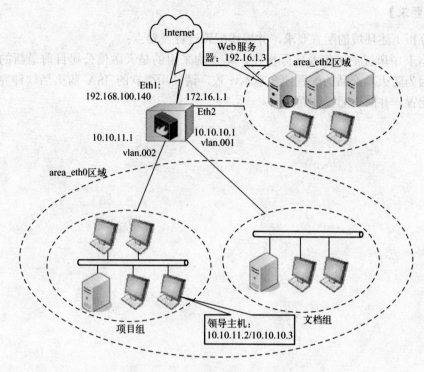

图 1-38　某企业网络结构示意图

【任务要求】

（1）分析防火墙策略匹配的过程，以及匹配顺序。

（2）写出如果要按照题中用户要求，在天融信防火墙下实现防火墙配置的基本步骤和过程。

3．企业 Web 服务器（IP：172.16.1.2）通过防火墙 MAP 为 202.99.27.201 对内网用户提供 Web 服务，网络示意图如图 1-39 所示。

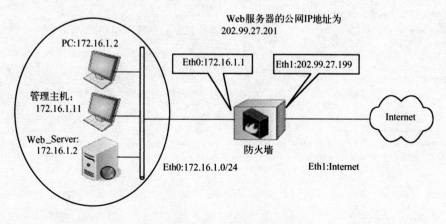

图 1-39　网络示意图

【任务要求】

（1）分析上述环境的配置要求，并描述配置过程及要点；

（2）本书中所提的案例及实际操作，基本均采用的是天融信公司目前最新的防火墙系统版本，因为防火墙产品的配置理念基本一致，请使用微软的 ISA 防火墙软件完成本任务的防火墙配置，并简述配置过程。

第2章 VPN 产品配置与应用

学习目标

> 了解 VPN 基本技术及原理。
> 了解 VPN 工作原理及关键技术。
> 掌握 VPN 系统部署方式。
> 掌握 VPN 应用方案设计及安全策略设计方法。
> 掌握天融信 VPN 基本配置方法。

引导案例

2009 年，某政府部门在其管辖的 10 个区县完成了 10 余台 VPN 设备的部署，实现了对这 10 余个直属单位网络的安全访问，提升了其网络的整体安全性，使其日常办公应用的安全性与稳定性得到了全面提升。

某大中型企业在全国各地都建有分支机构或者办事处，随着企业信息化程度的不断提高，一般在企业总部会部署如 OA 系统、ERP 系统等应用软件，将企业分布在各地的分支机构和办事处与企业总部互连，达到安全共享数据和软件资源的目的，这是 VPN 网络的典型应用之一。

某小型企业在全国范围内可能仅有几家规模较小的分支机构，而且所有的分支机构均以动态 IP 地址方式接入因特网。在这种情况下，企业希望能够有一种配置灵活、投入较少的 VPN 解决方案，以完成所有的分支机构的相互访问需求。通过 IPSec VPN 产品内置的动态域名（DDNS）注册、解析机制和静态 VPN 隧道配置，可以构建性价比非常高的小型企业 VPN 网络。

随着 Internet 的迅猛发展及 VPN 技术的出现，为企业、政府信息化应用提供了良机和更好的选择。VPN（Virtual Private Network，虚拟专用网）是利用公共网络资源来构建的虚拟专用网络，通过特殊设计的硬件或软件直接在共享网络中通过隧道、加密技术来保证用户数据的安全性，提供与专用网络一样的安全和功能保障。使得整个企业网络在逻辑上成为一个单独的透明内部网络，具有安全性、可靠性和可管理性。

相关知识

2.1 VPN 产品概述

自从人类出现以来，就在使用着多种手段进行通信、沟通。在很多时候都需要进行不公开的私有会话，即在指定的接收者和发送者之间进行秘密通信，因此人们发明了耳语、密信、隐喻等方式实现这种保密通信。

对保密通信进行分析可以总结出其实现方式有两种：一是物理隔离，二是加密通信。物理隔离实际就是使通信双方的通信从公众视线中隔离出来，只有指定的接收者才能收到发送者的信息。加密通信实际是使用各种方法让消息变得隐晦、令人迷惑，只有指定的接收者才能理解其中的信息，这种通信可以在公众的视线下进行。

Internet 的出现对人类的通信方式有着非常深刻的影响，从根本上改变了人们的交往方式，与传统的通信方式一样，网络通信也有保密性的要求。Internet 是开放的网络，这在推动互联网迅速发展普及的同时，也带来了各种安全问题。军队、金融、交通等部门不得不使用专用网络（物理隔离）来实现安全、保密的通信。一些企业随着自身的发展壮大，在不同的地方不断设立分支机构，这时，企业也需要构建专用网络来实现企业内部的安全通信。

专用网络具有支持一系列协议，如帧中继、异步传输方式（ATM）和 TCP/IP 协议，高性能，高速度，高安全性等明显优势。然而，构建专用网络需要租用专线，租赁费用昂贵，往往利用又不充分，使网络运营成本很高。此外，企业还需要对所建立的专用网络进行维护和管理。专用网络中的硬件设备，如 Modem、ISDN 交换机等需要不断地加强功能，应用软件也需要升级换代，企业需要为此付出巨大的人力、物力和财力。因此，传统的通过租用专线或者拨号网络的方式越来越不适用。在这种情况下，虚拟专用网技术应运而生。

2.1.1　VPN 的定义和特点

1．VPN 的概念

VPN（Virtual Private Network）即虚拟专网技术，是指利用 Internet 或其他公共网络为用户建立一条临时的、安全的隧道，形成逻辑上的"专用网络"，并提供与专用网络相同的安全和功能保障。图 2-1 是使用专网与使用 VPN 的示意图。

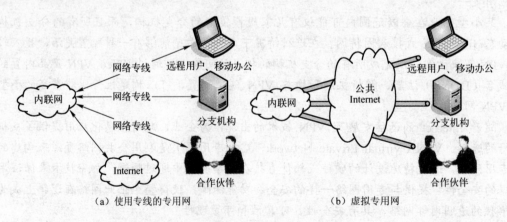

（a）使用专线的专用网　　　　　　　　　　（b）虚拟专用网

图 2-1　使用专网与使用 VPN 的示意图

"虚拟"意味着没有专门的物理上的网络基础设施用于专用网络，而"专用"则是指组建 VPN 的目的是保持通信数据的机密性。相对于租赁专线来说，使用互联网进行传输，费用极为低廉，所以 VPN 的出现，使企业通过互联网既安全又经济地传输私有的机密信息成为可能。

随着电子政务和电子商务信息化建设的快速推进和发展，越来越多的政府、企事业单位已经或即将构建网上办公系统和业务应用系统，使内部办公人员通过网络可以迅速地获取信息，使"在家办公"、"异地办公"、"移动办公"等多种远程办公模式得以逐步实现，同时使合作伙伴也能够访问到相应的信息资源。这种发展趋势也使得 VPN 的应用越来越广泛。

虚拟专用网可以帮助远程用户、公司分支机构、商业伙伴及供应商同公司的内部网建立可信的安全连接，并保证数据的安全传输。通过将数据流转移到低成本的网络上，一个企业的虚拟专用网解决方案将大幅度地减少用户花费在城域网和远程网络连接上的费用。同时，这将简化网络的设计和管理，加速连接新的用户和网站。另外，虚拟专用网还可以保护现有的网络投资。随着用户的商业服务不断发展，企业的虚拟专用网解决方案可以使用户将精力集中到自己的生意上，而不是网络上。虚拟专用网可用于不断增长的移动用户的全球因特网接入，以实现安全连接；可用于实现企业网站之间安全通信的虚拟专用线路；可用于经济有效地连接到商业伙伴和用户的安全外联网虚拟专用网。

2．VPN 的特点

与传统专用网相比较，VPN 具有以下特点。

1）价格便宜

费用较低是 VPN 相对于专用网络最直接的优点。VPN 省去了价格昂贵的专线租赁费用和传统专用网中的设备维护费用。

2）安全性

VPN 提供用户一种私人专用（Private）的感觉，因此在不安全、不可信任的公共数据网建立 VPN 的首要任务是解决安全性问题。VPN 使用加密技术提供在数据传输过程中的数据安全性和数据完整性，使用身份验证和访问控制限制对企业网络资源和服务的访问。

在传统的专用网络中，传输过程的安全性依赖于通信服务提供商对于数据机密性采取的物理安全措施，难以防范中途的搭线窃听截取数据。

3）可扩充性和灵活性

相较于传统专用网范围较为固定的特点，VPN 可扩充性强、灵活性强。一方面，地理覆盖范围更广，受地理位置的影响小，更容易扩展；另一方面，更容易支持新的传输方式，新的传输协议，新的数据流。VPN 能够支持通过 Intranet 和 Extranet 的任何类型的数据流，方便增加新的节点，支持多种类型的传输媒介，可以满足同时传输语音、图像和数据等新应用对高质量传输及带宽增加的需求。

4）服务质量（QoS）较难保证

VPN 应当为企业数据提供不同等级的服务质量保证，不同的用户和业务对服务质量保证的要求差别较大。另外，在网络优化方面，VPN 的另一重要需求是充分有效地利用有限的广域网资源，为重要数据提供可靠的带宽。在服务质量上 VPN 相对于专用网络具有先天劣势——专线自然会提供更高的服务质量。可以通过一些技术手段保证服务质量。

5）可管理性

VPN 是公司对外的延伸，因此 VPN 要有一个确定的管理方案以减轻管理、报告等方面的负担。从用户角度和运营商角度都应该能够方便地进行管理、维护。VPN 管理的目标为：减小网络风险、高扩展性、经济性、高可靠性。具体来说，VPN 管理主要包括安全管理、设备管理、配置管理、访问控制列表管理、QoS 管理等内容。

3. VPN 产品

VPN 至少需要两个协同操作的设备（硬件或软件），这些设备之间的通信路径，可以被看成是一条通过不安全的 Internet 基础设施的安全信道。环绕这个信道的是一系列的功能特性，包括身份验证、访问控制及数据安全性和数据加密。

VPN 产品是指那些使 VPN 成为可能的硬件和软件。最常用的 VPN 设备是 VPN 网关（VPN Gatway），它是网络通信和通信资源的守护者，隧道通常建立在从 VPN 网关到其他作为隧道端点的 VPN 设备之间。一个 VPN 网关常位于企业网络周边，是可信任专网和不可信网络的分界线。

VPN 网关要做到两点：一要保证合法通信安全、顺利地进行，二要能够拒绝不希望的、非法的通信进出专网。VPN 网关要实现与 VPN 相关的基本功能：隧道技术、身份验证、访问控制、数据完整性和机密性。不同厂商的产品在实现 VPN 网关功能时的做法是不同的，表现在：VPN 网关可能是个独立的设备，也可能是集成了路由器或者防火墙功能的产品。

通常，一个 VPN 网关有两个或更多的网络接口，至少有一个网络接口与不安全的网络相连，还要有一个或多个网络接口与安全的内部网相连接。这点与防火墙和路由器相似。

VPN 客户程序（VPN Client）是用来为单个计算机或者用户提供远程 VPN 访问的软件。与 VPN 网关不同，VPN 客户是个程序，被设计成仅代表一个计算机，使本地的应用可以安全地访问公司的网络资源，因此 VPN 客户必须与主机的操作系统、本地应用和VPN 网关协同工作，通过网络提供可靠的资源通信。通常，客户程序是安装在主机上的一个软件包。

对于 VPN 客户软件来说，很重要的一个要求就是安装与操作必须简便。VPN 软件还要提供或支持多种加密方案和身份验证方法，以便用户选用。

2.1.2　VPN 关键技术

实现 VPN 的几个关键技术包括：隧道技术（Tunneling）、身份认证技术、访问控制技术和密码技术，另外，密钥管理和 QoS 技术对 VPN 的具体实现也至关重要，如图 2-2 所示。

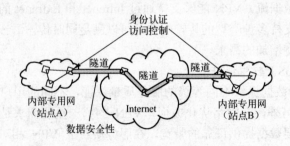

图 2-2　VPN 的关键技术

1. 隧道技术

隧道实质上是一种封装技术，即将一种协议的报文封装在另一种协议中传输，从而实现被封装协议对封装协议的透明性，保持被封装协议的安全特性。

为了透明传输多种不同网络层协议的数据包，可以采取两种方法。一种是先把各种网络层协议（如 IP、IPX 和 Apple Talk 等）封装到数据链路层的点到点协议（PPP）帧里，再把整个 PPP 帧装入隧道协议里。这种封装方法封装的是数据链路层的数据包，所以称为"第二层隧道"，L2TP、PPTP 协议属于这一种。另一种是把各种网络层协议数据包直接装入隧道协议中，由于封装的是网络层数据包，所以称为"第三层隧道"，如 GRE、IPSec 协议。此外，也有直接将应用层数据包进行封装的隧道协议，如 SSL 协议。

2．身份认证技术

一次安全的通信首先要求信源和（或）信宿必须是合法的、确定的，这就需要进行身份认证。身份认证能够确保通信双方的真实性，防止非法用户的欺骗。有时还要求 VPN 保证通信双方的不可否认性，就是防止一方否认自己曾做过的事（发过的信息）。目前，计算机及网络系统中常用的身份认证方式主要有用户名/密码方式、智能卡认证、动态口令、USBKey 认证。

用户名/密码是最简单也是最常用的身份认证方法，是基于"what you know"的验证手段。每个用户的密码是由用户自己设定的，只有用户自己才知道。只要能够正确输入密码，计算机就认为操作者是合法用户。

智能卡是一种内置集成电路的芯片，芯片中存有与用户身份相关的数据，智能卡由专门的厂商通过专门的设备生产，是不可复制的硬件。智能卡由合法用户随身携带，登录时必须将智能卡插入专用的读卡器读取其中的信息，以验证用户的身份。智能卡认证是基于"what you have"的手段，通过智能卡硬件不可复制来保证用户身份不会被仿冒。然而由于每次从智能卡中读取的数据是静态的，通过内存扫描或网络监听等技术还是很容易截取到用户的身份验证信息，因此还是存在安全隐患。

动态口令技术是一种让用户密码按照时间或使用次数不断变化，每个密码只能使用一次的技术。它采用一种叫做动态令牌的专用硬件，内置电源、密码生成芯片和显示屏，密码生成芯片运行专门的密码算法，根据当前时间或使用次数生成当前密码并显示在显示屏上。认证服务器采用相同的算法计算当前的有效密码。用户使用时只需要将动态令牌上显示的当前密码输入客户端计算机，即可实现身份认证。由于每次使用的密码必须由动态令牌来产生，只有合法用户才持有该硬件，所以只要通过密码验证就可以认为该用户的身份是可靠的。而用户每次使用的密码都不相同，即使黑客截获了一次密码，也无法利用这个密码来仿冒合法用户的身份。

基于 USBKey 的身份认证方式是近几年发展起来的一种方便、安全的身份认证技术。它采用软、硬件相结合、一次一密的强双因子认证模式，很好地解决了安全性与易用性之间的矛盾。USBKey 是一种 USB 接口的硬件设备，它内置单片机或智能卡芯片，可以存储用户的密钥或数字证书，利用 USBKey 内置的密码算法实现对用户身份的认证。基于 USBKey 身份认证系统主要有两种应用模式：一是基于冲击/响应的认证模式，二是基于 PKI 体系的认证模式。

3．访问控制技术

当身份认证过程完成后，VPN 还需要确定通信实体的访问权限，这个工作由访问控制技术来完成。通常访问控制过程在隧道的端点进行。

访问控制过程有两个方面：

一方面是确定访问控制信息，通常，这些信息包括请求访问实体的身份信息、请求访问的资源及管理访问的规则。请求者的身份信息一般是用户名、IP 地址或证书等。

另一方面是具体决策过程的组织，如决策过程可以完全在提交和协商安全的地方完成，或者系统可以询问一个独立的策略服务器来做决策。在一个中心服务器上管理所有的策略，能过使管理工作更加容易。

4．密码技术

VPN 技术的所有组成部分都涉及数据安全性，根据"水桶原则"，系统整体的安全性取决于最薄弱的环节。由于 VPN 使用公用网来传输专用数据，数据在公共信道上传输的过程中被中途截取甚至被人篡改都是有可能的。因此，强劲的加密算法和消息完整性认证应该被应用在每个数据报文上。另外，数据报文传输系统应该能够预防重放攻击。在这方面要用到密码学的加密技术，哈希函数（HASH），消息认证等技术。

数据加密的基本思想是通过变换信息的表示形式来伪装需要保护的敏感信息，使非授权者不能了解被保护信息的内容。加密算法有 RC4、DES、三重 DES、AES、IDEA 等。

加密技术可以在协议栈的任意层进行；可以对数据或报文头进行加密。在网络层中的加密标准是 IPSec。网络层加密实现的最安全方法是在主机的端到端进行。另一个选择是"隧道模式"：加密只在路由器中进行，而终端与第一条路由之间不加密。这种方法不太安全，因为数据从终端系统到第一条路由时可能被截取而危及数据安全。终端到终端的加密方案中，VPN 安全粒度达到个人终端系统的标准；而"隧道模式"方案中，VPN 安全粒度只达到子网标准。在链路层中，目前还没有统一的加密标准，因此所有链路层加密方案基本上是生产厂家自己设计的，需要特别的加密硬件。

2.1.3　VPN 的分类

VPN 的分类方式比较混乱。不同的生产厂家在销售它们的 VPN 产品时使用了不同的分类方式，主要是从产品的角度来划分的。而不同的 ISP 在开展 VPN 业务时也使用了不同的分类方式，主要是从业务开展的角度来划分的。而用户往往也有自己的划分方法，主要是根据自己的需求来进行的。下面简单介绍一下按照 VPN 作用和协议类型对 VPN 的划分方式。

根据 VPN 所起的作用，可以将 VPN 分为三类：Access VPN、Intranet VPN 和 Extranet VPN。

1．Access VPN

在该方式下远端用户不再是如传统的远程网络访问那样，通过长途电话拨号到公司远程接入端口，而是拨号接入到用户本地的 ISP，利用 VPN 系统在公众网上建立一个从客户端到网关的安全传输通道。这种方式最适用于公司内部经常有流动人员远程办公的情况。出差员工或者在家办公、异地办公的人员拨号接入到用户本地的 ISP，就可以和公司的 VPN 网关建立私有的隧道连接。服务器可对员工进行验证和授权，保证连接的安全，同时负担的整体接入成本大大降低。

2. Intranet VPN

在公司远程分支机构的 LAN 和公司总部 LAN 之间的 VPN。通过 Intranet 这一公共网络将公司在各地分支机构的 LAN 连到公司总部的 LAN，以便公司内部的资源共享、文件传递等，可节省 DDN 等专线所带来的高额费用。

3. Extranet VPN

在供应商、商业合作伙伴的 LAN 和公司的 LAN 之间的 VPN。由于不同公司网络环境的差异性，该产品必须能兼容不同的操作平台和协议。由于用户的多样性，公司的网络管理员还应该设置特定的访问控制表 ACL（Access Control List），根据访问者的身份、网络地址等参数来确定他所相应的访问权限，开放部分资源而非全部资源给外联网的用户。

根据 VPN 的协议，可以将 VPN 分为 PPTP、L2F、L2TP、MPLS、IPSec 和 SSL，如图 2-3 所示。

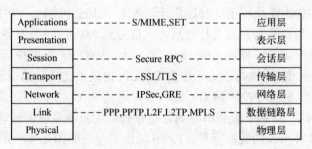

图 2-3　VPN 协议层

2.2　VPN 隧道技术

常规的直接拨号连接与虚拟专网连接的不同点在于，在前一种情形中 PPP（点对点协议）数据流是通过专用线路传输的。在 VPN 中，PPP 数据包流是由一个 LAN 上的路由器发出，通过共享 IP 网络上的隧道进行传输，再到达另一个 LAN 上的路由器。隧道代替了实实在在的专用线路。隧道好比是在 WAN 云海中拉出一根串行通信电缆。那么，如何形成 VPN 隧道呢？

建立隧道主要有两种方式：客户启动（Client-Initiated）和客户透明（Client-Transparent）。客户启动要求客户和隧道服务器（或网关）都安装隧道软件。后者通常都安装在公司中心站上。通过客户软件初始化隧道，隧道服务器中止隧道，ISP 可以不必支持隧道。客户和隧道服务器只需建立隧道，并使用用户 ID 和口令或用数字许可证鉴权。一旦隧道建立，就可以进行通信了，如同 ISP 没有参与连接一样。

另外，如果希望隧道对客户透明，ISP 的 POPs 就必须具有允许使用隧道的接入服务器及可能需要的路由器。客户首先拨号进入服务器，服务器必须能识别这一连接要与某一特定的远程点建立隧道，然后服务器与隧道服务器建立隧道，通常使用用户 ID 和口令进行鉴权。这样客户端就通过隧道与隧道服务器建立了直接对话。尽管这一方针不要求客户有专门的软件，但客户只能拨号进入正确配置的访问服务器。

下面就现在项目应用中的几种主流 VPN 协议进行阐述。

2.2.1 点到点隧道协议（PPTP）

PPTP（Point-to-Point Tunneling Protocol）即点对点隧道协议，该协议由美国微软公司设计，用于将 PPP 分组通过 IP 网络封装传输。通过该协议，远程用户能够通过 Windows 操作系统及其他装有点对点协议的系统安全访问公司网络，并能拨号接入本地 ISP，通过 Internet 安全连接到公司网络。

PPTP 隧道提供 PPTP 客户机和 PPTP 服务器之间的加密通信。PPTP 客户机是指运行了该协议的 PC，如启动该协议的 Windows 95/98，PPTP 服务器是指运行该协议的服务器，如启动该协议的 Windows NT 服务器。PPTP 可看做是 PPP 协议的一种扩展。它提供了一种在 Internet 上建立多协议的安全 VPN 通信方式。

PPTP 的功能特性被分成两个部分：PAC（PPTP Access Concentrator，PPTP 访问集中器，可以理解为客户端）和 PNS（PPTP Network Server，PPTP 网络服务器）。PPTP 在 PAC 和 PNS 之间实现，PAC 往往位于一台远程计算机上。通过 PPTP、VPN 的建立通常需要如下步骤：第一步，远程拨号客户首先按常规方式拨号到 ISP 的接入服务器 NAS，建立 PPP 连接，使得客户接入公共 IP 网络 Internet。第二步，PAC 通过 PPP 连接建立一条控制信道，并且通过 Internet 连接 PNS。这一步使用 TCP 协议来完成。第三步，通过控制信道协商 PPTP 隧道的参数，建立 PPTP 隧道。第四步，通过 PAC 与 PNS 之间的 PPTP 隧道，从远程用户建立进入 NAS 的 PPP 连接。这时，远程访问用户就可以通过这条 PPP 连接访问公司的专用网络传送多种协议的数据报了。PPTP 隧道的建立如图 2-4 所示。

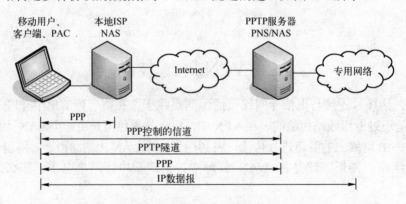

图 2-4 PPTP 隧道的建立

图 2-5 是发送和接收过程的数据包封装过程。从图上可以看到，在发送端，首先将 PPP 的有效载荷（如 IP 数据报、IPX 数据报或 NetBEUI 帧等）进行加密，添加 PPP 报头，封装成 PPP 帧；PPP 帧再添加 GRE 报头，GRE 报文又添加一个 IP 报头；进而，再次进行数据链路层封装，加上数据链路层报头和报尾（可能是 PPP 报头和报尾，也可能是以太网报头和报尾），封装成数据链路层帧发送到 ISP NAS。此时的传送的报文就是在 PPTP 隧道进行传输了。在接收端（PPTP 客户或者 PPTP 服务器）接收到 PPTP 数据包后，逐次处理并除去各项报头、报尾，得到有效数据。

PPTP 本身并不提供数据安全功能，而是依靠 PPP 的身份认证和加密服务提供数据的安全性，例如，可以采用基于 RSA 公司 RC4 等数据加密方法，保证了虚拟连接通道的安全性。

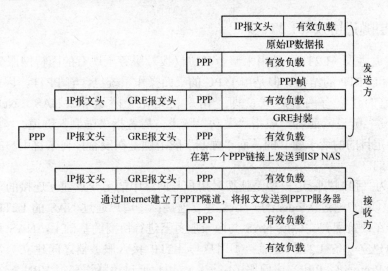

图 2-5　发送和接收过程的数据包封装过程

2.2.2　第二层转发协议（L2F）

第二层转发协议（Layer2 Forwarding，L2F）是由 Cisco、Northern Telecom 及 Shiva Corporation 等公司开发的一种适合可控制网络的虚拟拨号上网协议。L2F 用于建立跨越公共网络（如因特网）的安全隧道连接到企业内部网关。这个隧道建立了一个用户与企业客户网络间的虚拟点对点连接。PPTP 把 GRE 用做封装协议，L2F 使用任何能够提供终端到终端连接的报文定向协议（Packet-Oriented Protocol），如 UDP、X.25 或者帧中继。

图 2-6 所示为 L2F 的结构，L2F 的实现分以下几步：第一步，远程用户通过拨号接入本地服务提供商的 NAS，从而连入 Internet，在这一步通常使用用户名及口令进行身份验证；第二步，通过验证后，用户已经可以使用因特网资源，如果要建立 L2F 隧道，用户的 ISP 需要向专用网络的网关发起申请，这样 L2F 就从 NAS 到专用网络的本地网关之间建立了一条隧道，这里的本地网关一般是路由器设备（注意，L2F 协议是 Cisco 等网络设备生产商开发的，是适合路由器等设备的协议）；第三步，L2F 将连接指示同一些验证信息送到本地网关，本地网关接收扩展的 SLIP 或者 PPP 连接（使用 PPP 时，可以将整个隧道看做从移动用户到专用网络的一个 PPP 连接）并为其建立一个虚拟接口；实现以上三步后，IP 数据报被送到专用网络，实现隧道通信。

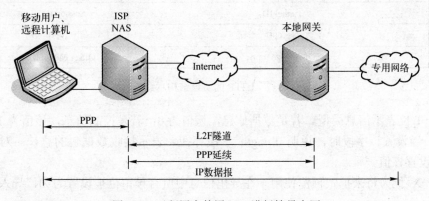

图 2-6　远程用户使用 L2F 进行拨号上网

2.2.3　第二层隧道协议（L2TP）

第二层隧道协议（L2TP）是用来整合多协议拨号服务至现有的因特网服务提供商点。L2TP 是 L2F 和 PPTP 的结合。但是由于 PC 的桌面操作系统包含着 PPTP，因此 PPTP 仍比较流行。隧道的建立有两种方式：即"用户初始化"隧道和"NAS（Network Access Server）初始化"隧道。前者一般指"主动"隧道，后者指"强制"隧道。"主动"隧道是用户为某种特定目的的请求建立的，而"强制"隧道则是在没有任何来自用户的动作及选择的情况下建立的。

L2TP 作为"强制"隧道模型是让拨号用户与网络中的另一点建立连接的重要机制。建立过程如下：①用户通过 Modem 与 NAS 建立连接；②用户通过 NAS 的 L2TP 接入服务器身份认证；③在政策配置文件或 NAS 与政策服务器进行协商的基础上，NAS 和 L2TP 接入服务器动态地建立一条 L2TP 隧道；④用户与 L2TP 接入服务器之间建立一条点到点协议（Point to Point Protocol，PPP）访问服务隧道；⑤用户通过该隧道获得 VPN 服务。

与之相反的是，PPTP 作为"主动"隧道模型允许终端系统进行配置，与任意位置的 PPTP 服务器建立一条不连续的、点到点的隧道。并且，PPTP 协商和隧道建立过程都没有中间媒介 NAS 的参与。NAS 的作用只是提供网络服务。PPTP 建立过程如下：①用户通过串口以拨号 IP 访问的方式与 NAS 建立连接取得网络服务；②用户通过路由信息定位 PPTP 接入服务器；③用户形成一个 PPTP 虚拟接口；④用户通过该接口与 PPTP 接入服务器协商、认证建立一条 PPP 访问服务隧道；⑤用户通过该隧道获得 VPN 服务。

在 L2TP 中，用户感觉不到 NAS 的存在，仿佛与 PPTP 接入服务器直接建立连接。而在 PPTP 中，PPTP 隧道对 NAS 是透明的；NAS 不需要知道 PPTP 接入服务器的存在，只是简单地把 PPTP 流量作为普通 IP 流量处理。

采用 L2TP 还是 PPTP 实现 VPN 取决于要把控制权放在 NAS 还是用户手中。L2TP 比 PPTP 更安全，因为 L2TP 接入服务器能够确定用户是从哪里来的。L2TP 主要用于比较集中的、固定的 VPN 用户，而 PPTP 比较适合移动的用户。

L2TP 的协议结构示意图如图 2-7 所示，下面简略介绍各个字段的意义。

L2TP命令头：

12												16	32 bit
T	L	X	X	S	X	O	P	X	X	X	X	Ver	Length
Tunnel ID												Session ID	
Ns (opt)												Nr (opt)	
Offset Size (opt)												Offset Pad (opt)	

图 2-7　L2TP 的协议结构示意图

T——T 位表示信息类型。若是数据信息，该值为 0；若是控制信息，该值为 1。

L——当设置该字段时，说明 Length 字段存在，表示接收数据包的总长。对于控制信息，必须设置该值。

X——X 位为将来扩张预留使用。在导出信息中所有预留位被设置为 0，导入信息中该值忽略。

S——如果设置 S 位，那么 Nr 字段和 Ns 字段都存在。对于控制信息，S 位必须设置。

O——当设置该字段时，表示在有效负载信息中存在 OffsetSize 字段。对于控制信息，该字段值设为 0。

P——如果 Priority（P）位值为 1，表示该数据信息在其本地排队和传输中将会得到优先处理。

Ver——Ver 位的值总为 002。它表示一个版本 1L2TP 信息。

Length——信息总长，包括头、信息类型 AVP 及其他的与特定控制信息类型相关的 AVPs。

Tunnel ID——识别控制信息应用的 Tunnel。如果对等结构还没有接收到分配的 Tunnel ID，那么 Tunnel ID 必须设置为 0。一旦接收到分配的 Tunnel ID，所有更远的数据包必须和 Tunnel ID 一起被发送。

Session ID——识别控制信息应用的 Tunnel 中的用户会话。如果控制信息在 Tunnel 中不应用单用户会话（如一个 Stop-Control-Connection-Notification 信息），Session ID 必须设置为 0。

Nr——期望在下一个控制信息中接收到的序列号。

Ns——数据或控制信息的序列号。

Offset Size & Offset Pad——该字段规定通过 L2F 协议头的字节数，协议头是有效负载数据起始位置。Offset Padding 中的实际数据并没有定义。如果 Offset 字段当前存在，那么 L2TP 头 Offset Padding 的最后八位字节后结束。

2.2.4　GRE 协议

一般路由封装协议（Generic Routing Encapsulation，GRE）主要用于源路由和终路由之间所形成的隧道。例如，将通过隧道的报文用一个新的报文头（GRE 报文头）进行封装，然后带着隧道终点地址放入隧道中。当报文到达隧道终点时，GRE 报文头被剥掉，继续原始报文的目标地址进行寻址。GRE 隧道通常是点到点的，即隧道只有一个源地址和一个终地址。然而也有一些实现允许点到多点，即一个源地址对多个终地址。这时就要和下一条路由协议（Next-Hop Routing Protocol，NHRP）结合使用。NHRP 主要是为了在路由之间建立捷径。

GRE 隧道用来建立 VPN 有很大的吸引力。从体系结构的观点来看，VPN 就像是通过普通主机网络的隧道集合。普通主机网络的每个点都可利用其地址及路由所形成的物理连接，配置成一个或多个隧道。在 GRE 隧道技术中入口地址用的是普通主机网络的地址空间，而在隧道中流动的原始报文用的是 VPN 的地址空间，这样反过来就要求隧道的终点应该配置成 VPN 与普通主机网络之间的交界点。这种方法的好处是使 VPN 的路由信息从普通主机网络的路由信息中隔离出来，多个 VPN 可以重复利用同一个地址空间而没有冲突，这使得 VPN 从主机网络中独立出来，从而满足了 VPN 的关键要求：可以不使用全局唯一的地址空间。隧道也能封装数量众多的协议族，减少实现 VPN 功能函数的数量。还有，对许多 VPN 所支持的体系结构来说，用同一种格式来支持多种协议同时又保留协议的功能是非常重要的。IP 路由过滤的主机网络不能提供这种服务，而只有隧道技术才能把 VPN 私有协议从主机网络中隔离开。基于隧道技术的 VPN 实现的另一特点是对主机网络环境和 VPN 路由环境进行隔离。对 VPN 而言主机网络可看成点到点的电路集合，VPN 能够用其路由协议穿过符合 VPN 管理要求的虚拟网。同样，主机网络用符合网络要求的路由设计方案，而不必受 VPN 用户网络的路由协议限制。

虽然 GRE 隧道技术有很多优点，但用其技术作为 VPN 机制也有缺点，如管理费用高、隧道的规模数量大等。因为 GRE 是由手工配置的，所以配置、维护隧道所需的费用和隧道的数量是直接相关的——每次隧道的终点改变，隧道都要重新配置。隧道也可自动配置，但有缺点，如不能考虑相关路由信息、性能问题及容易形成回路问题。一旦形成回路，会极大恶化路由的效率。除此之外，通信分类机制是通过一个好的粒度级别来识别通信类型。如果通信分类过程是通过识别报文（进入隧道前的）进行，就会影响路由发送速率的能力及服务性能。

2.2.5　IP 安全协议（IPSec）

IPSec（IPSecurity）是一种开放标准的框架结构，特定的通信方之间在 IP 层通过加密和数据摘要（Hash）等手段来保证数据包在 Internet 网上传输时的私密性（Confidentiality）、完整性（Dataintegrity）和真实性（Originauthentication）。IPSec 协议如图 2-8 所示。

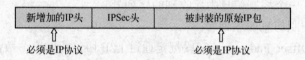

图 2-8　IPSec 协议

IPSec VPN 系统工作在网络协议栈中的 IP 层，采用 IPSec 协议提供 IP 层的安全服务。由于所有使用 TCP/IP 协议的网络在传输数据时，都必须通过 IP 层，所以提供了 IP 层的安全服务就可以保证端到端传递的所有数据的安全性。

虚拟私有网络允许内部网络之间使用保留 IP 地址进行通信。为了使采用保留 IP 地址的 IP 包能够穿越公共网络到达对端的内部网络，需要对使用保留地址的 IP 包进行隧道封装，加封新的 IP 包头。封装后的 IP 包在公共网络中传输，如果对其不做任何处理，在传递过程中有可能被"第三者"非法查看、伪造或篡改。为了保证数据在传递过程中的机密性、完整性和真实性，有必要对封装后的 IP 包进行加密和认证处理。通过对原有 IP 包加密，还可以隐藏实际进行通信的两个主机的真实 IP 地址，减少了它们受到攻击的可能性。IPSec 的框架结构如图 2-9 所示。

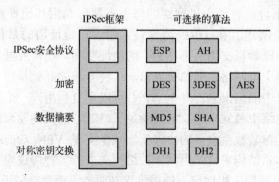

图 2-9　IPSec 的框架结构

IPSec 支持两种封装模式：传输模式和隧道模式。传输模式不改变原有的 IP 包头，通常用于主机与主机之间，如图 2-10 所示。

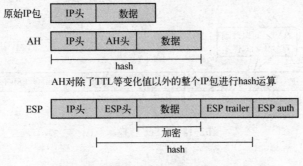

图 2-10　IPSec 传输模式结构图

隧道模式增加新的 IP 头，通常用于私网与私网之间通过公网进行通信，如图 2-11 所示。

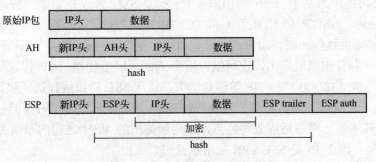

图 2-11　IPSec 隧道模式结构图

AH 模式无法与 NAT 一起运行，AH 对包括 IP 地址在内的整个 IP 包进行 hash 运算，而 NAT 会改变 IP 地址，从而破坏 AH 的 hash 值，如图 2-12 所示。

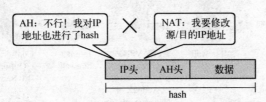

图 2-12　AH 模式无法与 NAT 一起运行

ESP 模式下，只进行地址映射时，ESP 可与 NAT 一起工作。进行端口映射时，需要修改端口，而 ESP 已经对端口号进行了加密和（或）hash 运算，所以将无法进行，如图 2-13 所示。

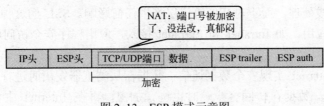

图 2-13　ESP 模式示意图

启用 IPSec NAT 穿越后，会在 ESP 头前增加一个 UDP 头，就可以进行端口映射，如图 2-14 所示。

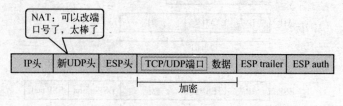

图 2-14　IPSec 转换示意图

2.2.6　SSL 协议

SSL 的英文全称是"Secure Sockets Layer"，中文名为"安全套接层协议层"，是网景（Netscape）公司提出的基于 Web 应用的安全协议。SSL 协议指定了一种在应用程序协议（如 Http、Telenet、NMTP 和 FTP 等）和 TCP/IP 协议之间提供数据安全性分层的机制，它为 TCP/IP 连接提供数据加密、服务器认证、消息完整性及可选的客户机认证。目前 SSL 协议被广泛应用于各种浏览器应用，也可以应用于 Outlook 等使用 TCP 协议传输数据的 C/S 应用。正因为 SSL 协议被内置于 IE 等浏览器中，使用 SSL 协议进行认证和数据加密的 SSL VPN 就可以免于安装客户端。相对于传统的 IPSec VPN 而言，SSL VPN 具有部署简单、无客户端、维护成本低、网络适应强等特点，这两种类型的 VPN 之间的差别类似 C/S 构架和 B/S 构架的区别。图 2-15 是 SSL VPN 应用示意图。

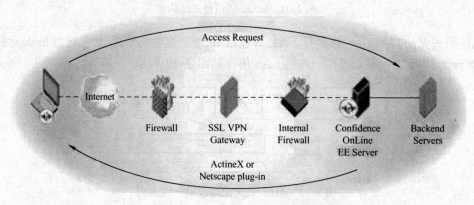

图 2-15　SSL VPN 应用示意图

SSL 协议层包含两类子协议：SSL 握手协议和 SSL 记录协议。它们共同为应用访问连接（主要是 Http 连接）提供认证、加密和防篡改功能。SSL 能在 TCP/IP 和应用层间无缝实现 Internet 协议栈处理，而不对其他协议层产生任何影响。SSL 的这种无缝嵌入功能还可运用类似 Internet 应用，如 Intranet 和 Extranet 接入、应用程序安全访问、无线应用及 Web 服务。

SSL 能基于 Internet 实现安全数据通信：数据在从浏览器发出时进行加密，到达数据中心后解密；同样地，数据在传回客户端时也进行加密，再在 Internet 中传输。它工作于高层，SSL 会话由两部分组成：连接和应用会话。在连接阶段，客户端与服务器交换证书并协议安全参数，如果客户端接受了服务器证书，便生成主密钥，并对所有后续通信进行加密。

在应用会话阶段，客户端与服务器之间安全传输各类信息。

SSL 在以远程和移动的方式访问 VPN 的使用上是最好的；而 IPSec 在固定站点之间创建 VPN 的使用上是最好的。

在使用 SSL VPN 时，远程用户和内部资源之间的连接经过网页访问的方式发生在应用层，不同于 IPSec VPN 的网络层公开隧道。对于远程和移动用户来说，使用 SSL 是十分理想的，这是因为：SSL 不需要被下载到用于访问公司资源的设备中；SSL 不需要由终端用户进行设置；只要有标准网页浏览器的地方，就有 SSL，它存在于任何的计算机和移动设备中。

SSL 提供基于数字化认证的客户端和服务器端身份验证、完整性检查和加密。SSL 利用密钥提供传输级的加密机制，并通过公共密钥提供密钥管理和身份验证。RSA 握手（或DH）在使用上和 IPSec 中的 IKE 相同，而 SSL 密码库用于确保对称隧道的安全，那些受保护的 IPSec 隧道将使用类似的加密技术。SSL VPN 和 IPSec VPN 都支持先进的加密、数据完整性验证和身份验证技术，如 3-DES、128 位 RC4、AES、MD5 或 SHA-1。SSL VPN 实现流程图，如图 2-16 所示。

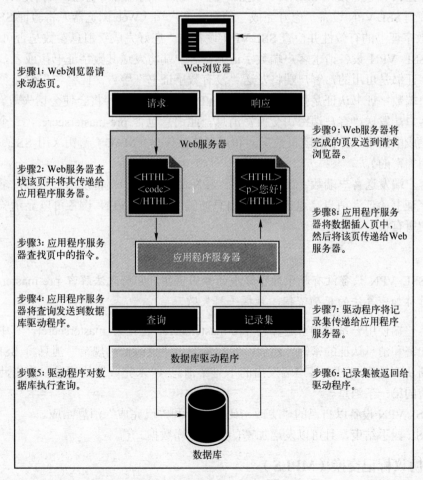

图 2-16　SSL VPN 实现流程图

（1）客户端发送列出客户端密码能力的客户端"您好"消息（以客户端首选项顺序排序），如 SSL 的版本、客户端支持的密码对和客户端支持的数据压缩方法。消息也包含 28

字节的随机数。

（2）SSL VPN 设备以 SSL VPN 设备"您好"消息响应，此消息包含密码方法（密码对）和由 SSL VPN 设备选择的数据压缩方法，以及会话标识和另一个随机数。

✐ 注意

客户端和 SSL VPN 设备至少必须支持一个公共密码对，否则握手失败。SSL VPN 设备一般选择最大的公共密码对。

（3）SSL VPN 设备发送其 SSL 数字证书（SSL VPN 设备使用带有 SSL 的 X.509V3 数字证书）。

如果 SSL VPN 设备使用 SSLV3，而 SSL VPN 设备应用程序（如 WebSSL VPN 设备）需要数字证书进行客户端认证，则客户端会发出"数字证书请求"消息。在"数字证书请求"消息中，SSL VPN 设备发出支持的客户端数字证书类型的列表和可接受的CA 的名称。

（4）SSL VPN 设备发出 SSL VPN 设备"您好完成"消息并等待客户端响应。

（5）接到 SSL VPN 设备"您好完成"消息，客户端（Web 浏览器）将验证 SSL VPN 设备的 SSL 数字证书的有效性并检查 SSL VPN 设备的"您好完成"消息参数是否可以接受。

如果 SSL VPN 设备请求客户端数字证书，客户端将发送其数字证书；或者，如果没有合适的数字证书是可用的，客户端将发送"没有数字证书"警告。此警告仅仅是警告而已，但如果客户端数字证书认证是强制性的，SSL VPN 设备应用程序将会使会话失败。

（6）客户端发送"客户端密钥交换"消息。此消息包含 pre-mastersecret（一个用在对称加密密钥生成中的 46 字节的随机数字）和消息认证代码（MAC）密钥（用 SSL VPN 设备的公用密钥加密的）。

如果客户端发送客户端数字证书给 SSL VPN 设备，客户端将发出签有客户端的专用密钥的"数字证书验证"消息。通过验证此消息的签名，SSL VPN 设备可以显示验证客户端数字证书的所有权。

✐ 注意

如果 SSL VPN 设备没有属于数字证书的专用密钥，它将无法解密 pre-master 密码，也无法创建对称加密算法的正确密钥，且握手将失败。

（7）客户端使用一系列加密运算将 pre-mastersecret 转化为 mastersecret，其中将派生出所有用于加密和消息认证的密钥。然后，客户端发出"更改密码规范"消息将 SSL VPN 设备转换为新协商的密码对。客户端发出的下一个消息（"未完成"的消息）为用此密码方法和密钥加密的第一条消息。

（8）SSL VPN 设备以自己的"更改密码规范"和"已完成"消息响应。

（9）SSL 握手结束，且可以发送加密的应用程序数据。

2.2.7　多协议标记交换（MPLS）

MPLS 属于第三代网络架构，是新一代的 IP 高速骨干网络交换标准，由 IETF（Internet Engineering TaskForce，因特网工程任务组）所提出，由 Cisco、ASCEND、3Com 等网络设备大厂所主导。

MPLS 是集成式的 IP Over ATM 技术，即在 Frame Relay 及 ATM Switch 上结合路由功能，数据包通过虚拟电路来传送，只需在 OSI 第二层（数据链结层）执行硬件式交换（取代第三层软件式 routing），它整合了 IP 选径与第二层标记交换为单一的系统，因此可以解决 Internet 路由的问题，使数据包传送的延迟时间减短，增加网络传输的速度，更适合多媒体信息的传送。因此，MPLS 最大技术特色为可以指定数据包传送的先后顺序。MPLS 使用标记交换（Label Switching），网络路由器只需要判别标记后即可进行转送处理。

MPLS VPN 是一种基于 MPLS 技术的 IP VPN，是在网络路由和交换设备上应用 MPLS（Multiprotocol Label Switching，多协议标记交换）技术，简化核心路由器的路由选择方式，利用结合传统路由技术的标记交换实现的 IP 虚拟专用网络（IP VPN）。这种基于标记的 IP 路由选择方法，要求在整个交换网络中间所有的路由器都识别这个标签，运营商需要大笔投资建立全局的网络。而且跨越不同运营商之间，如果没有协调好，标签无法交换。

MPLS VPN 一般采用图 2-17 所示的网络结构。其中 VPN 是由若干不同的 site 组成的集合，一个 site 可以属于不同的 VPN，属于同一 VPN 的 site 具有 IP 连通性，不同 VPN 间可以有控制地实现互访与隔离。

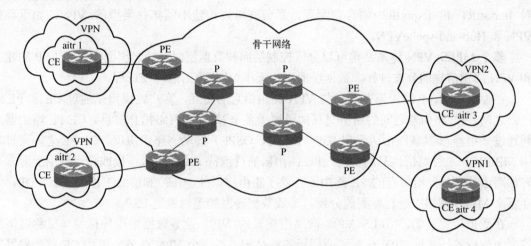

图 2-17　MPLS VPN 网络结构示意图

MPLS VPN 网络主要由 CE、PE 和 P 3 部分组成：CE（Custom Edge Router，用户网络边缘路由器）设备直接与服务提供商网络相连，它"感知"不到 VPN 的存在；PE（Provider Edge Router，骨干网边缘路由器）设备与用户的 CE 直接相连，负责 VPN 业务接入，处理 VPN-IPv4 路由，是 MPLS 三层 VPN 的主要实现者；P（Provider Router，骨干网核心路由器）负责快速转发数据，不与 CE 直接相连。在整个 MPLS VPN 中，P、PE 设备需要支持 MPLS 的基本功能，CE 设备不必支持 MPLS。

PE 是 MPLS VPN 网络的关键设备，根据 PE 路由器是否参与客户的路由，MPLS VPN 分成 Layer3 MPLS VPN 和 Layer2 MPLS VPN。其中 Layer3 MPLS VPN 遵循 RFC 2547bis 标准，使用 MBGP 在 PE 路由器之间分发路由信息，使用 MPLS 技术在 VPN 站点之间传送数据，因而又称为 BGP/MPLS VPN。本文主要阐述的是 Layer3 MPLS VPN。

在 MPLS VPN 网络中，对 VPN 的所有处理都发生在 PE 路由器上，为此，PE 路由器上起用了 VPNv4 地址族，引入了 RD（Route Distinguisher）和 RT（Route Target）等属性。RD 具有全局唯一性，通过将 8byte 的 RD 作为 IPv4 地址前缀的扩展，使不唯一的

IPv4 地址转化为唯一的 VPNv4 地址。VPNv4 地址对客户端设备来说是不可见的，它只用于骨干网络上路由信息的分发。PE 对等体之间需要发布基于 VPNv4 地址族的路由，通常是通过 MBGP 实现的。正常的 BGP4 只传递 IPv4 的路由，MP-BGP 在 BGP 的基础上定义了新的属性。

MP-iBGP 在邻居间传递 VPN 用户路由时会将 IPv4 地址打上 RD 前缀，这样 VPN 用户传来的 IPv4 路由就转变为 VPNv4 路由，从而保证 VPN 用户的路由到了对端的 PE 上以后，即使存在地址空间重叠，对端 PE 也能够区分分属不同 VPN 的用户路由。RT 使用了 BGP 中扩展团体属性，用于路由信息的分发，具有全局唯一性，同一个 RT 只能被一个 VPN 使用，它分成 ImportRT 和 ExportRT，分别用于路由信息的导入和导出策略。在 PE 路由器上针对每个 site 都创建了一个虚拟路由转发表 VRF（VPNRouting & Forwarding），VRF 为每个 site 维护逻辑上分离的路由表，每个 VRF 都有 ImportRT 和 ExportRT 属性。当 PE 从 VRF 表中导出 VPN 路由时，要用 ExportRT 对 VPN 路由进行标记；当 PE 收到 VPNv4 路由信息时，只有所带 RT 标记与 VRF 表中任意一个 ImportRT 相符的路由才会被导入 VRF 表中，而不是全网所有 VPN 的路由，从而形成不同的 VPN，实现 VPN 的互访与隔离。通过对 ImportRT 和 ExportRT 的合理配置，运营商可以构建不同拓扑类型的 VPN，如重叠式 VPN 和 Hub-and-spokeVPN。

整个 MPLS VPN 体系结构可以分成控制层面和数据层面，控制层面定义了 LSP 的建立和 VPN 路由信息的分发过程，数据层面则定义了 VPN 数据的转发过程。

在控制层面，P 路由器并不参与 VPN 路由信息的交互，客户路由器是通过 CE 和 PE 路由器之间、PE 路由器之间的路由交互知道属于某个 VPN 的网络拓扑信息。CE-PE 路由器之间通过采用静态/默认路由或采用 ICP（RIPv2、OSPF）等动态路由协议。PE-PE 之间通过采用 MP-iBGP 进行路由信息的交互，PE 路由器通过维持 iBGP 网状连接或使用路由反射器来确保路由信息分发给所有的 PE 路由器。除了路由协议外，在控制层面工作的还有 LDP，它在整个 MPLS 网络中进行标签的分发，形成数据转发的逻辑通道 LSP。

在数据转发层面，MPLS VPN 网络中传输的 VPN 业务数据采用外标签（又称隧道标签）和内标签（又称 VPN 标签）两层标签栈结构。当一个 VPN 业务分组由 CE 路由器发给入口 PE 路由器后，PE 路由器查找该子接口对应的 VRF 表，从 VRF 表中得到 VPN 标签、初始外层标签及到出口 PE 路由器的输出接口。当 VPN 分组被打上两层标签之后，就通过 PE 输出接口转发出去，然后在 MPLS 骨干网中沿着 LSP 被逐级转发。在出口 PE 之前的最后一个 P 路由器上，外层标签被弹出，P 路由器将只含有 VPN 标签的分组转发给出口 PE 路由器。出口 PE 路由器根据内层标签查找对应的输出接口，在弹出 VPN 标签后通过该接口将 VPN 分组发送给正确的 CE 路由器，从而实现整个数据转发过程。

2.3　VPN 性能与部署

2.3.1　VPN 关键性能指标

不同性能的 VPN 设备，需要与所接入的网络相适应，同时权威测评机构（如中国信息安全产品测评认证中心等）在对 VPN 产品进行最大新建连接速率、最大并发连接数、VPN 吞吐量、最大并发用户数、传输时延，在进行上述测试时会搭建独立的测试用环境，并且一般使用专用硬件进行测试，如 Smartbits 等设备。以下对这几个常见指标进行说明。

1. 最大新建连接速率

最大新建连接速率是指用户端访问 VPN 设备时最大允许同时新建连接的速度，VPN 这个值越大说明 VPN 性能越好。

2. 最大并发连接数

最大并发连接数是衡量 VPN 性能的一个重要指标。在 IETF RFC2647 中给出了最大并发连接数（Concurrent Connections）的定义，是指穿越 VPN 的主机之间或主机与 VPN 之间能同时建立的最大连接数。最大并发连接数表示 VPN（或其他设备）对其业务信息流的处理能力，反映出 VPN 对多个连接的访问控制能力和连接状态跟踪能力，这个参数直接影响到 VPN 所能支持的最大信息点数。

3. VPN 吞吐量

网络中的数据是由一个个数据帧组成的，VPN 对每个数据帧的处理都要耗费资源。吞吐量就是指在没有数据帧丢失的情况下，VPN 能够接受并转发的最大速率。IETF RFC1242 中对吞吐量做了标准的定义："The Maximum Rate at Which None of the Offered Frames are Dropped by the Device"，明确提出了吞吐量是指在没有丢包时的最大数据帧转发速率。吞吐量的大小主要由 VPN 内网卡及程序算法的效率决定，尤其是程序算法，会使 VPN 系统进行大量运算，通信量大打折扣。很明显，同档次 VPN 这个值越大说明 VPN 性能越好。

4. 最大并发用户数

最大并发用户数是指用户端访问 VPN 设备时最大同时连接的 IP 数量，VPN 这个值越大说明 VPN 性能越好。

5. 传输时延

网络的应用种类非常复杂，许多应用对时延非常敏感（如音频、视频等），而网络中加入 VPN 设备（也包括其他设备）必然会增加传输时延，所以较低的时延对 VPN 来说是不可或缺的。测试时延是指测试仪发送端口发出数据包经过 VPN 后到接收端口收到该数据包的时间间隔，时延有存储转发时延和直通转发时延两种。

除上述指标外，在部分测试中还会进行背靠背缓冲等数据测评，并且随着 VPN 技术的不断发展，更多的测评项也会随之不断增加进来，以分析 VPN 各个应用方面的实际性能。

2.3.2　VPN 部署方式

1. 网关接入模式

网关（Gateway）又称网间连接器、协议转换器。网关在传输层上以实现网络互连，是最复杂的网络互连设备，仅用于两个高层协议不同的网络互连。网关既可以用于广域网互连，也可以用于局域网互连。网关是一种充当转换重任的计算机系统或设备。在使用不同的通信协议、数据格式或语言的，甚至体系结构完全不同的两种系统之间，网关是一个翻译器。与网桥只是简单地传达信息不同，网关对收到的信息要重新打包，以适应目标系统的需求。同时，网关也可以提供过滤和安全功能。大多数网关运行在 OSI 7 层协议的顶层——应用层。图 2-18 是网关接入模式示意图。

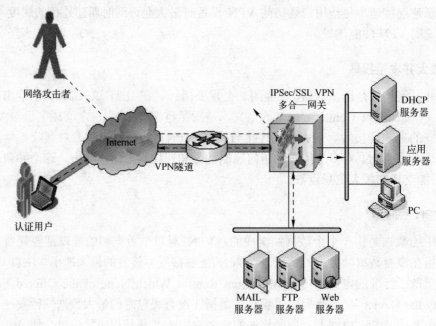

图 2-18　网关接入模式示意图

天融信 VPN 安全网关是将两个使用不同协议的网络段连接在一起的设备。它的作用就是对两个网络段中使用传输协议的数据进行互相的翻译转换。VPN 安全网关具备以下特点：

（1）可扩展性高。

（2）能够多协议支持，对 SMTP、HTTP、FTP 和 POP3 通信进行加密，对网络和用户实行应有的保护功能。

（3）能透明的联机扫描，保存诸如源 IP 和 MAC 地址等信息。透明扫描选项在易于安装的同时，还可以对内部 Web 服务器进行保护。

（4）能够进行内容管理，防止用户接收或发送带有某种类型附件、容量过大或带有过多、过大附件的邮件。

（5）能满足不同通信协议的网络互连，使文件可以在这些网络之间传输，阻止黑客入侵、检查病毒、身份认证与权限检查等很多安全功能，需要 VPN 完成或由 VPN 与相关产品协同完成。

2．旁路接入模式

旁路接入模式即透明模式（Transparent），即用户意识不到 VPN 的存在。要想实现透明模式，VPN 必须在没有 IP 地址的情况下工作，只需要对其设置管理 IP 地址，添加默认网关地址。

VPN 作为实际存在的物理设备，其本身也可以起到路由的作用，所以在为用户安装 VPN 时，就需要考虑如何改动其原有的网络拓扑结构或修改连接 VPN 的路由表，以适应用户的实际需要，这样就增加了工作的复杂程度和难度。但如果 VPN 采用了透明模式，即采用无 IP 方式运行，用户将不必重新设定和修改路由，VPN 就可以直接安装和放置到网络中使用。在采用透明方式部署 VPN 后的网络结构不需要做任何调整，即使需要把 VPN 去掉，网络依然可以很方便地连通，不需要调整网络上的交换及路由。如图 2-19 所示为以透明方式部署 VPN 后的一个网络结构。

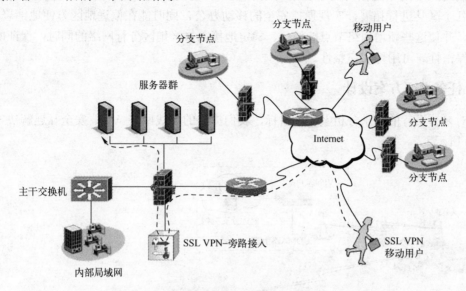

图 2-19　以透明方式部署 VPN 后的一个网络结构

学习项目

2.4　项目 1：VPN 产品部署

2.4.1　任务 1：需求分析

根据××银行目前的网络现状及××地区的环境现状，我们对××银行的具体需求分析如下：

（1）需要将 ATM 机方便地部署到××地区的任何一个行政县，使这些地区的用户能方便地使用××银行的 ATM 机；

（2）ATM 机需要能根据具体情况，方便地更改部署地点；

（3）在偏远地区设置××银行分支网点时，需要能方便地将分支网点和市分行网络进行连接；

（4）需要能为移动办公提供高效、安全、便捷的网络接入方式；

（5）以上网络部署，因主要考虑在偏远、不便于部署有线网络的地区部署无线网络，所部署的无线网络采用 GPRS 或 CDMA1X，必须提供稳定、可靠的网络支持，同时须提供满足应用需求的网络带宽；

（6）所提供网络和设备，需保证银行业务的实时性要求；

（7）需要采用 VPN 加密技术，对无线网络中传输的数据进行加密，保证数据传输的安全；

（8）所提供的设备均需能进行集中管理，便于维护和部署，同时各设备均需提供日志审计功能；

（9）所提供的方案，需保证一定的扩展性，为今后网络应用扩展提供支持。

在满足上述网络连接与网络安全需求后，最终达到使××银行在××地区能方便地将业务在各个区县进行拓展，实现便捷安全的移动办公，同时能在偏远地区方便地部署 ATM 柜员机，并使这些新增网络节点能便捷、稳定地接入××地区分行网络的同时，保证所传输数据的保密性、可用性和完整性。

2.4.2　任务 2：方案设计

针对××银行的需求分析及安全目标，我们提出的无线网络 VPN 安全互连解决方案如图 2-20 所示。

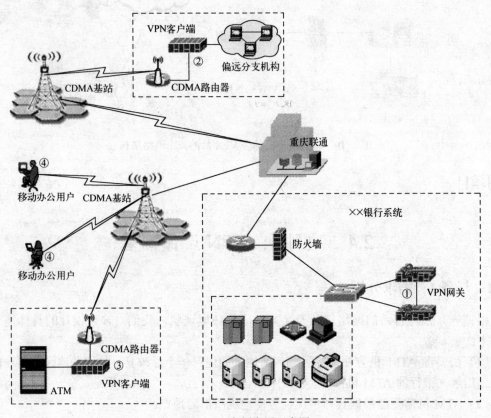

图 2-20　案例应用示意图

参考目前的无线网络应用，其中 GPRS 和 CDMA 是目前应用非常成熟的无线接入方式，而 CDMA 的速度及稳定性较 GPRS 都要高很多，所以在该无线网络规划方面，我们建议使用联通的 CDMA 网络。以下将重点说明在该网络下的 VPN 安全应用部署。

（1）在分行总部双机热备部署两台硬件 VPN 网关

如图 2-20 所示，在分行总部网络服务器区域，部署 VPN 硬件网关，采用双机热备方式进行部署。该设备的主要功能是：作为 VPN 服务器端，与远程接入的 VPN 客户端及移动 VPN 用户建立安全隧道，对隧道内所传输的数据进行加密保护，使 ATM、偏远网点、移动用户通过 CDMA 无线网络和分行总部所交换的数据安全加密。

（2）在偏远分支网点部署 1 台硬件 VPN 接入客户端

如图 2-20 所示，该处首先是通过 CDMA 无线路由器实现的网络连接，然后通过所部署的 VPN 客户端硬件，对从分支网点到分行总部交换的数据进行加密保护。该 VPN 客户端设备及无线 CDMA 路由设备，在经过合理的配置后，均能实现全自动的网络链路建立与 VPN 加密隧道的建立，免去了人工维护的烦琐步骤，另外，在需要时，可以从分行总部对这些设备进行远程维护。

（3）在 ATM 或移动银行车部署 1 台硬件 VPN 接入客户端

如图 2-20 所示，该处部署的设备和在偏远分支网点部署的设备，使用方式和安全功能是一样的，除了可以建立安全的无线连接，还可以实现便捷的安全管理。

（4）为移动用户计算机安装 VPN 接入客户端软件（VRC）

如图 2-20 所示，移动办公用户可以使用 CDMA 网卡接入 CDMA 网络，然后通过所安装的 VRC 软件，实现到分行总部的网络安全连接。该 VRC 软件端的认证方式，提供用户名+口令+硬件令牌等多种方式，实现极高并绝对有效的安全认证措施。

✏️ 说明

方案设计完成后，一般会附有推荐使用的产品及产品功能介绍。

事实上很少有单独的 VPN 产品设计，一般情况为解决整体网络安全问题，会部署多款网络安全产品。

2.5 项目 2: VPN 设备配置

2.5.1 任务 1: VPN 基本配置方法

1. 双机热备部署设备，配置主墙和从墙

为保证 VPN 设备的单点故障，不影响正常的网络通信，建议分行总部 VPN 服务器端以双机热备旁路方式部署，其他 VPN 硬件客户端的部署采用透明网桥方式部署，这样在 VPN 隧道没有建立（或在极其特殊情况下，隧道无法建立）时，不影响正常的网络通信，最大限度地保证网络数据的不间断传输。

WebUI 配置步骤如下。

（1）配置 HA 心跳口和其他通信接口地址。

HA 心跳口必须工作在路由模式下，而且要配置同一网段的 IP 以保证相互通信。接口属性必须要勾选"ha-static"选项，否则 HA 心跳口的 IP 地址信息会在主从墙运行配置同步时被对方覆盖。

主墙配置：

① 配置 HA 心跳口地址。

● 选择"网络管理"→"接口"命令，然后选择"物理接口"页签，单击 Eth2 接口后的"设置"图标，配置基本信息，如图 2-21 所示。

单击"确定"按钮保存配置。

● 在"路由模式"下方配置心跳口的 IP 地址，然后单击"添加"按钮，如图 2-22 所示。

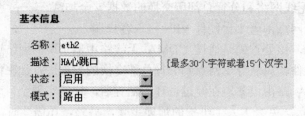

图 2-21 配置 HA 心跳口地址

图 2-22 配置 IP 地址

"ha-static"选项必须勾选，否则运行状态同步时 IP 地址信息也会被同步。

单击"确定"按钮保存配置。

② 配置 Eth1 和 Eth0 接口的 IP 地址。

配置 Eth1 和 Eth0 的 IP 地址分别为 192.168.83.219 和 172.16.1.20，具体操作请参见配置 HA 心跳口地址。

从墙配置：

① 配置 HA 心跳口地址。

配置从墙 HA 心跳口地址为 10.1.1.2，具体步骤请参见主墙的配置，此处不再赘述。

② 配置 Eth1 和 Eth0 接口的 IP 地址。

配置从墙 Eth1 和 Eth0 的 IP 地址分别为 192.168.83.219 和 172.16.1.20，具体步骤请参见主墙的配置，此处不再赘述。

（2）设置除心跳口以外的其余通信接口属于 VRID2。

主备模式下，只能配置一个 VRRP 备份组，而且通信接口必须加入到具体的 VRID 组中，VPN 才会根据此接口的 up、down 状态，来判断本机的工作状态，以进行 VRID 组内主备状态的切换。

主墙配置：

① 选择"网络管理"→"接口"命令，然后选择"物理接口"页签，在除跳口以外的接口后单击"设置"图标（以 Eth0 为例）。

② 勾选"高级属性"右侧的复选框，设置该接口属于 VRID2，如图 2-23 所示。

③ 参数设置完成后，单击"确定"按钮保存配置。

从墙具体步骤请参见主墙的配置，此处不再赘述。

（3）指定 HA 的工作模式及心跳口的本地地址和对端地址。

需要设置 HA 工作在"双机热备"模式下，并设置当前 VPN 为主墙或从墙，心跳口的本地及对端 IP 地址信息、心跳间隔等属性。

主墙配置：

① 选择"高可用性"→"双机热备"命令，选中"双机热备"左侧的单选按钮，配置基本信息，如图 2-24 所示。

高级属性 ☑

MTU：	1500　　　[68-1500]
MAC：	00:13:32:02:23:F6　　**恢复缺省MAC**
	[格式如 AA:BB:CC:DD:EE:FF]
	◉ 自动协商　　○ 手工设置
协商模式：	速率：10M
	双工模式：双工
vsid：	0　　　[0-254]
vrid：	2　　　[0-255]
免费arp发送间隔：	0　　　[0-1800]秒
mss开关：	关
mss值：	[200-1460]
反向路径查询：	关
HA-metric：	0　　　[0-100]

图 2-23　"高级属性"对话框

当前状态

状态：没有启动

基本设置

◉ 双机热备　○ 负载均衡　○ 连接保护

本地地址：	10.1.1.1　　*
对端地址：	10.1.1.2　　*
心跳间隔：	1　* [1-3秒]
热备组：	2　* [1-255]
身份：	主
抢占：	开启
对端机同步到本机：	**对端同步**
本机同步到对端机：	**本地同步**
IP探测：	**IP探测**

☐ 高级配置

启 用　　停 止　　**应 用**

图 2-24　选择"双机热备"

设置本机地址为心跳口 Eth2 的 IP 地址（10.1.1.1）。

设置对端地址为从墙心跳口 Eth2 的 IP 地址（10.1.1.2），超过两台设备时，必须将"对端地址"设为本地地址所在子网的子网广播地址（最多支持 8 台对端设备）。

心跳间隔可以使用默认值（1 秒），心跳间隔是两个 VPN 间互通状态信息报文的时间间隔，也是用于检测对端设备是否异常的重要参数，互为热备的 VPN 的此参数必须设置一致，否则很可能导致从墙的主从状态的来回切换。

设置热备组为通信接口的 VRID2，选择身份为"主机"。

"抢占"模式，是指主墙宕机后，重新恢复正常工作时，是否重新夺回主墙的地位。只有当主墙与从墙相比有明显的性能差异时，才需要配置主墙工作在"抢占"模式，否则当主墙恢复工作时主从墙的再次切换浪费系统资源，没有必要。案例中两台 VPN 相同，所以主墙不需要配置为"抢占"模式。

② 勾选"高级配置"左侧的复选框，进行高级配置，如图 2-25 所示。

③ 参数设置完成后，单击"应用"按钮保存配置。

④ 单击"启用"按钮，启动该主备模式，心跳口连接建立。

从墙配置操作和主墙的基本相同，但注意身份为"从属机"，本机地址为 10.1.1.2，对端地址为 10.1.1.1，不选择"抢占"。

（4）主从 VPN 的配置同步

在主墙单击"本机同步到对端机"，将主墙的当前配置同步到从墙。

至此，主墙和从墙的双机热备就可以正常使用了。

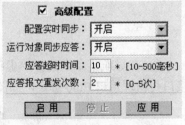

图 2-25　"高级配置"界面

2. 配置总部 VPN 网关及 VPN 客户端

为保证分行总部与各支行端以 VPN 硬件客户端及客户端与总部 VPN 硬件服务器端建立隧道加密传输数据的方式，使其传输的数据能够具备完整性、防篡改和防抵赖。

WebUI 配置步骤如下。

（1）开放总部 VPN 的 Eth0 接口的 IPSecVPN 服务，绑定虚接口。

① 在导航菜单中选择"资源管理"→"区域"命令，设置 Eth0 所属区域（area_eth0），如图 2-26 所示。

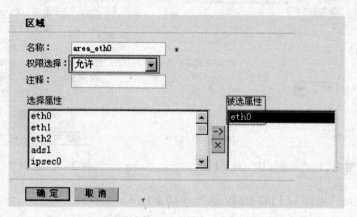

图 2-26 配置"区域"界面

② 在导航菜单中选择"系统管理"→"配置"命令，选择"开放服务"页签，开放 Eth0 接口 IPSecVPN 服务，如图 2-27 所示。

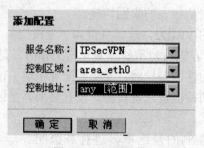

图 2-27 添加服务

③ 在导航菜单中选择"虚拟专网"→"虚接口绑定"命令，单击"添加"按钮，将虚接口与物理接口 Eth0 绑定，如图 2-28 所示。

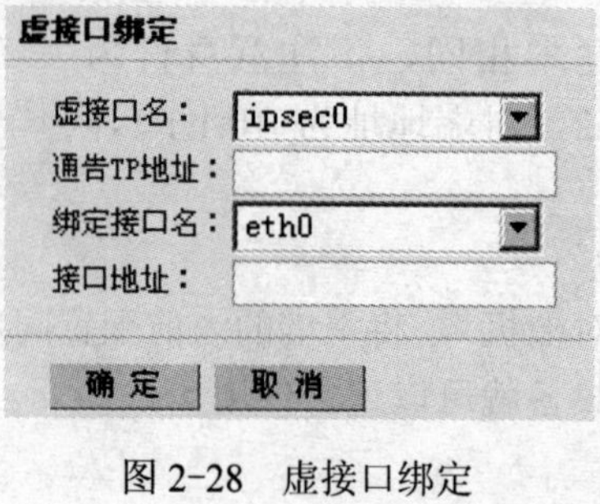

图 2-28 虚接口绑定

（2）开放分支机构 VPN 的 Eth0 接口的 IPSecVPN 服务，绑定虚接口 IPSec0。

① 在导航菜单中选择"资源管理"→"区域"命令，设置 Eth0 所属区域，如图 2-29 所示。

② 在导航菜单中选择"系统管理"→"配置"命令，选择"开放服务"页签，开放 Eth0 接口 IPSecVPN 服务，如图 2-30 所示。

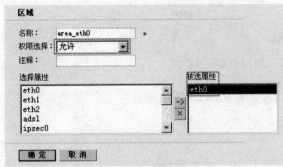
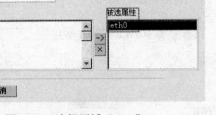

图 2-29　选择区域"eth0"　　　　　　图 2-30　开放服务"IPSecVPN"

③ 在导航菜单中选择"虚拟专网"→"虚接口绑定"命令，单击"添加"按钮。将虚拟接口和 Eth0 口绑定。

（3）在导航菜单中选择"虚拟专网"→"静态隧道"命令，单击"添加隧道"按钮，在 FW1 上设置 VPN 静态隧道参数。

① 选择"第一阶段协商"选项卡，设置参数如图 2-31 所示。

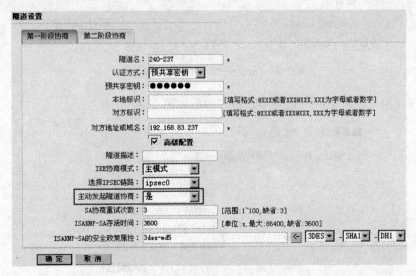

图 2-31　第一阶段协商配置界面

高级配置使用系统默认值。

② 选择"第二阶段协商"选项卡，设置参数如图 2-32 所示。

高级配置使用系统默认值。

（4）在分支机构 VPN 登录界面的导航菜单中选择"虚拟专网"→"静态隧道"命令，单击"添加隧道"按钮设置分支机构 VPN 的静态隧道参数。

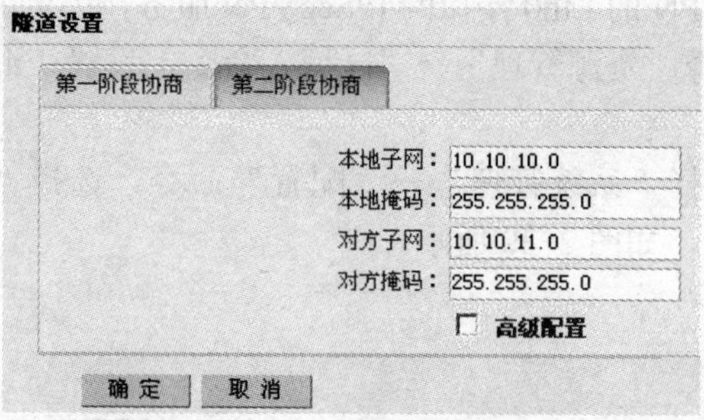

隧道设置

| 第一阶段协商 | 第二阶段协商 |

本地子网：10.10.10.0
本地掩码：255.255.255.0
对方子网：10.10.11.0
对方掩码：255.255.255.0
☐ 高级配置

确定　取消

图 2-32　第二阶段协商配置界面

① 选择"第一阶段协商"选项卡，设置参数如图 2-33 所示。

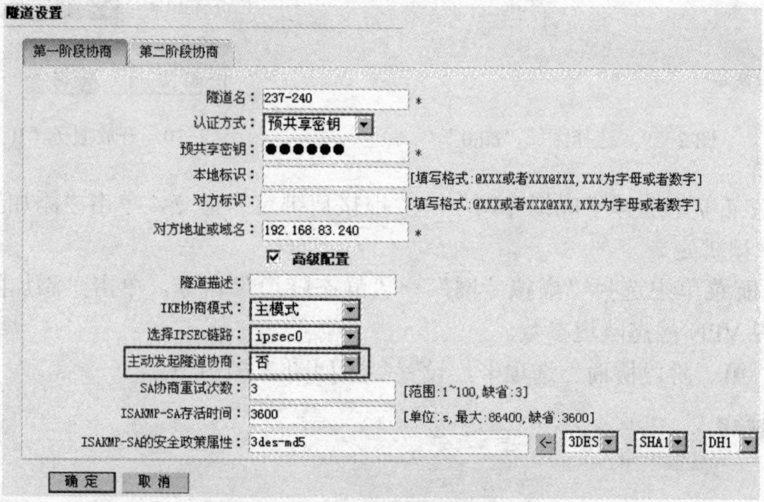

隧道设置

| 第一阶段协商 | 第二阶段协商 |

隧道名：237-240　*
认证方式：预共享密钥 ▼
预共享密钥：●●●●●●　*
本地标识：　[填写格式:@xxx或者xxx@xxx,xxx为字母或者数字]
对方标识：　[填写格式:@xxx或者xxx@xxx,xxx为字母或者数字]
对方地址或域名：192.168.83.240　*
☑ 高级配置
隧道描述：
IKE协商模式：主模式 ▼
选择IPSEC链路：ipsec0 ▼
主动发起隧道协商：否 ▼
SA协商重试次数：3　[范围:1~100,缺省:3]
ISAKMP-SA存活时间：3600　[单位:s,最大:86400,缺省:3600]
ISAKMP-SA的安全政策属性：3des-md5　[← [3DES ▼] - [SHA1 ▼] - [DH1 ▼]

确定　取消

图 2-33　分支机构 VPN 第一阶段协商

② 选择"第二阶段协商"选项卡，设置参数如图 2-34 所示。

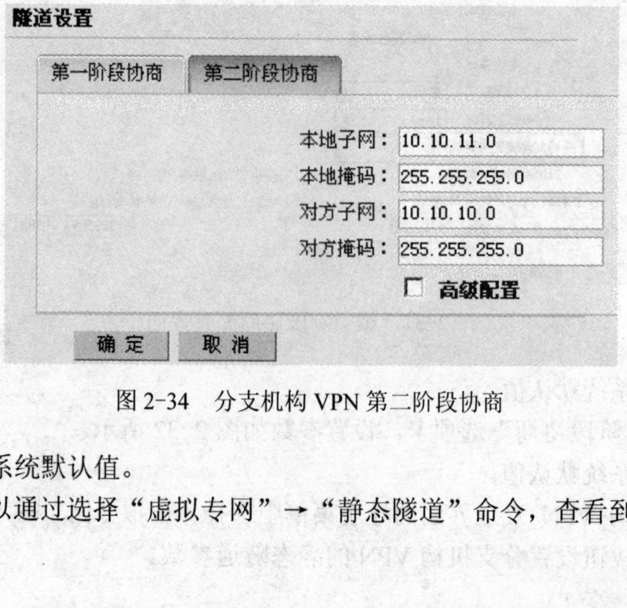

隧道设置

| 第一阶段协商 | 第二阶段协商 |

本地子网：10.10.11.0
本地掩码：255.255.255.0
对方子网：10.10.10.0
对方掩码：255.255.255.0
☐ 高级配置

确定　取消

图 2-34　分支机构 VPN 第二阶段协商

高级配置使用系统默认值。

总部 VPN 可以通过选择"虚拟专网"→"静态隧道"命令，查看到协商成功的隧道，如图 2-35 所示。

静态隧道　　[添加隧道][默认参数设置][清空隧道]

[1]

隧道	本地子网	远端主机	对方子网	隧道状态	协商	拆除	修改	删除	状态
240-237	10.10.10.0/24	192.168.83.237	10.10.11.0/24	第二阶段协商成功					

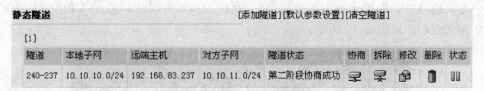

图 2-35　总部 VPN 查看静态隧道

分支机构 VPN 可以通过选择“虚拟专网”→“静态隧道”命令，查看到协商成功的隧道，如图 2-36 所示。

静态隧道　　[添加隧道][默认参数设置][清空隧道]

[1]

隧道	本地子网	远端主机	对方子网	隧道状态	协商	拆除	修改	删除	状态
237-240	10.10.11.0/24	192.168.83.240	10.10.10.0/24	第二阶段协商成功					

图 2-36　分支机构 VPN 查看静态隧道

当“状态”显示为“第二阶段协商成功”，表示隧道成功建立，可以使用。

（5）验证。

总部 VPN 的静态路由表中会添加到分支机构 VPN 保护子网（10.10.11.0/24）的路由，如图 2-37 所示。

静态路由表　　[添加][清空]

标记：U-Up, G-Gateway specified, L-Local, C-Connected, S-Static O-Ospf
R-Rip, B-Bgp, D-Dhcp, I-Ipsec, i-Interface specified

目的	网关	标记	度量值	接口	删除
192.168.83.240/32	0.0.0.0	ULi	1	lo	
192.168.83.0/24	0.0.0.0	UCi	10	eth0	
192.168.83.0/24	0.0.0.0	UCi	100	ipsec0	
10.10.11.0/24	192.168.83.240	UGIi	100	ipsec0	

图 2-37　总部 VPN 静态路由表

分支机构 VPN 的静态路由表中会添加到 FW1 保护子网（10.10.10.0/24）的路由，如图 2-38 所示。

静态路由表　　[添加][清空]

标记：U-Up, G-Gateway specified, L-Local, C-Connected, S-Static O-Ospf
R-Rip, B-Bgp, D-Dhcp, I-Ipsec, i-Interface specified

目的	网关	标记	度量值	接口	删除
172.16.10.1/32	0.0.0.0	ULi	1	lo	
10.10.1.1/32	0.0.0.0	ULi	1	lo	
192.168.83.237/32	0.0.0.0	ULi	1	lo	
172.16.10.0/24	0.0.0.0	UCi	10	eth3	
10.10.1.0/24	0.0.0.0	UCi	200	sslvpn0	
192.168.83.0/24	0.0.0.0	UCi	10	eth0	
192.168.83.0/24	0.0.0.0	UCi	100	ipsec0	
10.10.10.0/24	192.168.83.237	UGIi	100	ipsec0	

图 2-38　分支机构 VPN 静态路由

分支机构 VPN 保护子网中的主机（10.10.11.2/24）可以访问总部 VPN 子网中的主机（10.10.10.22/24），如图 2-39 所示。

```
C:\Documents and Settings\guest001>ping 10.10.10.22

Pinging 10.10.10.22 with 32 bytes of data:

Reply from 10.10.10.22: bytes=32 time<10ms TTL=126
Reply from 10.10.10.22: bytes=32 time<10ms TTL=126
Reply from 10.10.10.22: bytes=32 time<10ms TTL=126
Reply from 10.10.10.22: bytes=32 time<10ms TTL=126
```

图 2-39　分支机构访问总部 VPN

3．选用加密算法

本教材采用的天融信 VPN 设备，可以提供多种加密算法，建议根据方案需求情况进行选用，算法管理界面如图 2-40 所示。

算法ID	算法名称	算法描述	状态	加载	卸载
2	DES	DES_CBC算法	未加载	✓	
3	3DES	3DES_CBC算法	已加载		
7	BLOWFISH	BLOWFISH算法	未加载	✓	
11	NULL	NULL算法	未加载	✓	
12	AES	AES算法	已加载		
51	OCS	OCS算法	未加载	✓	
55	SKYNET	华正天网加密卡	未加载	✓	
57	3DES/AES	VPN加速卡800型	未加载	✓	
58	3DES/AES	VPN加速卡500/200型	未加载	✓	
59	CHDJMK	成都加密卡	未加载	✓	
60	TPCI	TPCI加密卡	未加载	✓	

图 2-40　算法管理界面

4．其他几点说明

（1）本教材采用的天融信 VPN 设备，可以支持多种认证方式，建议根据方案需求情况进行选用。

（2）为方便客户端用户远程接入总部办公系统，需部署 VRC 客户端，具体配置方式见任务 3。

（3）可以启用服务器端 VPN 设备的日志功能，配置日志服务器，对 VPN 连接等做日志记录，方便事后审计。

（4）项目中涉及的产品具备远程管理与基本的集中管理功能，根据需要，可进一步使用 VPN 集中管理器，对部署在××地区范围的 VPN 客户及部署在××银行分行的 VPN 服务器进行集中管理和维护。

（5）通过部署无线 CDMA 无线路由、VPN 系统，能够满足××银行快速发展的需要，将 ATM 机方便地部署到全辖区范围的任何有 CDMA 信号的地方，同时可方便地开展移动银行业务；另外，在部署高可靠性 VPN 设备后，使通过 CDMA 网络传输的数据均经过加密、验证，保证所传输数据的机密性、可用性和完整性。

2.5.2 任务 2：VPN 认证方法

1．远程用户本地认证

WebUI 配置步骤如下。

（1）开放总部 VPN 的 Eth0 接口的 IPSecVPN 服务，绑定虚接口。

① 在导航菜单中选择"资源管理"→"区域"命令，设置 Eth0 所属区域（area_eth0），如图 2-41 所示。

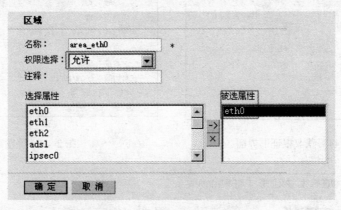

图 2-41　设置 Eth0 所属区域

② 在导航菜单中选择"系统管理"→"配置"命令，选择"开放服务"页签，开放 Eth0 口 IPSecVPN 服务，如图 2-42 所示。

③ 在导航菜单中选择"虚拟专网"→"虚接口绑定"命令，单击"添加"按钮，将虚接口与物理接口 Eth0 绑定，如图 2-43 所示。

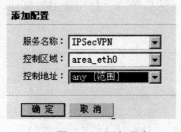

图 2-42　添加服务

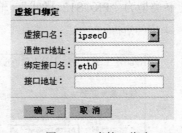

图 2-43　虚接口绑定

（2）配置 PKI 功能。

① 选择"PKI 设置"→"本地 CA 策略"命令，然后选择"根证书"页签。

② 在"客户端证书"界面中单击"获取证书"获取客户端根证书，如图 2-44 所示。

本例中，使用了本机设备证书作为客户端的根证书，只需选中"以本机设备证书导入"左侧的单选按钮，然后单击"确定"按钮即可。

③ 选择"PKI"→"本地 CA 策略"命令，激活"签发证书"页签，单击"生成新证书"单选按钮，为 VRC 用户生成一个新证书，如图 2-45 所示。

参数设置完成后，单击"确定"按钮即可。

④ 单击"下载"图标，将客户端证书下载到本地，如图 2-46 所示。

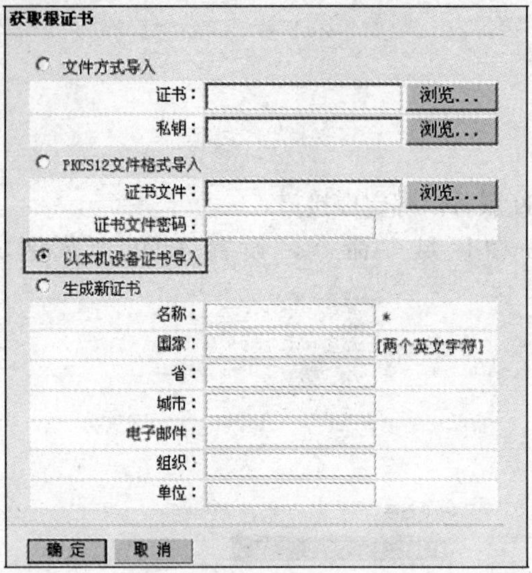

图 2-44　获取根证书界面　　　　　　　　　图 2-45　签发证书

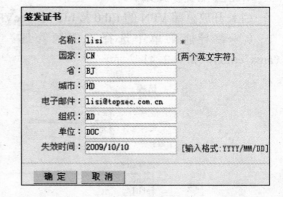

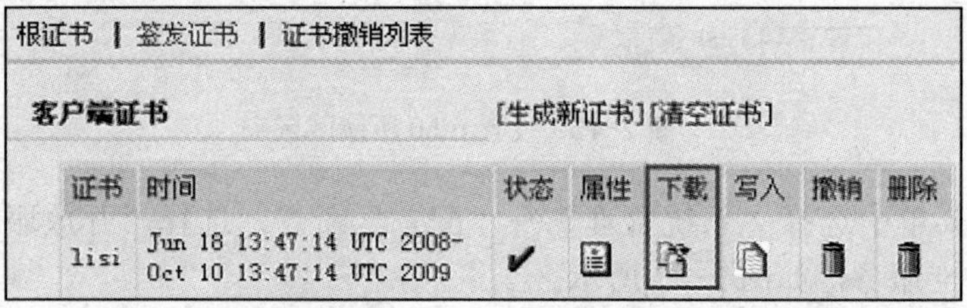

图 2-46　下载客户端证书

选择证书类型为"PKCS12 格式",输入密码,然后单击"导出证书"按钮,如图 2-47 所示。

图 2-47　导出证书

至此,总部 VPN 服务器端配置完毕,再正确配置 VRC 客户端即可正常登录。

2．本地证书认证

为了保护 SSL VPN 网关的安全,管理员一般将 VPN 的 Eth1 接口所在的区域设置为"禁止",然后通过定义访问控制规则,定义允许远程用户对 SSL VPN 网关上特定端口的访问。

(1) 在 VPN 上添加自定义服务:443 和 4430(4430 为全网接入模块的端口,不开放该端口无法使用全网接入服务），如图 2-48 所示。

图 2-48　自定义服务

（2）设置自定义服务组，如图 2-49 所示。

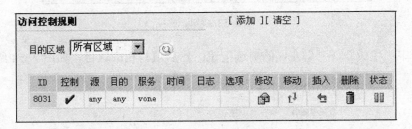

图 2-49　设置自定义服务组

（3）定义访问控制规则，如图 2-50 所示。

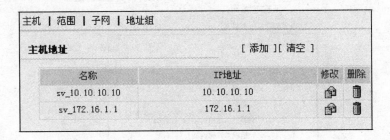

图 2-50　定义访问控制规则

（4）配置主机地址，即 SSL VPN 网关的真实地址"172.16.1.1"和映射地址"10.10.10.10"，如图 2-51 所示。

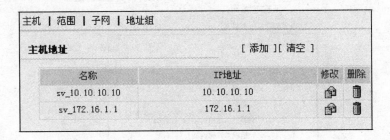

图 2-51　配置主机地址

（5）配置目的地址转换（到 SSL VPN 网关的映射），如图 2-52 所示。
WebUI 配置步骤如下。

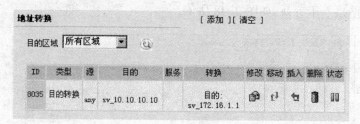

图 2-52　配置目的地址转换

3．创建本地根证书

（1）管理员登录管理界面后，选择导航菜单"PKI 设置"→"本地 CA 策略"命令，然后选择"根证书"页签，单击"获取证书"按钮，如图 2-53 所示。

根证书 ┃ 签发证书 ┃ 证书撤销列表

客户端根证书　　　　　　　　　　　　　[获取证书][导出证书]

```
Version: V3
CN:          VoneRootCA
SerialNumber:    0x00
Issuer:          CN=VoneRootCA
Subject: CN=VoneRootCA
NotBefore:       Oct 28 21:46:08 UTC 2007
NotAfter :       Oct 25 21:46:08 UTC 2017
RSA Public Key: (1024 bits)
Modules:
f1:2f:af:8f:h3:0f:3d:82:29:98:e7:c8:51:ah:e9:
```

图 2-53　获取证书

（2）选中"生成新证书"左侧的单选按钮，然后填写相应项目，如图 2-54 所示。

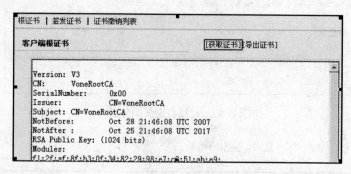

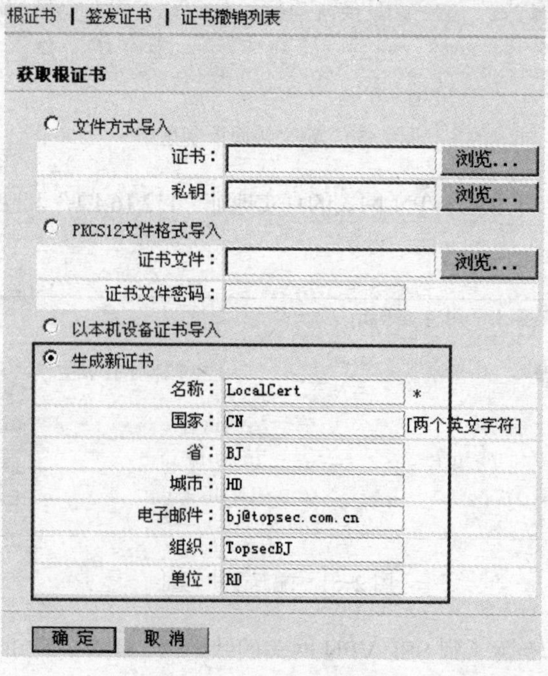

图 2-54　生成新证书

（3）单击"确定"按钮，完成根证书创建。

4. 启用 USBKey 端口，并正确设置 USB 的厂商和 PIN 码

（1）选择导航菜单"PKI 设置"→"USBKey"命令，如图 2-55 所示。

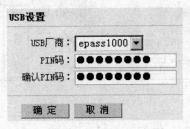

图 2-55　USB 设置

（2）"USB 厂商"用于选择 USBKey 设备厂商/型号，该选项根据插在安全设备上的不同 USBKey 进行选择。目前只支持 epass1000。

"PIN 码"用于输入 USBKey 的管理员 PIN 码。

"确认 PIN 码"用于管理员再次输入 USBKey 的管理员 PIN 码。

（3）单击"确定"按钮，完成设置。

5. 签发并保存用户证书

（1）选择导航菜单"PKI 设置"→"本地 CA 策略"命令，然后选择"签发证书"页签，单击"生成新证书"按钮。

（2）配置普通职员证书，如图 2-56 所示。

（3）配置经理证书，如图 2-57 所示。

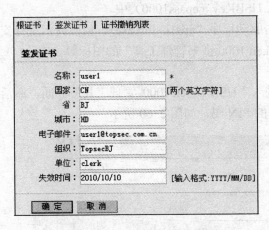

图 2-56　配置普通职员证书

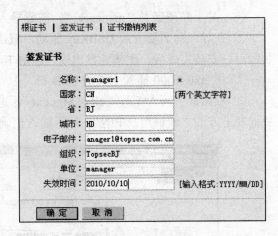

图 2-57　配置经理证书

两种移动用户证书的区别在于"单位（OU）"项的内容不同。根据该项的区别，SSL VPN 网关将在移动用户登录时判断其身份并把用户归入不同的角色中。单击"确定"按钮，完成移动用户证书的创建。

（4）在"签发证书"页面，分别单击"user1"和"manager1"条目后的"下载"图

标，如图 2-58 所示。

图 2-58　下载证书界面

（5）选择签发的证书类型，使用 USBKey 保存的证书必须是"PKCS12"格式，对于使用文件方式颁发的证书，则可以采用 PEM 或者 DER 格式。本例中导出普通职员证书和经理证书时均采用"PKCS12"方式，如图 2-59 所示。参数设置完成后，单击"导出证书"按钮，界面出现"证书点击下载"，在 IE 弹出操作界面图，单击"保存"按钮后，为证书文件指定保存路径进行保存，以便日后向 USBKey 导入或直接发放时使用。

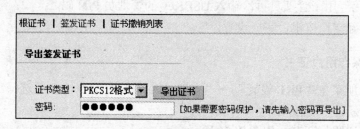

图 2-59　导出签发证书

（6）对于经理证书"manager1"，需要导入 USBKey（epass1000）中。

① 在导入前需要安装 USBKey 驱动，双击驱动程序"eps1k_full.exe"，依照提示进行安装即可。安装完成后，底部托盘出现"USB Token 1000 证书管理工具"的图标 。

② 将 epass1000 插入主机的 USB 口。

③ 双击证书写入工具"ePassMgr.exe"，进入"USB Token 1000 管理工具"界面，激活界面左下方的"验证用户 PIN"，然后输入正确的 PIN 码，如图 2-60 所示。

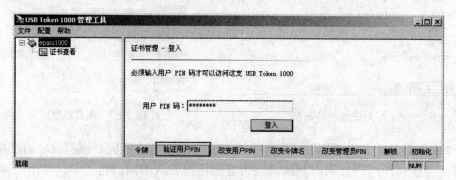

图 2-60　USBKey 管理工具操作界面图

单击"登入"按钮，稍后弹出对话框，提示用户成功登入 USBKey，单击"确定"按钮后，会出现导入界面。

　　单击"导入"按钮，然后单击界面中的"…"按钮，找到证书文件导入证书，并输入证书密码。

　　单击"下一步"按钮，稍后弹出对话框，提示证书导入成功。

6. 配置 DHCP 地址池

　　（1）选择"网络管理"→"DHCP"命令，然后选择"DHCP 服务器"页签，单击"添加 DHCP 地址池"按钮，添加作用域为"10.10.10.0/24"的 DHCP 地址池（用于分配给全网接入客户端），如图 2-61 所示。

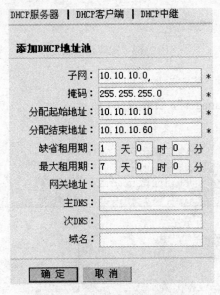

图 2-61　DHCP 服务器配置界面

　　参数设置完成后，单击"确定"按钮即可。

　　（2）将 DHCP 服务器的"运行接口"设置为"lo"，并单击"运行"按钮启动 DHCP 服务器进程，如图 2-62 所示。

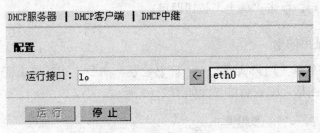

图 2-62　配置运行接口

7. 添加角色

　　（1）选择导航菜单"用户认证"→"角色管理"DHCP，单击"添加角色"按钮。

　　（2）添加普通职员角色"clerk"，如图 2-63 所示。

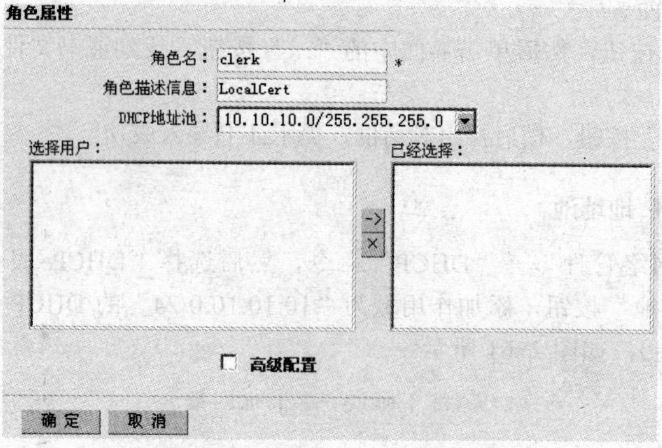

图 2-63　配置角色属性

参数设置完成后，单击"确定"按钮即可。

（3）添加经理角色"manager"，如图 2-64 所示。

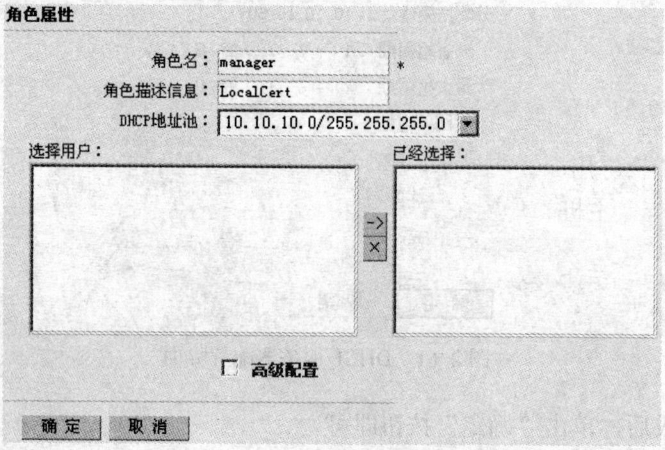

图 2-64　添加经理角色

参数设置完成后，单击"确定"按钮即可。

8. 配置用户证书映射

（1）选择导航菜单"用户认证"→"证书设置"命令，然后单击证书服务器"cert"条目右侧的"修改"图标，配置后的界面如图 2-65 所示。

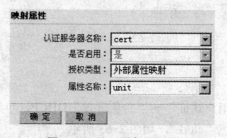

图 2-65　认证服务器配置

（2）参数设置完成后，单击"确定"按钮即可。

9. 配置用户登录界面信息

选择导航菜单"SSL VPN"→"安全性设置"命令，然后选择"基本设置"页签进行配置，如图 2-66 所示。

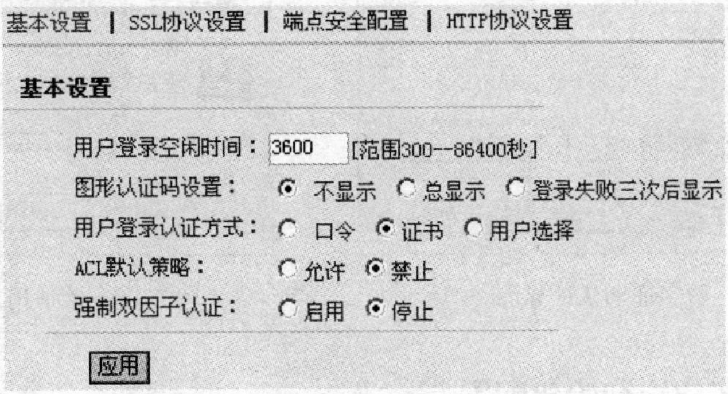

图 2-66　安全性设置"基本设置"选项

参数设置完成后，单击"应用"按钮即可。

10. 验证

不同安全级别的用户采用证书认证方式进行认证登录。假设用户"user1"和"manager1"使用同一主机"10.10.10.2"登录，并且该主机已经下载完所有的控件。

（1）用户"user1"采用文件方式证书登录 SSL VPN 网关（对外 IP 为 10.10.10.10）用户界面。

① 双击用户"user1"的"PKCS12"格式的文件证书，根据提示将客户端证书安装到本机中。

② 在浏览器的 URL 地址栏输入 SSL VPN 网关的公网 IP，进入用户登录界面。由于管理员已经设定用户只能通过证书认证方式进行登录，所以用户登录界面中只有"证书认证"按钮。

③ 单击"证书认证"按钮，弹出选择证书界面。

④ 选择 user1 用户证书后，单击"确定"按钮即可成功登录到 user1 用户界面中。

（2）用户"manager1"采用 USBKey 证书登录 SSL VPN 网关（对外 IP 为 10.10.10.10）用户界面。

① 安装 epass1000 的驱动程序。

② 将装有证书的 epass1000 插入主机的 USB 接口。

③ 在浏览器的 URL 地址栏输入 SSL VPN 网关的公网 IP，进入用户登录界面。因为已经设定用户只能通过证书认证方式进行登录，所以用户登录界面中只有"证书认证"按钮。

④ 单击"证书认证"按钮，弹出选择数字证书界面，如图 2-67 所示。

⑤ 选择 manager1 用户证书后，单击"确定"按钮，弹出验证用户 PIN 码界面，如图 2-68 所示。

⑥ 输入用户 PIN 后，单击"登录"按钮即可成功登录到 manager1 用户界面中。

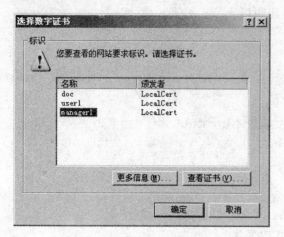

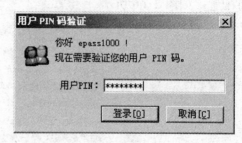

图 2-67　数字证书认证界面　　　　　　　　图 2-68　验证用户 PIN 码界面

2.5.3　任务 3：客户端初始化配置

WebUI 配置步骤如下。

（1）配置地址池，并启动 lo 接口的 DHCP 服务。

选择"网络管理"→"DHCP 地址池"命令，然后激活"DHCP 服务器"页签，单击"添加 DHCP 地址池"设置 VRC 用户分配的地址池，如图 2-69 所示。

参数设置完成后，单击"确定"按钮。需要注意的是，地址池的选择一定不能与内部网段有包含关系，更不能分配与内部网络在同一网段的地址池。

然后，在接口 lo 上运行 DHCP 服务，如图 2-70 所示。

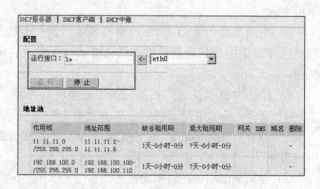

图 2-69　添加 DHCP 地址池　　　　　　图 2-70　选择接口运行 DHCP 服务

（2）设置认证管理模式为本地管理。

选择"虚拟专网"→"VRC 管理"命令，然后激活"基本设置"页签，设置相关内容，如图 2-71 所示。

（3）设置 VRC 用户的默认权限。

选择"虚拟专网"→"VRC 管理"命令，然后激活"权限对象"页签，单击"权限对象"右侧的"⏎"按钮，如图 2-72 所示。

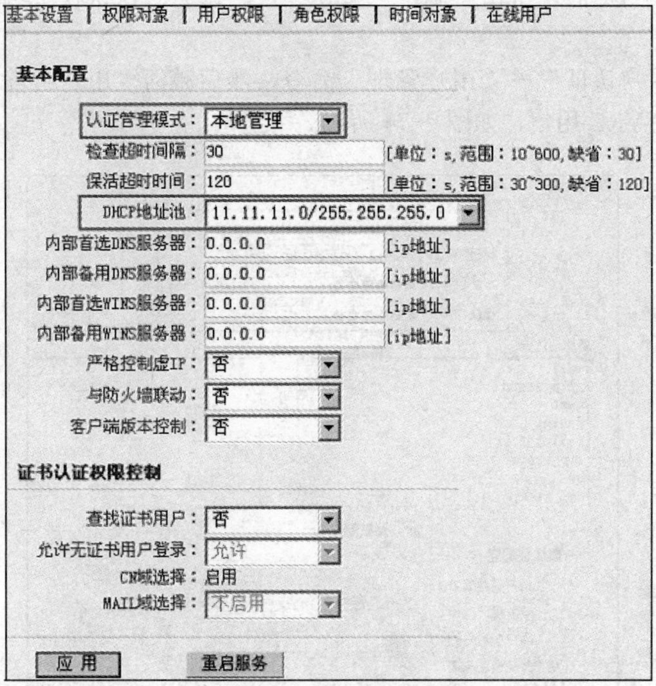

图 2-71　基本配置界面

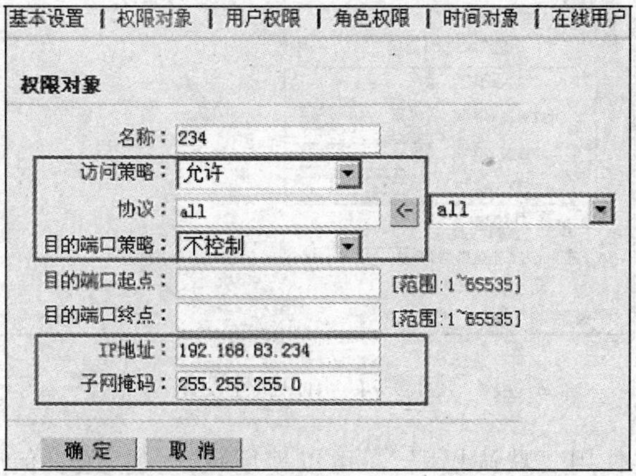

图 2-72　设置权限对象

参数设置完成后，单击"确定"按钮。

单击"默认权限"右侧的"添加"按钮，将默认权限名称设定为 234，如图 2-73 所示。

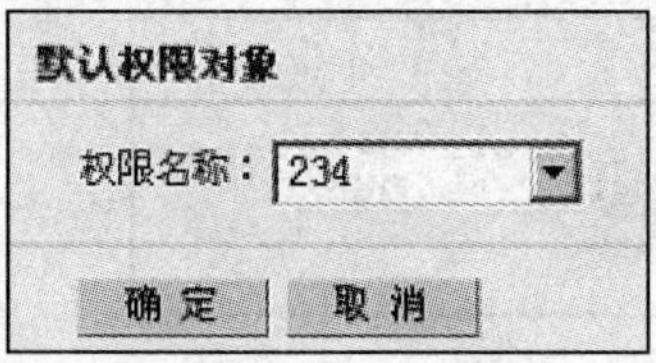

图 2-73　设置权限名称

选择默认权限名称后，单击"确定"按钮即可。说明：默认权限可以添加一个或多个权限对象。

（4）选择"用户认证"→"用户管理"命令，然后激活"用户管理"页签，单击"添加用户"按钮设置 VRC 用户，如图 2-74 所示。

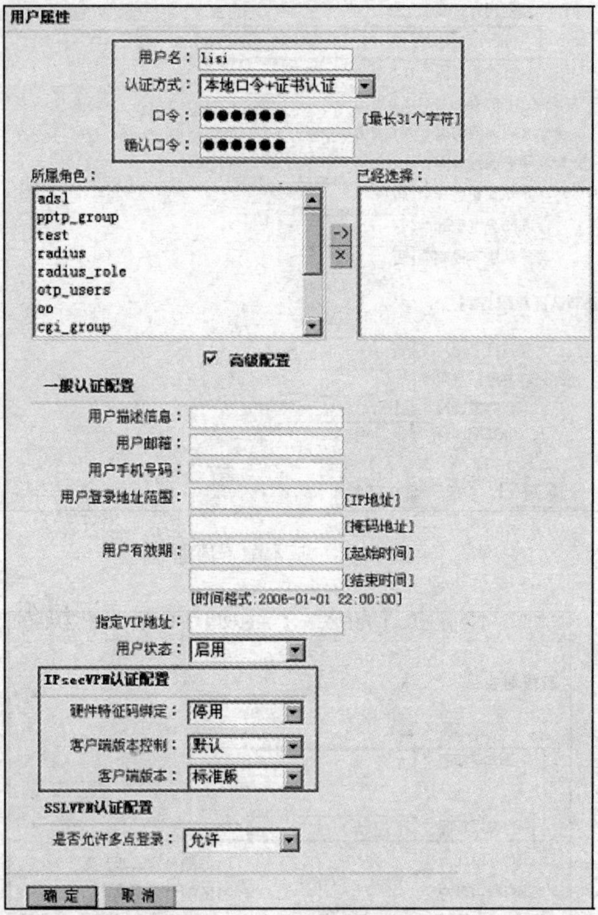

图 2-74　用户属性设置

设置用户的权限使用"默认权限"，可以使用自定义权限，但应保证步骤（1）中的"证书权限控制"设定为 ON。

（5）选择"虚拟专网"→"VRC 管理"命令，然后激活"用户权限"页签，单击 VRC 用户右侧的"权限设置"图标，配置 VRC 用户权限，如图 2-75 所示。

单击"添加"按钮，如图 2-76 所示。

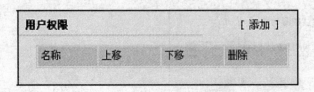

图 2-75　配置 VRC 用户权限

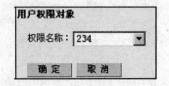

图 2-76　VRC 添加权限对象

选择完毕，单击"确定"按钮即可。

（6）在远程 VRC 客户机上安装并配置 VRC 远程客户端，客户端主机上会添加一个 IPSecVPN 虚拟网卡。

打开 VPN 客户端，单击"新建 VPN 连接"。网关地址设为 VPN Eth2 接口的地址 （10.10.11.1），连接使用 IP，如图 2-77 所示。认证使用"X509 证书认证"，如图 2-78 所示。

图 2-77　VPN 客户端 IP 设置

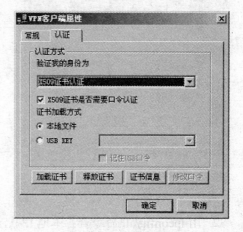
图 2-78　选择认证方式

单击"加载证书"按钮加载证书。单击"确定"按钮后，提示"证书加载成功"，导入证书如图 2-79 所示。

（7）验证。

① 启动 VPN 客户端，建立隧道。

在"VPN 客户端连接管理"窗口中双击新建连接"10.10.11.1"，启动 VPN 客户端。在连接窗口中输入 VRC 用户口令，然后单击"连接"按钮，如图 2-80 所示。

图 2-79　导入证书

图 2-80　VPN 客户端登录界面

如果隧道协商成功，则"VPN 客户端属性"界面如图 2-81 所示。

在"VPN 客户端属性"界面中选中"显示 IKE 协商进程"左侧的复选框，则客户端桌面弹出如图 2-82 所示窗口。

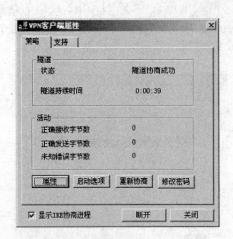

图 2-81 "VPN 客户端属性"界面

图 2-82 VPN 客户端日志

② 用 ipconfig/all 命令查看本地 IP 配置，如图 2-83 所示。

图 2-83 查看本地 IP 配置

③ 选择"网络管理"→"路由"命令，然后激活"静态路由"标签，查看 VPN 上的路由信息。如图 2-84 所示的信息，则表示客户端初始化完成，并连接成功。

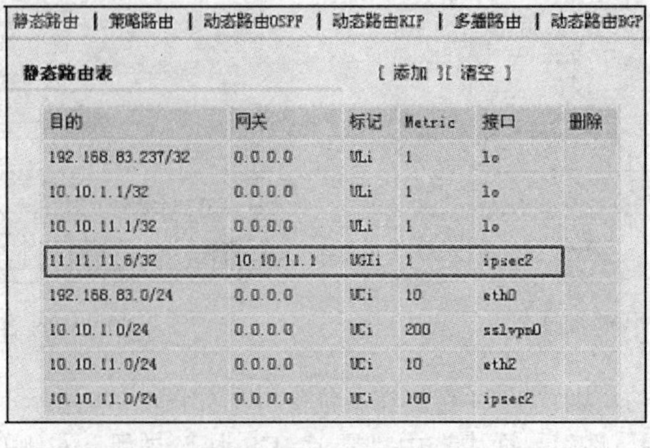

目的	网关	标记	Metric	接口	删除
192.168.83.237/32	0.0.0.0	ULi	1	lo	
10.10.1.1/32	0.0.0.0	ULi	1	lo	
10.10.11.1/32	0.0.0.0	ULi	1	lo	
11.11.11.6/32	10.10.11.1	UGIi	1	ipsec2	
192.168.83.0/24	0.0.0.0	UCi	10	eth0	
10.10.1.0/24	0.0.0.0	UCi	200	sslvpn0	
10.10.11.0/24	0.0.0.0	UCi	10	eth2	
10.10.11.0/24	0.0.0.0	UCi	100	ipsec2	

静态路由 | 策略路由 | 动态路由OSPF | 动态路由RIP | 多播路由 | 动态路由BGP

静态路由表 [添加][清空]

图 2-84 查看 VPN 路由信息

练 习 题

一、填空题

1．MPLSVPN 网络主要由＿＿＿＿＿、＿＿＿＿＿和＿＿＿＿＿三部分组成。

2．根据 VPN 所起的作用，可以将 VPN 分为三类：＿＿＿＿＿、＿＿＿＿＿和＿＿＿＿。

3．IPSec（IPSecurity）是一种开放标准的框架结构，特定的通信方之间在 IP 层通过加密和数据摘要（Hash）等手段，来保证数据包在 Internet 网上传输时的＿＿＿＿、＿＿＿＿＿和＿＿＿＿＿。

4．在因特网上建立 IP 虚拟专用网（VPN）隧道的协议，主要内容是在因特网上建立＿＿＿＿＿的通信方式。

5．建立隧道有两种主要的方式是＿＿＿＿＿或＿＿＿＿＿。

二、简答题

1．简述 VPN 的概念与应用。

2．比较 IPSec VPN 与 SSL VPN 的特点。

3．简述 VPN 主要采用的四项安全保证技术。

4．简述 SSL VPN 实现过程。

5．各列出 4 个对称算法及非对称算法。

三、综合题

1．××省邮政系统，在省局安装了 IPSec/SSL 多合一网关，在分局安装了 IPSec 网关，这样整个邮政系统组成了一个完整的虚拟专用网，分局通过 IPSec VPN 访问省局的 OA 服务器，领导通过 SSL VPN 进行网上办公，同时以前有些系统中原有的 L2TP 用户则平滑地移到了 IPSec/SSL 多合一网关的 L2TP 上。VPN 部署方案一如图 2-85 所示。用户具体要求如下：各分支结构与总部 VPN 设备建立隧道连接；移动用户通过证书方式登录业务系统。

【任务要求】

请说明如何在网络卫士 VPN 的 WebUI 界面下，完成上述配置。

2．某电力公司的用户在采购 SSL VPN 时，发现天融信的 IPSec/SSL 多合一网关产品不仅完全满足了方便安全接入的需求，而且提供了更为可靠、全面的网络边界防护功能，用户毫不犹豫地选择了 IPSec/SSL 多合一网关产品。IPSec/SSL 多合一网关产品不仅使用户感受到了非常高的性价比，而且在享受 VPN 带来的便捷的同时享受国内一流防火墙产品所提供的安全防护。VPN 部署方案二，如图 2-86 所示。用户具体要求如下：不改变电力公司主干网络结构，在现有基础上完成移动用户接入企业办公系统；移动用户通过数字证书登录业务系统。

【任务要求】

请分析上述内容，并完成 VPN 配置。

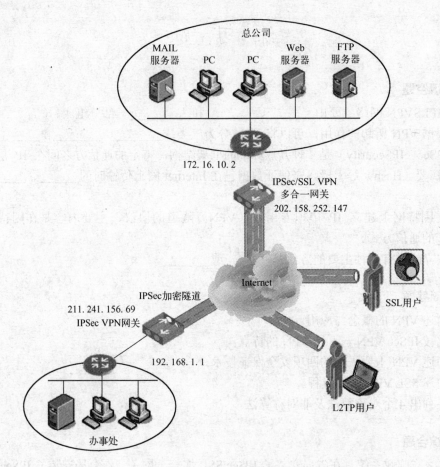

图 2-85　VPN 部署方案一

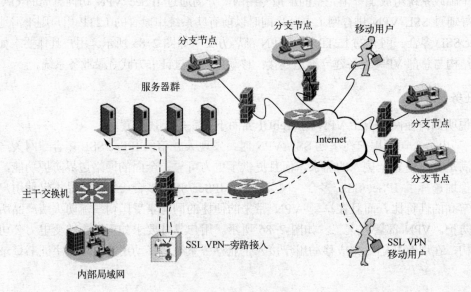

图 2-86　VPN 部署方案二

第3章 入侵检测产品配置与应用

学习目标

➢ 了解入侵检测基本技术及发展历史。
➢ 了解入侵检测工作原理及分类。
➢ 掌握入侵检测系统部署方式。
➢ 掌握入侵检测应用方案设计。
➢ 掌握天融信入侵检测基本配置方法。

引导案例

2009年年底，某政府网站遭到攻击，导致服务器直接宕机。但是攻击源却无法确定，也无法阻断该攻击，只能暂停网站应用。为了阻止类似攻击的发生，该网站的工作人员在网络中部署了入侵检测系统，通过入侵检测系统，发现了攻击源来自某个公网IP地址，用户迅速将该IP上报公安机关的网络监察部门，并且针对IDS提供的漏洞在防火墙上做了相关规则配置，服务器上也打上了相关补丁，从而有效地增强了网络安全系数。

2009年年初，某企业单位在网络中部署了一台入侵检测系统，通过该系统呈现的实时报警和定期事件统计分析功能，在病毒爆发初期发现了异常。通过网络正常运转情况下和某次病毒发作时产生大量异常连接的事件统计报告的对比分析，网管人员能够直观地看到网络安全状态发生的变化，并且能够快速定位到问题主机，将主机网络隔离后进行病毒清查，根据IDS提供的解决方法清除病毒，确认问题解决后允许其重新接入网络。通过几次这样的处理过程，网管人员建立了问题处理工作机制，有效地遏制了病毒在企业局域网的扩散和传播，在几次全国大范围计算机病毒爆发时，网管人员都采取了及时有效的措施，增强了网络抵御能力，保障了公司的网络免受波及和损失。

最近10年，随着网络普及越来越快，各种网络安全事件也越来越频繁。例如，不断变种的蠕虫病毒攻击、木马入侵、溢出攻击；利用系统或协议漏洞攻击；公司内部重要信息的外泄；网络欺骗；等等，对网络造成的危害也越来越大。由此可见入侵检测在实际应用中的意义之大。为能让大家全面地了解入侵检测技术、产品及其技术发展状况，本章将对入侵检测进行全面的介绍，并配合实际操作让大家加深印象，达到可以独立完成入侵检测产品部署方案设计及产品实际部署配置的目的。

相关知识

3.1 入侵检测概述

3.1.1 入侵的定义

在给出入侵的定义之前，首先让我们来了解一下计算机安全的若干基本概念。通常，计算机安全的三个基本目标是：机密性、完整性和可用性。机密性要求保证系统信息不被非授权的用户访问，完整性要求防止信息被非法修改或破坏，而可用性则要保证系统信息和资源等能够持续有效，并能按用户所需的时间、地点和方式加以访问。安全的计算机系统应用应实现上述三个目标，即保护自身的信息和资源、不被非授权访问、修改和拒绝服务攻击。

安全策略用于将抽象的安全目标和概念映射为现实世界中的具体安全规则，通常定义为一组保护系统计算资源和信息资源的目标、过程和管理规则的集合。安全策略建立在所期望系统运行的基础上，并将这些期望值完整地记录下来，用于定义系统内所有可接受的操作系统。

潜在的危害系统安全状况的事件和情况都可称为"威胁"。威胁的种类很多，包括黑客、病毒、自然灾害（水火雷电）等。威胁可能是系统内部的，也可能是系统外部的；可能是故意的，也可能是偶然发生的。威胁按其来源分可分为如下三类：外部入侵者、系统的非授权用户和内部入侵者。

在入侵检测中，术语"入侵"表示系统内部发生的任何违反安全策略的事件，其中包括了上面提到的所有威胁类型，同时还包括如下的威胁类型：恶意程序的威胁，如病毒、特洛伊木马程序、恶意 Java 或 ActiveX 程序等；探测和扫描系统配置信息与安全漏洞，为未来攻击进行准备工作的活动。

对"入侵"的具体定义，存在很多种提法。美国国家安全通信委员会下属的入侵检测小组在 1997 年给出的关于"入侵"的定义为：入侵是对信息系统的非授权访问及（或者）未经许可在信息系统中进行的操作。入侵主要是指对信息系统资源的非授权使用，它可以造成系统数据的丢失和破坏，可以造成系统拒绝对合法用户服务等危害。比如，不断变种的蠕虫病毒攻击，木马入侵，溢出攻击，利用系统或协议漏洞攻击，公司内部重要信息的外泄，网络欺骗和通过各种欺骗手段进行的网络钓鱼，等等。

3.1.2 主机审计——入侵检测的起点

主机审计出现在入侵检测技术之前，其定义为：产生、记录并检查按照时间顺序排列的系统事件记录的过程。在早期的中央主机集中计算的环境之下，主机审计的主要目的是统计用户的上机时间，便于计费管理。不久，随着计算机的普及，审计的用途扩展到了跟踪记录计算机系统的资源使用情况，经过进一步的发展，主机审计开始应用于追踪调查计算机系统中用户的不当使用行为的目的。此时的主机审计，已经逐步开始引入了安全审计的概念。安全审计的主要需求来自于商业领域和军事、行政领域，其中后者的强大需求和支持迅速推动了安全审计的发展。

美国军方在 20 世纪 70 年代支持了一项内容广泛的关于计算机系统安全的研究计划，

最终的研究成果包括了一项重要的计算机安全评估标准，即 TCSEC（可信计算机系统评估准则）。TCSEC 准则首次定义了计算机系统的安全等级评估标准，并且给出了满足各个安全等级的计算机系统所应满足的各方面的条件。TCSEC 准则规定，作为 C2 和 C3 等级以上的计算机系统必须包括审计机制，并给出满足要求的审计机制所应达到的诸多安全目标。在此之后，计算机安全问题到了更多的注意和重视，其中美国军方特别设立了一个针对计算机审计机制的研究项目，该项目由 James-Anderson 负责主持。

James-Anderson 在 1980 年完成的技术报告《计算机安全威胁的监控》中，首次明确提出了安全审计的目标，并强调应该对计算机审计机制做出若干修改，以便计算机安全人员能够方便地检查和分析审计数据。

Anderson 关注如何发现伪装者的问题，并在其报告中指出，可以通过观察在审计数据记录中的偏离历史正常行为模式的用户活动来检查和发现伪装者和一定程度上的违法者。Anderson 对此问题的建议，实质上就是入侵检测中异常检测技术的基本假设和检测思路，为后来的入侵检测技术发展奠定了早期的思想基础。

3.1.3　入侵检测的概念

同样，对于"入侵检测"的概念定义也存在很多提法，其中包括：检测对计算机系统的非授权访问；对系统的运行状态进行监视，发现各种攻击企图、攻击行为或者攻击结果，以保证系统资源的机密性、完整性和可用性；识别针对计算机系统和网络系统，或者更广泛意义上的信息系统的非法攻击，包括检测外部非法入侵者的恶意攻击或试探，以及内部合法用户的超越权限的非法攻击行为。

美国国家安全通信委员会下属的入侵检测小组在 1997 年给出关于"入侵检测"的定义为：入侵检测是对企图入侵、正在进行的入侵或者已经发生的入侵进行识别的过程。所有能够执行入侵检测功能的系统，都可称为入侵检测系统，其中包括软件系统及软硬件结合的系统。

入侵检测是对入侵行为的检测。它通过收集和分析网络行为、安全日志、审计、数据及其他网络上可以获得的信息及计算机系统中若干关键点的信息，检查网络或系统中是否存在违反安全策略的行为和被攻击的迹象。入侵检测作为一种积极主动地安全防护技术，提供了对内部攻击、外部攻击和误操作的实时保护，在网络系统受到危害之前拦截和响应入侵。

3.1.4　入侵检测技术的发展历史

入侵检测技术自 20 世纪 80 年代早期提出以来，经过 20 多年的不断发展，从最初的一种有价值的研究想法和单纯的理论模型，迅速发展出种类繁多的各种实际原型系统，并且在近 10 年内涌现出许多商业入侵检测系统产品，成为计算机安全防护领域内不可缺少的一种安全防护技术。本节将回顾入侵检测技术在历史时期内的发展历程，帮助读者加深对入侵检测的理解。

1980 年，James-Anderson 为美国空军做了一份题为《计算机安全威胁监控与监视》的技术报告中指出：审计记录可以用于识别计算机误用。他给威胁进行了分类，第一次详细阐述了入侵检测的概念。

1984—1986 年，Dorothy. E. Denning 和 Peter Neumann 首次给出了一个实时入侵检测系

统通用模型——IDES（入侵检测专家系统），并将入侵检测作为一种新的安全防御措施提出；

1988 年，Morris Internet 蠕虫事件导致了许多基于主机的 IDS 的开发研制，如 IDES、Haystack 等。

1990 年，L. T. Heberlein 等人开发出了第一个基于网络的 IDS——NSM（Network Security Monitor），宣告入侵检测系统两大阵营正式形成：基于网络的 IDS 和基于主机的 IDS；

20 世纪 90 年代以后，不断有新的思想提出，如将信息检索、人工智能、神经网络、模糊理论、证据理论、分布计算技术等引入 IDS。

1999 年，出现商业化产品，如 Cisco Secure IDS（收购 NetRanger）、ISS RealSecure 等。

2000 年，出现分布式入侵检测系统，是 IDS 发展史上的一个里程碑。

3.2　入侵检测系统的技术实现

3.2.1　入侵检测系统的功能

一个入侵检测系统，至少应该能够完成如下功能。

1．监控、分析用户和系统的活动

监控、分析用户和系统的活动是入侵检测系统能够完成入侵检测任务的前提条件。入侵检测系统通过获取进出某台主机的数据或整个网络的数据，或者通过查看主机日志等信息来实现对用户和系统活动的监控。获取网络数据的方法一般是"抓包"，即将数据流中的所有包都抓下来进行分析。这就对入侵检测系统的效率提出了更高的要求。如果入侵检测系统不能实时地截获数据包并对它们进行分析，那么就会出现漏包或网络阻塞的现象，如果是前一种情况，系统的漏报就会很多，如果是后一种情况，就会影响到入侵检测系统所在主机或网络的数据流速，使得入侵检测系统成为整个系统的瓶颈，这显然是我们不愿意看到的结果。因此，入侵检测系统不仅要能够控制、分析用户和系统的活动，还要使这些操作足够得快。

2．发现入侵企图或异常现象

发现入侵企图或异常现象是入侵检测系统的核心功能，主要包括两方面：一方面是入侵检测系统对进出网络或主机的数据流进行监控，看是否存在对系统的入侵行为；另一方面是评估系统关键资源和数据文件的完整性，看系统是否已经遭受了入侵。前者的作用是在入侵行为发生时及时发现，从而避免系统再次遭受攻击。对系统资源完整性的检查也有利于对攻击者进行追踪，对攻击行为进行取证。

对于网络数据流的监控，可以使用异常检测的方法，也可以使用误用检测的方法。目前有很多新技术被提出来，但多数都还在理论研究阶段，现在的入侵检测产品使用的还主要是模式匹配技术。检测技术的好坏，直接关系到系统能否精确地检测出攻击，因此，对于这方面的研究是 IDS 研究领域的主要工作。

3．记录、报警和响应

入侵检测系统在检测到攻击后，应该采取相应的措施来阻止攻击或响应攻击。作为一种主动防御策略，它必然应该具备此功能。入侵检测系统首先应该记录攻击的基本情况，其次应该能够及时发出报警。合格的入侵检测系统，不仅应该能把相关数据记录在文件中或数据库中，还应该提供报表打印功能。必要时，系统还应该采取响应行为，如拒绝接收所有来自某台计算机的数据、追踪入侵行为等。实现与防火墙等安全部件的响应互动，也是入侵检测系统需要研究和完善的功能之一。

作为一个合格的入侵检测系统，除了具有以上基本功能外，还可以包括其他一些功能，如审计系统的配置和弱点、评估关键系统及数据文件的完整性等。另外，入侵检测系统应该为管理员和用户提供友好、易用的界面，方便管理员设置用户权限，管理数据库、手工设置和修改规则，处理报警和浏览、打印数据等。

3.2.2 入侵检测系统的工作原理

在安全体系中，IDS 是唯一一个通过数据和行为模式判断其是否有效的系统。防火墙就像一道门，它可以阻止一类人群的进入，但无法阻止同一类人群中的破坏分子，也不能阻止内部的破坏分子；访问控制系统可以不让低级权限的人做越权工作，但无法保证高级权限的人做破坏工作，也无法保证低级权限的人通过非法行为获得高级权限。

如图 3-1 所示，入侵检测系统在网络连接过程中通过实时监测网络中的各种数据，并与自己的入侵规则库进行匹配判断，一旦发现入侵迹象立即响应/报警，从而完成整个实时监测。入侵检测系统通过安全审计将历史事件一一记录下来，作为证据和为实施数据恢复做准备。如图 3-2 通用入侵检测系统模型（NIDS），主要由以下几个部分组成。

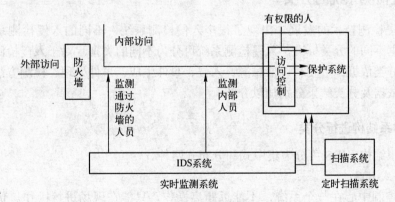

图 3-1 实时监控系统

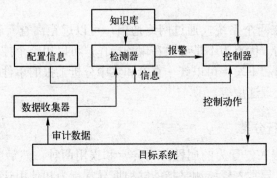

图 3-2 通用入侵检测系统模型（NIDS）

数据收集器：主要负责收集数据。

探测器：收集捕获所有可能的和入侵行为有关的信息，包括网络数据包、系统或应用程序的日志和系统调用记录等。探测器将数据收集后，送到检测器进行处理。

检测器：负责分析和检测入侵行为，并发出警报信号。

知识库：提供必要的数据信息支持，如用户的历史活动档案、检测规则集等。

控制器：根据报警信号，人工或自动做出反应动作。

入侵检测的工作流程：

第一步，网络数据包的获取（混杂模式）；

第二步，网络数据包的解码（协议分析）；

第三步，网络数据包的检查（特征即规则匹配/误用检测）；

第四步，网络数据包的统计（异常检测）；

第五步，网络数据包的审查（事件生成）；

第六步，网络数据包的处理（报警和响应）。

这 6 个步骤可以将入侵检测的工作概括成两部分：实时监控和安全审计。实时监控——实时地监视网络中所有的数据报文及系统中的访问行为，识别已知的攻击行为，分析异常访问行为，发现并实时处理来自内部和外部的攻击事件和越权访问；安全审计——通过对 IDS 系统记录的违反安全策略的用户活动进行统计分析，并得出网络系统的安全状态，并对重要事件进行记录和还原，为事后追查提供必要的证据。

3.2.3 入侵检测系统的分类

随着入侵检测技术的发展，出现了很多入侵检测系统，不同的入侵检测系统具有不同的特征。根据不同的分类标准，入侵检测系统可分为不同的类别。对于入侵检测系统，要考虑的因素（分类依据）主要有：信息源、入侵、事件生成、事件处理、检测方法等。下面就不同的分类依据及分类结果分别加以介绍。

1．按体系结构进行分类

按照体系结构，IDS 可分为集中式和分布式两种。

1）集中式 IDS

引擎和控制中心在一个系统，不能远距离操作，只能在现场进行操作。优点是结构简单，不会因为通信而影响网络带宽和泄密。

2）分布式 IDS

引擎和控制中心在两个系统，通过网络通信，可以远距离查看和操作。目前的大多数IDS 系统都是分布式的。优点为不是必须在现场操作，可以用一个控制中心管理多个引擎；可以统一进行策略编辑和下发，可以统一查看和集中分析上报的事件；可以通过分开事件显示和查看的功能提高处理速度等。

2．按检测原理进行分类

传统的观点是根据入侵行为的属性分为异常和误用两种，然后分别对其建立异常检测模型和误用检测模型。异常入侵检测是指能够根据异常行为和使用计算机资源情况检测出入侵的方法。它试图用定量的方式描述可以接受的行为特征，以区分非正常的、潜在的入侵行为。Anderson 做了如何通过识别"异常"行为来检测入侵的早期工作。他提出了一个威胁模型，将威胁分为外部闯入、内部渗透和不当行为 3 种类型，并使用这种分类方法开发了一个安全监视系统，可检测用户的异常行为。外部闯入是指用户虽然授权，但对授权数据和资源的使用不合法或滥用授权。误用入侵检测是指利用已知系统和应用软件的弱点攻击模式来检测入侵的方法。与异常入侵检测不同，误用入侵检测能直接检测不利的或不可接受的行为，而异常入侵检测是检测出与正常行为相违背的行为。综上所述，可根据系统所采用的检测模型，将入侵检测分为两类：误用检测和异常检测。

1）误用检测（Misuse Detection）

误用检测指运用已知攻击方法，根据已定义好的入侵模式，通过判断这些入侵模式是否出现来检测。因为很大一部分的入侵是利用了系统的脆弱性，通过分析入侵过程的特征、条件、排列及事件间关系能具体描述入侵行为的迹象。因为它匹配的是入侵行为特征，所以又存在以下几个特点：

- 如果入侵特征与正常的用户行为匹配，则系统会发生误报；
- 如果没有特征能与某种新的攻击行为匹配，则系统会发生漏报；
- 攻击特征的细微变化，会使得误用检测无能为力。

误用检测模型误报率低，漏报率高。对于已知的攻击，它可以详细、准确地报告出攻击类型，但是对于未知攻击却效果有限，而且特征库还必须不断更新。误用检测模型，如图 3-3 所示。

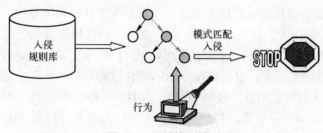

图 3-3 误用检测模型

2）异常检测（Anomaly Detection）

异常检测是首先总结正常操作应该具有的特征，在得出正常操作的模型之后，对后续的操作进行监视，一旦发现偏离正常统计学意义上的操作模式，即进行报警。因为它的特征库匹配的是正常操作行为，所以又存在以下几个特点：

- 异常检测系统的效率取决于用户轮廓的完备性和监控的频率；
- 因为不需要对每种入侵行为进行定义，因此能有效检测未知的入侵；
- 系统能针对用户行为的改变进行自我调整和优化，但随着检测模型的逐步精确，异常检测会消耗更多的系统资源。

异常检测模型漏报率低，误报率高。因为不需要对每种入侵行为进行定义，所以能有效检测未知的入侵。除了最常用的误用检测和异常检测技术外，IDS 还有一些辅助检测技术。比如，会话状态分析检测技术，智能协议分析检测技术等。

会话状态分析是指按照客户-服务器间的通信内容，把数据包重组为连续的会话流。而基于数据包的入侵检测技术只对每个数据包进行检查。同普通基于数据包的入侵检测技术相比，准确率更高。

智能协议分析充分利用了网络协议的高度有序性，使用这些知识快速检测某个攻击特征的存在。与非智能化的模式匹配相比，协议分析减少了误报的可能性。与模式匹配系统中传统的穷举分析方法相比，在处理数据包和会话时更迅速、有效。图 3-4 为模式匹配模型和智能协议分析模型。

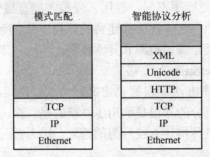

图 3-4　模式匹配模型和智能协议分析模型

3. 按实现方式进行分类

1）基于主机的 IDS（HIDS）

基于主机的 IDS 也称基于系统的模型，是通过分析系统的审计数据来发现可疑的活动，如内存和文件的变化等。其输入数据主要来源于系统的审计日志，一般只能检测该主机上发生的入侵。通常是一种软件（Agent）安装于被保护的主机中，通过查询、监听当前系统的各种资源，主要包括系统运行状态信息、系统记账信息、系统事件日志、应用程序事件日志、进程、端口调用、C2 级安全审计记录、文件完整性检查等的使用运行状态，发现系统资源被非法使用和修改的事件，进行上报和处理，同时也会消耗系统的一定资源。

HIDS 不需额外硬件设备，也不需要专用的硬件检测系统，在主机数较少的情况下，性价比较高，而且审计内容更细致，能够检测到 NIDS 所检测不到的一些行为，如对敏感文件、目录、程序或端口的存取等，视野更集中，一旦入侵者得到了一个主机的用户名和口令，HIDS 便能区分正常的活动和非法的活动，还可确定攻击是否成功，使用已发生的事件信息作为检测条件，比 NIDS 更准确地判定攻击是否成功。HIDS 适用于加密及交换环境，在某些特殊的加密和交换网络环境中，NIDS 所需要的工作环境不能满足，而应用主机 IDS 就可以完成这一区域的监测任务；因为对网络流量不敏感，一般不会因为网络流量的增加而丢失对网络行为的监视。

但 HIDS 会产生额外的安全问题，HIDS 的安全性受其所在主机操作系统的安全性和系统日志限制。HIDS 通过监测系统日志来发现可疑的行为，但有些程序的系统日志并不详细或者没有日志。有些入侵行为本身不会被具有系统日志的程序记录下来，被修改过的系统核心能够骗过文件检查，如果入侵者修改系统核心，则可以骗过基于文件一致性检查的工具，并且如果主机数目多，代价过大（Agent 每一个都是要钱的），还不能监控网络上的情况。

2）基于网络的 IDS（NIDS）

基于网络的 IDS 通过连接在网络上的站点来捕获网上的数据包，并分析其是否具有已知的攻击模式，以此来判别是否为入侵者。当该模型发现某些可疑的现象时也一样会产生报警，并会向一个中心管理站点发出"报警"信号。

NIDS 检测范围广，监测主机数量大且相对成本低，在几个很少的监测点上进行配置就可以监控整个网络中所发生的入侵行为；能监测主机 IDS 所不能监测到的某些攻击（如 DOS、Teardrop），通过分析 IP 包的头可以捕捉这些须通过分析包头才能发现的攻击；独立性和操作系统无关联性，并不依赖主机的操作系统作为检测资源，无须改变主机配置和性能；能够检测未成功的攻击和不良企图，HIDS 只能检测到成功的攻击，而很多未成功的攻击对系统的风险评估起到关键的作用；实时检测和响应，NIDS 可以在攻击发生的同时将其检测出来，并进行实时的报警和响应，从而将入侵活动对系统的破坏减到最低，而 HIDS 只能在可疑信息被记录下来后才能做出响应，此时可能系统或 HIDS 已被摧毁；攻击者转移证据很困难；安装方便。

NIDS 的缺点是不能检测不同网段的网络包，在交换式以太网环境中会出现监测范围的局限，而安装多台网络入侵检测系统的传感器会增加整个系统的布署成本；很难检测复杂的需要大量计算的攻击，NIDS 为了性能目标通常采用特征检测的方法，可以检测出普通的一些攻击，而很难实现一些复杂的需要大量计算与分析时间的攻击检测；协同工作能力弱，网络传感器可能会将大量的分析数据传回分析系统，在一些环境中监听特定的数据包会产生大量的分析数据流量，而一些系统在实现时采用一定方法来减少回传的数据量，对入侵判断的决策由传感器实现，而中央控制台成为状态显示与通信中心，不再作为入侵行为分析器，这样的系统中的传感器协同工作能力较弱；难以处理加密的会话，目前通过加密通道的攻击尚不多，但随着 IPv6 的普及，这个问题会越来越突出。

3.3　入侵检测系统的性能与部署

3.3.1　入侵检测系统的性能指标

不同的安全产品，各种性能指标对客户的意义是不同的。例如，防火墙，客户会更关注每秒吞吐量、每秒并发连接数、传输时延等。而网络入侵检测系统，客户则会更关注每秒能处理的网络数据流量、每秒能监控的网络连接数等。就网络入侵检测系统而言，除了上述指标外，一些不为客户了解的指标也很重要，甚至更重要，如每秒抓包数、每秒能够处理的事件数等。

1. 每秒数据流量（Mbps 或 Gbps）

每秒数据流量是指网络上每秒通过某节点的数据量。这个指标是反映网络入侵检测系统性能的重要指标，一般用 Mbps 来衡量。如 10Mbps、100Mbps 和 1Gbps。网络入侵检测系统的基本工作原理是嗅探（Sniffer），通过将网卡设置为混杂模式，使得网卡可以接收网络接口上的所有数据。如果每秒数据流量超过网络传感器的处理能力，NIDS 就可能会丢包，从而不能正常检测攻击。但是 NIDS 是否会丢包，不主要取决于每秒数据流量，而主要取决于每秒抓包数。

2. 每秒抓包数（pps）

每秒抓包数是反映网络入侵检测系统性能的最重要指标。因为系统不停地从网络上抓包，对数据包做分析和处理，查找其中的入侵和误用模式。所以，每秒所能处理的数据包的多少，反映了系统的性能。业界不熟悉入侵检测系统的往往把每秒网络流量作为判断网络入侵检测系统的决定性指标，这种想法是错误的。每秒网络流量等于每秒抓包数乘以网络数据包的平均大小。由于网络数据包的平均大小差异很大，在相同抓包率的情况下，每秒网络流量的差异也会很大。例如，网络数据包的平均大小为 1024 字节左右，系统的性能能够支持 10 000pps，那么系统每秒能够处理的数据流量可达到 78Mbps，当数据流量超过 78Mbps 时，会因为系统处理不过来而出现丢包现象；如果网络数据包的平均大小为 512 字节左右，在 10 000pps 的性能情况下，系统每秒能够处理的数据流量可达到 40Mbps，当数据流量超过 40Mbps 时，就会因为系统处理不过来而出现丢包现象。

在相同的流量情况下，数据包越小，处理的难度越大。小包处理能力，也是反映防火墙性能的主要指标。

3．每秒能监控的网络连接数

网络入侵检测系统不仅要对单个的数据包做检测，还要将相同网络连接的数据包组合起来做分析。网络连接的跟踪能力和数据包的重组能力是网络入侵检测系统进行协议分析、应用层入侵分析的基础。这种分析延伸出很多网络入侵检测系统的功能，如检测利用 HTTP 协议的攻击、敏感内容检测、邮件检测、Telnet 会话的记录与回放、硬盘共享的监控等。

4．每秒能够处理的事件数

网络入侵检测系统检测到网络攻击和可疑事件后，会生成安全事件（或称报警事件），并将事件记录在事件日志中。每秒能够处理的事件数，反映了检测分析引擎的处理能力和事件日志记录的后端处理能力。有的厂商将反映这两种处理能力的指标分开，称为事件处理引擎的性能参数和报警事件记录的性能参数。大多数网络入侵检测系统报警事件记录的性能参数小于事件处理引擎的性能参数，主要是 Client/Server 结构的网络入侵检测系统，因为引入了网络通信的性能瓶颈，将导致事件的丢失，或者控制台响应不过来。

3.3.2 入侵检测系统的瓶颈和解决方法

入侵监测系统可以在攻击产生危害之前发现攻击行为并做出适当响应，可以帮助管理人员实时分析和发现异常行为，是安全管理的基础，可以帮助管理人员了解网络中正在发生的各种违规活动；也是安全审计的基础，可以帮助管理人员对违规行为进行事后分析和取证。由此可见，入侵检测系统是安全防护体系中不可或缺的一部分。

但是，现今的入侵检测系统却存在着不少漏洞和弱点。

1．体系结构弱点

集中式 IDS 存在单点失效；漏报；大量日志和报警信息耗费磁盘空间，导致文件系统和数据库系统不稳定。而分布式 IDS 存在大量报警信息消耗网络带宽；误报警信息流会产生倍数效应；控制台和探测器的通信交换信息占有网络带宽、干扰网络通信等弱点。

2．互动协议弱点

当与防火墙做联动时，存在一个虚假报警信息，它会导致其他安全系统错误配置，造成防火墙性能下降等问题。

3．数据源与采集方法弱点

要求传输的数据包必须是明文，若是经过加密的数据包，则无法进行解密。而且在交换网络中 IDS 运行的开销会大大增加。

4．检测算法弱点

无法根治的漏报、误报问题，异常检测需要保持较多网络状态信息，导致 IDS 开销增大。除了入侵检测本身的弱点外，还存在针对入侵检测的攻击，包括直接和间接两种攻击。其中，直接攻击的方式有 smurf、synflood 等拒绝服务攻击，它利用安装 IDS 的主机操作系统本身存在漏洞进行攻击。间接攻击方式包括利用 IDS 的响应进行，使入侵日志迅速增加，塞满硬盘；发送大量的警告信息，使管理员无法发现真正的攻击者，并占用大量的 CPU 资源。间接攻击是发送大量的报警邮件，占满报警信箱或硬盘，并占用接收警告邮件服务器的系统资源。发送虚假的警告信息，使防火墙错误配置，造成正常的 IP 无法访问等。比如 Stick 攻击，它在两秒内模拟 450 次攻击，快速的报警信息的产生会让 IDS 反应不过来、失去反应甚至死机。

对于入侵检测系统受到的各种类型攻击，可以采用无 IP 技术（即入侵检测与控制台相连的接口不配置 IP 地址）等方式来避免受到攻击。而入侵检测本身的弱点也可通过多重检测技术，多层加速技术，蠕虫病毒检测，SSL 加密检测，报文回放技术来不断的完善，而入侵检测是否会被入侵防御取代，将在下面的章节详细介绍。

3.3.3　入侵检测系统部署方式

现今基于网络的入侵检测系统是主流，在这里着重介绍 IDS 的部署方式。IDS 由两部分组成，IDS 引擎和 IDS 控制中心，如图 3-5 所示。

引擎采用旁路方式全面侦听网上信息流，实时分析，然后将分析结果与探测器上运行的策略集相匹配。执行报警、阻断、日志等功能，完成对控制中心指令的接收和响应工作，它是由策略驱动的网络监听和分析系统组成的。

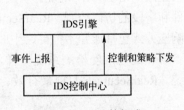

图 3-5　IDS 的组成

控制中心提供报警显示及预警信息的记录和检索、统计功能制定入侵监测的策略。控制探测器系统的运行状态，收集来自多台引擎的上报事件，综合进行事件分析，以多种方式对入侵事件做出快速响应。

将入侵检测引擎的抓包口接到监测网络中，一般是接到交换机的镜像端口上（或者是 HUB 上），管理口则接到入侵检测的控制中心上。IDS 部署方式如图 3-6 所示。

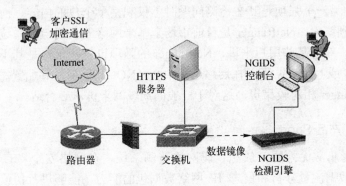

图 3-6　IDS 部署方式

3.3.4 入侵检测产品介绍

近年来，国内外不少厂家陆续开发、生产了自己的 IDS 产品。这些产品有的已经得到了广泛的应用，有的正在普及推广阶段。下面简要介绍一下国内外的一些产品。

1．RealSecure

Internet Security System 公司的 RealSecure 是一种实时监控软件，由控制台、网络引擎和系统代理 3 个部分组成。网络引擎基于 C 类网段，安装在一台单独使用的计算机上，通过捕捉网段上的数据包，分析包头和数据段内容，与模板中定义的事件手法进行匹配，发现攻击后采取相应的安全动作；控制台是安全管理员的管理界面，同时与多个网络引擎和系统代理连接，实时获取安全信息。

在 RealSecure 中，其检测器或事件产生器叫做引擎。引擎有 UNIX 和 Windows 两种版本，RealSecure 控制台运行在 Windows 平台上。RealSecure 需要高性能的机器，在网络引擎和控制台机器上都要有 128Mbit RAM 和高速处理器。RealSecure 需要大量的磁盘空间，特别是在控制台处。

RealSecure 的模板包括安全事件模板，连接事件模板和用户定义事件模板。安全事件模板中的每一种事件代表着一种黑客攻击手法，可根据实际应用的网络服务灵活选择监控部分或全部的安全事件；连接事件模板是为方便用户监控特殊的应用服务，如用户可限制允许或禁止某些主机（IP 地址）访问某些服务（端口）；用户定义事件模板是为方便用户对特殊文件和字段的访问控制。RealSecure 对相应监控事件的响应有多种，且及时有效。用户可设置响应方式包括通知主控台、中断连接、记录日志、实时回放攻取操作、通知网关，等等。

和其他入侵检测系统一样，RealSecure 并不完美，ISS 的开发人员正在努力完善此系统。RealSecure 是目前最有效、性能最好的入侵检测系统之一。

2．Cisco 公司的 NetRanger

NetRanger 产品分为两部分：检测网络包和发报警的传感器，以及接收并分析报警、启动响应的控制器。NetRanger 以其高性能而闻名，而且它还非常易于裁剪。控制器程序可以综合许多站点的信息，并监视散步在整个企业网上的攻击。NetRanger 是针对企业而设计的，在全球广域网上运行很成功。例如，它有一个路径备份功能，如果一条路径断掉了，信息可以从备份路径上传过来。甚至能做到从一个点上监测全网或把检测权转给第三方。

NetRanger 的另一个强项是其在检测问题时不仅观察单个包的内容，而且还看上下文，即从多个包中得到线索。NetRanger 是目前市场上基于网络的入侵检测系统中经受实践考验最多的产品之一。对于某些用户来讲，NetRanger 的强项也可能正好是其不足。它被设计为集成在 OpenView 或 NetView 下，在网络运行中心（NOC）使用，其配置需要对 UNIX 有详细的了解。NetRanger 相对较昂贵，这对于一般的局域网来讲未必合适。

3．免费 IDS 产品 Snort

Snort 是一套非常优秀的开放源代码网络监测系统，在网络安全界有着非常广泛的应用。它具有实时数据流量分析和日志 IP 网络数据包的能力，能够进行协议分析，对内容进行搜索/匹配，能够检测各种不同的攻击方式，对攻击进行实时报警。其基本原理是基于网络嗅探，即抓取并记录经过检测节点以太网接口的数据包并对其进行协议分析，筛选出符合危险特征或是特殊的流量。网络管理员可以根据警示信息分析网络中的异常情况，及时发现入侵网络的行为。其名称 Snort（喷鼻息）也是来源于"嗅探"（Sniff）的反义词。

　　Snort 最开始是针对于 UNIX/Linux 平台开发的源 IDS 软件，后来才加入了对 Windows 平台的支持。但直至现在对于 Snort 的应用（尤其是 Snort 的前端传感部分）主要还是基于 UNIX/Linux 平台，因为现在的普遍观点都支持 UNIX 内核的网络效率要大大高于 Windows 内核。不过由于 Windows 平台的易用性和普及性，在 Windows Server 上建立开放而又便宜的 Snort IDS 对于网络研究及辅助分析还是非常有意义的。

4．天融信公司 TopSentry

　　TopSentry 入侵检测系统是国内天融信网络安全公司的一款网络安全产品。TopSentry 入侵检测系统包括两个部分，即检测引擎和控制台。检测引擎采用专用硬件设备以旁路方式检测网络（检测引擎一般配置三部分网络接口：管理、监听和扩展，管理口作为通信端口与控制台交换数据，监听和扩展口作为监听端口，负责捕获网络数据。），控制台提供显示和管理配置功能。

　　TopSentry 入侵检测系统具有多层加速技术，运用了专用的高速硬件平台，底层抓包加速引擎，双网卡分流重组技术，EDUA 检测访问技术，多线程分散式重组引擎，高效的流定位及状态型的协议分析技术，无缝集成的优化智能模式匹配算法特有的多层加速组件。

3.4　入侵检测标准与发展方向

3.4.1　入侵检测的标准化

1．CIDF（Common Intrusion Detection Framework）

　　CIDF 的规格文档由四部分组成：体系结构，阐述了一个标准的 IDS 的通用模型；规范语言，定义了一个用来描述各种检测信息的标准语言；内部通信，定义了 IDS 组件之间进行通信的标准协议；程序接口，提供了一整套标准的应用程序接口。

2．IDWG（Intrusion Detection Working Group）（IETF 下属）

　　IDWG 的入侵检测信息交换格式（Intrusion Detection Message Exchange Format，IDMEF）和 CIDF 相似，但它只标准化了一种通信场景，即数据处理模块和警告处理模块间的警告信息通信。

　　目前，CIDF 还没有成为正式的标准，也没有一个商业 IDS 产品完全遵循该规范，但各种 IDS 的结构模型具有很大的相似性，各厂商都在按照 CIDF 进行信息交换的标准化工作，有些产品已经可以部分地支持 CIDF。可以预测，随着分布式 IDS 的发展，各种 IDS 互操作和协同工作的迫切需要，必须遵循统一的框架结构，CIDF 将成为事实上的 IDS 的工业标准。

3.4.2 入侵检测系统与防火墙的联动

入侵检测系统与防火墙的联动是指入侵检测系统在捕捉到某一攻击事件后，按策略进行检查，如果策略中对该攻击事件设置了防火墙阻断，那么入侵检测系统就会发给防火墙一个相应的动态阻断策略，防火墙根据该动态策略中的设置进行相应的阻断，阻断的时间、阻断时间间隔、源端口、目的端口、源 IP 和目的 IP 等信息，完全依照入侵检测系统发出的动态策略来执行。一般来说，很多情况下，不少用户的防火墙与 IDS 并不是同一家公司的产品，因此在联动的协议上大都遵从 OPSec 协议（Check Point 公司）或者 TopSec 协议（天融信公司）进行通信，不过也有某些厂家自己开发相应的通信规范。目前，联动有一定效果，但是稳定性不理想，特别是攻击者利用伪造的包信息，让 IDS 错误判断，进而错误指挥防火墙将合法的地址无辜屏蔽掉。

因为诸多不足，目前，IDS 主要起的还是监听记录的作用。用个比喻来形容：网络就好比一片黑暗，到处充满着危险，冥冥中只有一个出口；IDS 就像一支手电筒，虽然手电筒不一定能照到正确的出口，但有总比没有要好一些。称职的网络管理员，可以从 IDS 中得到一些关于网络使用者的来源和访问方式，进而依据自己的经验进行主观判断。（注意，的确是主观判断，如用户连续 ping 了服务器半个小时，到底是意图攻击，还是无意中的行为？这都依据网络管理员的主观判断和网络对安全性的要求来确定对应方式）。IDS 与防火墙联动的工作模型如图 3-7 所示，黑客首先向主机 A 发起攻击，这时 IDS 识别到了攻击行为，会向防火墙发送通知报文；防火墙收到报文后，进行验证并采取措施，通常是建立一条阻断或报警该链接的规则；当黑客再次发起攻击时，防火墙就会根据规则选择阻断或报警这台非法链接。

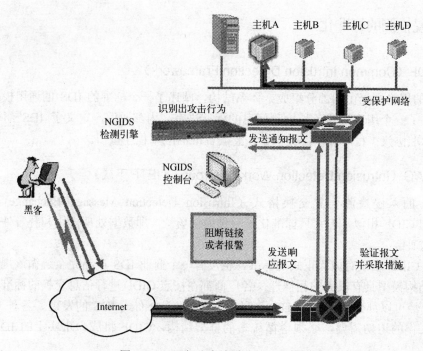

图 3-7　IDS 与防火墙联动的工作模型

这种阻断非法链接的方式有很大的局限性。整个从发现到阻断的操作需要 100ms 的时间，这对现代网络来说是一个巨大的时间窗口，而且只能针对相同攻击的第二次以后的链接进行阻断，第一次攻击还是会放行的。因此单个数据包的攻击，就无法进行阻断，因为这种攻击方式只对同一个目的地址发送一次攻击数据包。

3.4.3　入侵防御系统（IPS）简介

通过前面的学习，大家了解了入侵检测系统只能旁路到网络中，可以记录攻击行为，但是无法有效地阻断攻击 IDS，只能被动地检测网络遭到了何种攻击，它的阻断攻击能力非常有限，一般只能通过发送 TCP reset 包或联动防火墙来阻止攻击。

IPS（Intrusion Prevention System），即入侵防御系统，有时又称 IDP（Intrusion Detection and Prevention），即入侵检测和防御系统，指具备 IDS 的检测能力，并在线部署于网络的进出口处，具备实时阻断网络入侵的安全技术设备。如图 3-8 所示，IPS 是一种主动的、积极的入侵检测和防御系统，其设计旨在预先对入侵活动和攻击性网络流量进行拦截，避免其造成任何损失，而不是简单地在恶意流量传送时或传送后才发出警报。

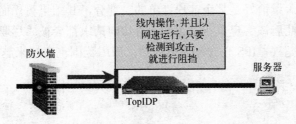

图 3-8　IPS 工作原理

IPS 的主要作用就是实时监控网络和（或）系统活动，它能够阻止蠕虫、病毒、木马、拒绝服务攻击、间谍软件、VOIP 攻击及点到点应用滥用。通过深达第七层的流量侦测，在发生损失之前阻断恶意流量。

简单地理解，可认为 IPS 就是防火墙加上入侵检测系统。但并不是说 IPS 可以代替防火墙或入侵检测系统。防火墙是粒度比较粗的访问控制产品，在基于 TCP/IP 协议的过滤方面表现出色，而且在大多数情况下，可以提供网络地址转换、服务代理、流量统计等功能，甚至有的防火墙还能提供 VPN 功能。

和防火墙比起来，IPS 的功能比较单一，只能串联在网络上，对防火墙所不能过滤的攻击进行过滤。这样一个两级的过滤模式，可以最大地保证系统的安全。IPS 的检测功能类似于 IDS，但 IPS 检测到攻击后会采取行动阻止攻击，可以说 IPS 是基于 IDS 的，是建立在 IDS 发展的基础上的新生网络安全产品。

从理论上看，IPS 比 IDS 更加优秀，所以一直有个声音认为 IPS 会取代 IDS，但是几年过去了，情况并非如此，那么 IPS 目前到底处于什么状态呢？据调查，目前 59%的用户部署了 IDS，27%的用户将 IDS 列入购买计划，62%用户在关注 IPS，7%的用户有意向购买 IPS。这与几年前一些研究机构预计的"IPS 将逐步取代 IDS"的看法截然不同。IPS 既没有得到"一览众山小"的市场局面，IDS 也没有"节节败退"。这是为什么呢？我们不妨看看 IDS 和 IPS 是如何发展的。

安全防护是一个多层次的保护机制，既包括企业的安全策略，又包括防火墙、防病毒、入侵检测等产品技术解决方案。而且，为了保障网络安全，还必须建立一套完整的安全防护体系，进行多层次、多手段的检测和防护。IDS 正是构建安全防护体系不可缺少的一环。

IPS 与 IDS 分工各有侧重，适合于不同的安全策略。IDS 非常适合于网络攻击的监控和安全威胁的报警，可以部署在任何关键区域或敏感网段中，实时监控和保护该网段的安全运行状态，特别适合于检测内网中的攻击或非法事件。而 IPS 能够实时阻断网络蠕虫病毒、拒绝服务攻击（DOS）等多种攻击事件。适合于串行部署在网关位置，防止攻击进入内网。

IPS 和 IDS 一样也存在技术上的难点。比如，单点故障问题，设计要求 IPS 必须以嵌入模式在网络中工作，而这就可能造成瓶颈问题或单点故障。如果 IPS 因出现故障而关闭，用户就会面对一个由 IPS 造成的拒绝服务问题，所有客户都将无法访问企业网络提供的应用。性能瓶颈问题，IPS 设备可能是一个潜在的网络瓶颈，它必须与数千兆或者更大容量的网络流量保持同步，尤其是当加载了数量庞大的检测特征库时，设计不够完善的 IPS 设备无法支持这种响应速度，不仅会增加滞后时间，而且会降低网络的效率。误报和漏报问题，IPS 的检测原理与 IDS 相同，如果不能避免"误报"，则合法流量也有可能被意外拦截，而 IPS 一旦拦截了一个"攻击性"数据包，就会对来自可疑攻击者的所有数据流进行拦截。如果触发了误报警报的流量恰好是某个客户订单的一部分，其结果可想而知：这个客户整个会话就会被关闭，而且此后该客户重新发起的所有访问请求都会被"尽职尽责"的 IPS 拦截。不过随着技术不断的完善，IPS 也会越来越成熟，应用范围也会越来越广。

学习项目

3.5　项目 1：入侵检测产品部署

3.5.1　任务 1：需求分析

某公司随着其发展壮大，公司网络规模与信息应用均逐年增多，如对互联网提供 Web 服务，员工通过网络接入财务系统及办公系统等，公司的日常运作已经无法离开网络。该公司的基本网络结构如图 3-9 所示。

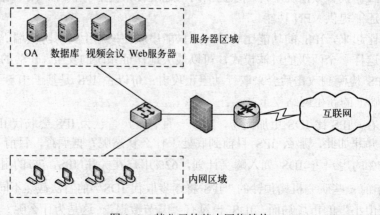

图 3-9　某公司的基本网络结构

根据上述情况，该公司对目前的应用情况进行调研，并分析如下：

（1）该公司的 Web 服务器将会对互联网用户开放；

（2）公司的核心数据均采用网络方式传输，并存储于主机硬盘上；

（3）公司对网络安全的依赖性极大，一旦网络或计算机发生故障，可能会严重影响公司的业务；

（4）网络规划要以不影响网络速度为前提。

针对上述应用及网络情况，特别是核心应用目前的安全使用情况分析如下：

（1）目前没有针对服务器区域的入侵检测，无法监控服务器组的安全；

（2）内网区域一旦中病毒无法第一时间发现和清除。

根据上述情况，公司的网络管理员向一家专业的网络安全公司寻求帮助，并提出以下要求：

（1）设计一个针对公司目前网络及应用适用的网络安全方案；

（2）方案可以实现对服务器和内网区域的监控；

（3）方案可以对内部服务器进行独立的保护；

（4）设备的产品应采用最新技术，产品应具有延续性，至少保证 3 年的产品升级延续。

根据上述情况，该专业公司计划为该客户设计一个确实可行并具备一定扩展能力的网络安全方案。

3.5.2　任务 2：方案设计

在接到客户的需求并进行分析后，发现客户网络是一个比较简单的三层网络结构。内部网络通过一个核心交换机分为了两个区域（内网区域和服务器区域）。

针对用户提出的需求，我们为客户提供了进一步的网络规划建议如下：

（1）在核心交换机上部署一台入侵检测设备；

（2）将入侵检测设备与防火墙进行联动，保护服务器区域。

结合网络规划，在目前的客户投入及需求的情况下，采用入侵检测设计，是一个不错的也是性价比最高的方案，入侵检测部署拓扑图如图 3-10 所示。

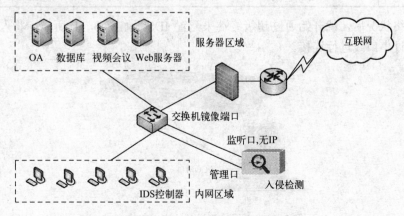

图 3-10　入侵检测部署拓扑图

上述规划，已经将入侵检测的功能、规则库的升级等方面考虑了进来，根据这个方案设计，我们同时为客户分析了如果完全依照上述方案来完成其网络改造，可以实现的基本效果如下：

- 网络安全方面：通过入侵检测实时监控服务器区域的安全，并和防火墙进行联动以达到保护服务器的目的，还可以针对内网用户进行病毒的防御和查杀；
- 网络速度方面：因为入侵检测是旁路接入网络中的，所以不会影响网络速度；
- 可维护性方面：部署的入侵检测系统，采用了全中文配置界面，提供了友好的配置界面，为今后的中新业务系统在网络上稳定、可靠、安全运行提供了保障；
- 扩展性方面：入侵检测规则库可以做到实时自动升级，并拥有 3 年的 license 升级权限。

✏️ 说明

方案设计完成后，一般会附有推荐使用的产品及产品功能介绍。

事实上很少有单独的入侵检测产品设计，一般情况是为解决整体网络安全问题，会部署多款网络安全产品。

3.6 项目 2：入侵检测设备配置

3.6.1 任务 1：入侵检测基本配置

以下将参照前边所述的方案设计，对所部署的防火墙进行部署和配置。要设计入侵检测的配置策略，需要了解具体的现场情况，根据需求分析及方案设计，并进一步了解客户网络结构，得到并确认如下信息：

服务器区域 IP 段：192.168.2.0/24，网关指向 192.168.2.1。内网区域 IP 段：192.168.1.0/24，网关指向 192.168.1.1。为此我们规划入侵检测的接口地址分配如表 3-1 所示。

表 3-1 入侵检测的接口地址分配

接 口 名 称	接口 IP 地址	对 端 设 备	备 注
管理口	192.168.1.250	交换机内网区域 VLAN 接口	与 IDS 客户端通信使用
监听口	无 IP 地址	交换机镜像端口	服务器区域和内网区域所有接口都要镜像

了解网络状况后，就开始通过超级终端来配置 IDS，如图 3-11 所示，将入侵检测设备和管理机通过串口线进行连接。

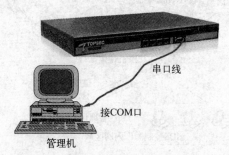

图 3-11 入侵检测设备的串口连接方式

1. 登录超级终端

启动系统的超级终端新建连接，如图 3-12 所示。

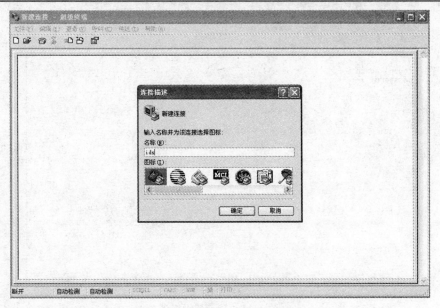

图 3-12　使用超级终端新建连接

2．进行端口属性设置

除了波特率各个厂商都不一样外（天融信 IDS 的波特率是 38 400bps），其余的属性都是默认值，如图 3-13 所示。

图 3-13　端口属性设置

3．输入用户名和密码

天融信 IDS 的用户名是 admin，密码是 talent，如图 3-14 所示。

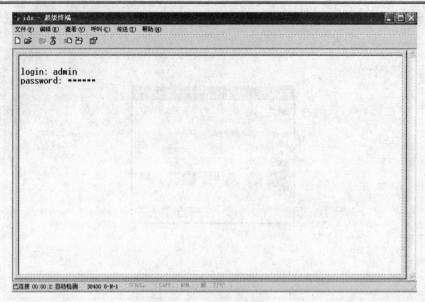

图 3-14 登录超级终端

4．登录系统

进入系统主菜单，如图 3-15 所示，选择"系统管理"选项，进入系统管理界面，如图 3-15 所示。

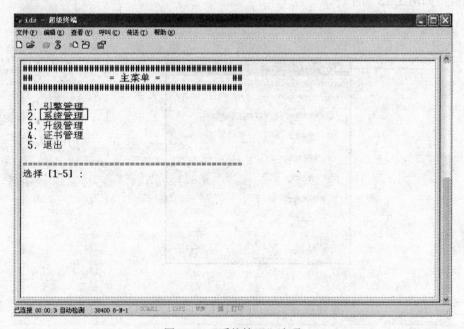

图 3-15 "系统管理"选项

5．控制口的配置

选择"网络配置"选项，进入"IP 配置"界面，如图 3-16 所示。

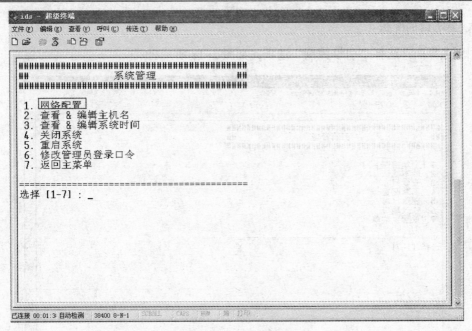

图 3-16　"网络配置"选项

为控制口配置 IP 地址（192.168.1.250）、子网掩码（255.255.255.0）和默认网关（192.168.1.1），如图 3-17 所示。

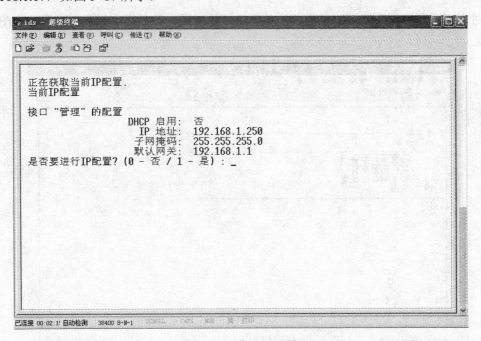

图 3-17　进行 IP 配置

IDS 的控制口配置好以后，将控制口用直连线接到核心交换机内网区域 VLAN 的任意一个接口上，保障控制口能够和客户端正常通信。

6. 监听口的配置

回到主界面，选择"引擎控制"选项，如图 3-18 所示。

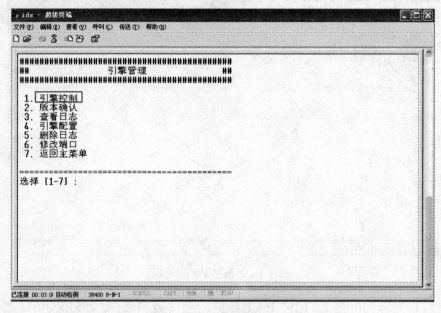

图 3-18 "引擎控制"选项

进入"引擎控制"界面，建议首先备份当前的配置，然后再编辑当前配置，如图 3-19 所示。

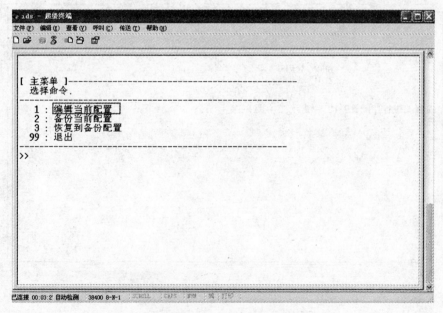

图 3-19 "引擎控制"界面

当选择图 3-19 中"编辑当前配置"选项时，系统进入图 3-20 所示界面。接下来配置探头，选择"探头配置"选项。

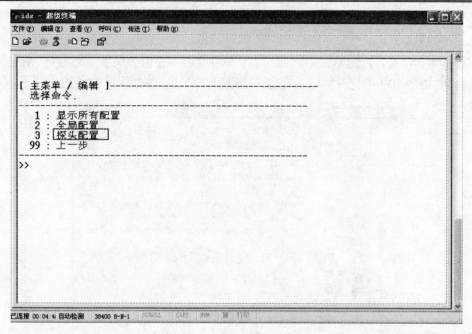

图 3-20 "探头配置"选项

在图 3-21 所示探头配置界面，将监听网卡选择为所需要的抓包口，响应网卡选择为上面配置的管理口接口。这里将 IDS 的抓包口选择为设备上的"扩展 3 端口"。

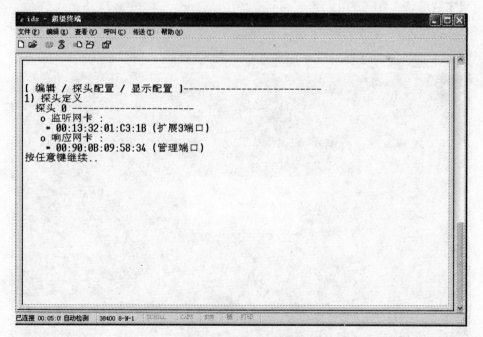

图 3-21 探头配置界面

将监听口用直线连接到核心交换机配置好的镜像端口上，此时设备就配置好并上线了。因为 IDS 是旁路到网络中的，不影响客户网络运行，所以可以边配置边上线。

3.6.2　任务 2：入侵检测客户端安装

入侵检测客户端，通常是一个软件，需要单独安装。在内外区域安装一台 Windows 操作系统的 PC 充当 IDS 的管理机，安装客户端程序。启动安装如图 3-22 所示。

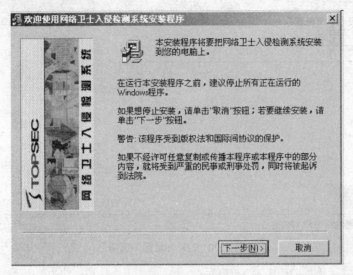

图 3-22　客户端启动安装

完成安装后登录系统。用户名是 admin，密码是 talent，如图 3-23 所示。

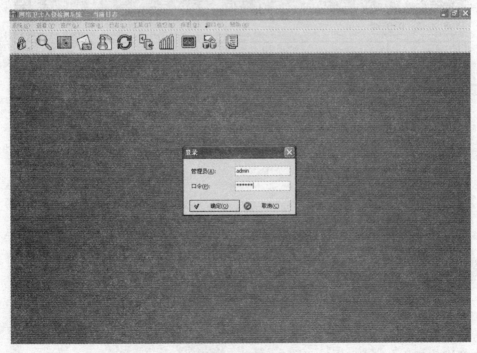

图 3-23　登录客户端

选择"资产"→"引擎"菜单，单击"添加"按钮，进行探头配置，如图 3-24 所示。

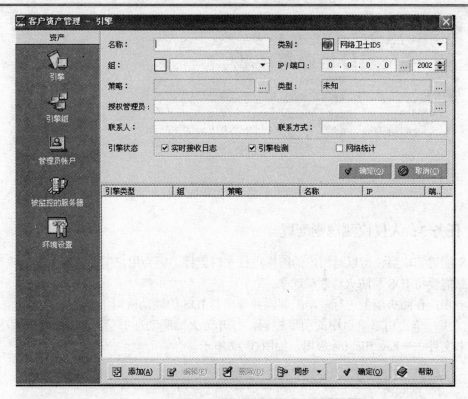

图 3-24　探头配置

　　"名称"和"组"可根据情况自己填写，IP 地址填入 IDS 控制口的 IP，即 192.168.1.250，端口用默认的 2002，"类型"选择自动获取，如果获取不成功，查看 IDS 的控制口与管理机之间连接是否正常，能否 ping 通，再看 IP 地址是否填写正确。选择自动刷新探头，如图 3-25 所示。刷新出来后给这个探头分配策略。

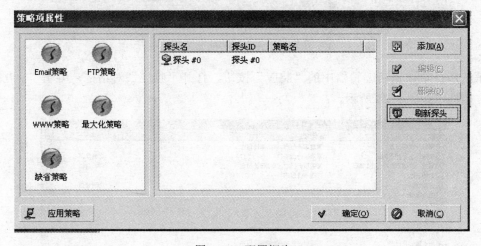

图 3-25　配置探头

　　添加完探头和策略后单击"同步"按钮，依顺序选择"下发策略"、"应用策略"。配置成功后，就可以看到 IDS 监控到的事件，如图 3-26 所示。

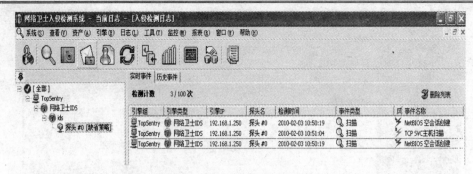

图 3-26　查看事件

3.6.3　任务 3：入侵检测规则配置

　　IDS 配置完成后便可以对用户的网络进行实时监控。因为用户需要对服务器的攻击进行阻断，就需要将 IDS 与防火墙联动起来。

　　第一步：在防火墙上进行联动配置，并导出与 IDS 的联动密钥。

　　第二步：单击引擎菜单中的引擎控制，打开防火墙联动证书窗口，导入防火墙生成的联动证书文件——key_file_ids 应用，如图 3-27 所示。

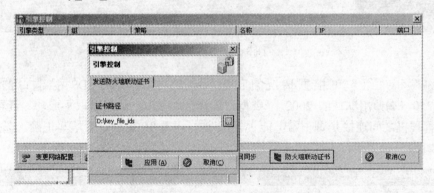

图 3-27　导入联动证书文件

　　第三步：单击策略编辑器中的"响应"按钮，打开"响应"对话框，编辑"天融信防火墙"属性，如图 3-28 所示。

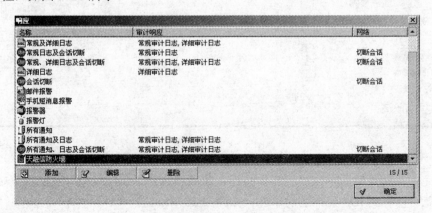

图 3-28　"响应"对话框

图 3-29 为防火墙响应属性界面，用户可以对其响应属性进行修改。单击对话框中最下方的"天融信防火墙"选项，在响应对象中会出现"天融信防火墙"，单击出现在对话框右下方右方的响应方式。

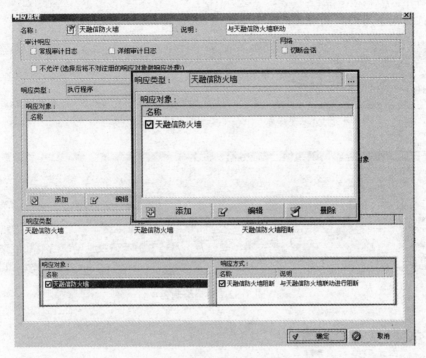

图 3-29　防火墙响应属性界面

双击编辑天融信防火墙的对象属性，输入防火墙的 IP 地址和密钥文件名，如图 3-30 所示。

注意： 此处的密钥文件名必须与引擎控制中导入的文件名称一致。

双击图 3-29 对话框右边的响应类型对象属性。管理员可在图 3-31 的窗口中对天融信防火墙的响应方式属性进行设置。

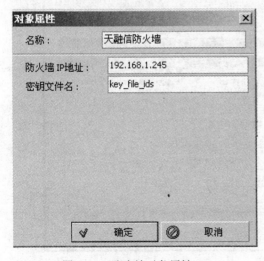

图 3-30　防火墙对象属性

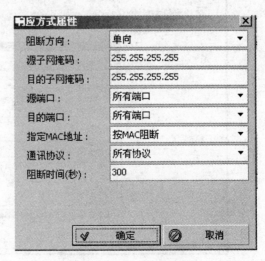

图 3-31　响应方式属性

在图 3-32"策略编辑器"中针对需要防火墙阻断的事件，选择天融信防火墙的响应方式，即可对相应的事件实现防火墙阻断。（"策略"中选择该事件，然后在对话框中单击"添加"按钮）。

注意： 建议采用添加响应方式，不要改变默认的响应"常规日志"。

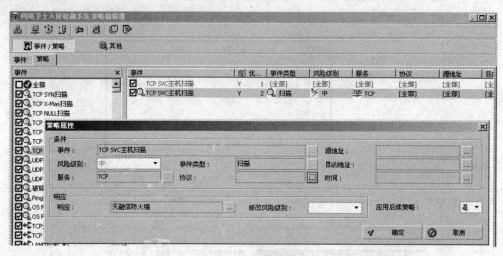

图 3-32　策略编辑器

3.6.4　任务 4：入侵检测测试

IDS 配置完毕后，可在"实时事件"或"历史事件"中查看攻击事件，如图 3-33 所示。

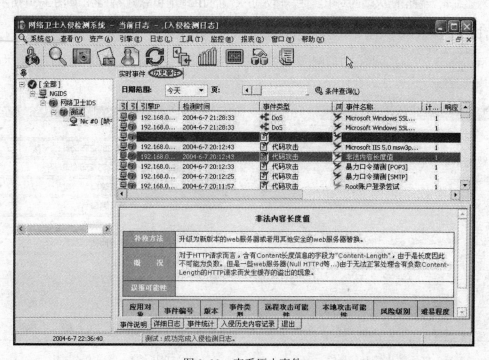

图 3-33　查看历史事件

单击图 3-33 中红色标记位置，显示入侵检测统计，按风险级别、规则组显示入侵检测日志统计，如图 3-34 所示。若这些地方可以看到数据，表示 IDS 配置正常。

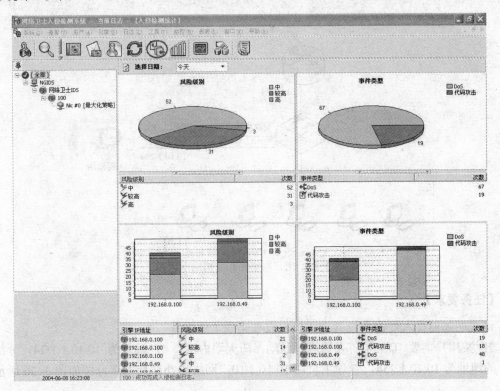

图 3-34　查看统计记录

练 习 题

一、简答题

1．入侵检测的工作原理是什么？
2．简述入侵检测的工作流程。
3．根据检测原理，入侵检测分为哪两类？
4．HIDS 与 NIDS 分别是什么？它们的优缺点又有哪些？
5．通用型 IDS 由几部分组成？分别是什么？
6．请描述实时监控与安全审计的联系。
7．你知道 IDS 与防火墙的联动使用了什么协议吗？简单介绍几个。
8．什么是 IPS？
9．请简单地介绍一下 IDS 与 IPS 的区别。现今 IPS 主要有哪些瓶颈？

二、综合题

1．某用户是一个简单二层网络结构，路由器内网口 IP 地址为 10.10.1.1/24，分配给 IDS 的地址为 10.10.1.254，管理主机用 10.10.1.10，网络拓扑结构的示意图如图 3-35 所示。

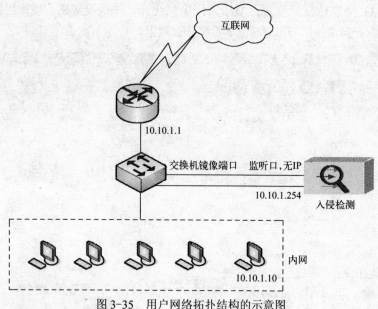

图 3-35 用户网络拓扑结构的示意图

【任务要求】

请说明如何在入侵检测及管理主机上设置完成上述配置。

2. 某用户需要 IDS 与防火墙进行联动，防火墙内网口 IP 地址为 10.10.1.1/24，分配给 IDS 的地址为 10.10.1.254，管理主机用 10.10.1.10，网络拓扑结构的示意图如图 3-36 所示。

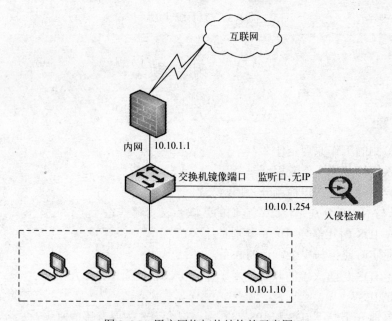

图 3-36 用户网络拓扑结构的示意图

【任务要求】

请分析上述内容，并完成防火墙及 IDS 配置。

第4章　网络隔离产品配置与应用

学习目标

➤ 了解网络隔离的基本技术及发展历史。

➤ 了解网络隔离的工作原理及关键技术。

➤ 掌握网闸的系统部署方式。

➤ 掌握网闸的应用方案设计及安全策略设计方法。

➤ 掌握天融信网闸的基本配置方法。

引导案例

某税务部门掌握着当地各类企业的登记情况、市场活动交易行为等重要信息。随着政务公开和政府上网工程的开展，税务系统的对外业务服务必须要通过互联网来完成，如企业初始数据的采集、网上报税、处理结果的反馈等，对于这些数据的审核往往需要处于内网中的税务人员来完成。按照国家对涉及国家机密等相关行业标准的要求，税务部门的内网和外网须完全隔离，但由于业务需要内网和外网须频繁地进行大量的数据交换，如何在确保安全的同时又能达到该部门的这种需求呢？防火墙、IDS？这些以逻辑隔离作为其主要安全策略的防护设备保证不了内、外网的物理隔离，达不到该行业安全要求标准。最笨的办法是将外网和内网需要交换的数据分别复制到相对独立的存储介质上经物理隔离后进行数据在内、外网的交换。这种方法虽然可以通过牺牲效率来保证特殊部门极高的安全要求，但满足不了我国电子政务高速发展的需要。

有没有这样的设备，在保证对内、外网物理隔离的安全要求的同时还能保证其业务连续性——内、外网数据频繁交换的需求？有！本章所介绍的网络隔离技术——网闸设备，就可满足用户在此方面的需求。

某省工商局信息中心存在两个网络：内网和外网。外网主要提供对外的商标申报、网上注册、内资和外资年检等服务。内网主要提供员工的业务办公、数据上报、数据库服务等业务应用。外网对外提供服务时需要访问内网的数据库，而内网直接向对方开放权限是很不安全的。以前的做法是在对外提供服务的服务器上采用双网卡+静态路由的方式访问内部数据库，这样做虽然能够在开放的业务上网络可达，但存在较大的安全隐患。现在采用网闸设备将内、外网在网络安全隔离的基础上，与网络应用的提供者共同制定应用通信协议，并对该协议的数据流进行仲裁，通过网闸将外部对内部数据库的访问请求进行数据摆渡，将外部的请求会话终结在网闸的外端机，待网闸完成数据交换后，返回数据结果，使外部的恶意请求或攻击不能通过连接会话直接对内部数据进行攻击。利用网闸来完成内、外网的数据交换，可以避免由于防火墙的协议可达性等原因造成的不同网络之间信息直接沟通的不安全性，从而实现安全的数据交换和隔离。

相关知识

4.1　网络隔离技术的起源和现状

4.1.1　网络隔离技术的概念

网络隔离（Network Isolation），从广义上讲是指两个或两个以上的计算机或网络、不相连、不相通、相互断开。从网络技术角度来讲是指把两个或两个以上可以路由的网络（如TCP/IP）通过不可路由的协议（如 IPX/SPX、NetBEUT 等）进行数据交换而达到隔离的目的。由于其原理主要是采用了不同的协议所以通常也叫协议隔离（Protocol Isolation）。1997年，信息安全专家 Mark Joseph Edwards 在他编写的《Understanding Network Security》一书中，就对协议隔离进行了归类。在书中他明确指出了协议隔离和防火墙不属于同类产品。简单地说，网络隔离技术是把两个或两个以上可以路由的网络通过不可路由的协议进行数据交换而达到隔离的目的。

网络隔离在我国也经历了一个概念澄清的过程。我国最早对网络隔离的表述为"不得直接或间接地与国际互联网或其他公共信息网络相连接，必须实行物理隔离"，意思是不准进行网络连接。人们早期并不知道网络隔离的技术架构是什么，但是对网络安全的要求是明确的，一句话，要消除一切潜在的网络安全威胁。

第一阶段采取的策略是从严，"物理隔离"这个词就诞生了。由于无法给出一个非常准确的技术上"物理隔离"的定义，因此产生了一些分歧。有一种观点认为，任何有物理接触的就都不是物理隔离。两台计算机放在桌子上，在物理上两台计算机是连接的，你能说它进行了物理连接吗？显然没有，它们是断开的。反过来，没有物理连接就是物理隔离？现在广泛应用的 Wi-Fi 无线网络不需要物理连接就可以连通。

第二阶段采取的策略是从宽，"安全隔离"这个词就诞生了，"安全隔离"是我国对网络隔离的另外一种提法。这种观点主张，从物理隔离走向安全隔离，主张以安全隔离来代替物理隔离。为了减少从宽策略带来的风险，"安全隔离"被限制在一定的场合使用，在另外的一些场合被禁止使用。安全隔离多采用直接连接的办法，在机箱内部，用以太网线将两个主机连接起来，通过协议转换的方式，进行联网。协议转换增加了一些安全性，但没有发现与 VPN 有什么本质的不同。另外，安全隔离还是一种网络直接连接的方式，两个网络还是连通的，这与不准进行网络连接，不准联网是矛盾的。

目前国内外的趋势都是用"网络隔离"这个名词。用"网络隔离"来代替"物理隔离"或"安全隔离"等名词的理由有很多。首先，隔离的概念是基于网络来谈隔离的。没有联网的概念就没有隔离的必要。两个独立的主机，根本就没有联网，还搞什么隔离？两个完全独立的网络，完全不相关，也没有联网，有什么必要搞隔离？离开网络来谈隔离是没有意义的。其次，没有信息交换或资源共享的概念，也谈不上隔离。两个完全独立的网络，一不需要信息交换，二不需要共享资源，本身就是完全不相关也没有联系的，既不需要联网也不需要隔离。因此隔离的本质是在需要交换信息甚至是共享资源的情况下才出现的，既要交换信息或共享资源，也要隔离。再次，物理隔离和安全隔离无法给出一个技术上精确的定义。

最后，网络隔离可以给出一个完整准确的技术定义。

网络隔离是一项网络安全技术，网络隔离对防泄密管理有很大的帮助，但这不意味着网络隔离是一项完全的防泄密技术。将网络隔离技术完全等同于防泄密技术是一种错误的理解，实际上即使是网络隔离，也没有解决类似于电磁辐射所导致的泄密，职业防电磁辐射泄密技术（如 TEMPEST）才能解决这类问题。

网络隔离是目前最好的网络安全技术，它消除了基于网络和基于协议的安全威胁，但网络隔离技术也存在局限性，对非网络的威胁（如内容安全），就无法从理论上彻底排除，就像人工拷盘一样，交换的数据本身可能就带有病毒，即使查杀病毒也不一定可以查杀干净。但它不是网络安全问题，不存在攻击和入侵之类的威胁。如果用户确定交换的内容是完全可信和可控的，那么网络隔离是用户解决网络安全问题的最佳选择。

4.1.2　网络隔离产品的发展与现状

我国的网络隔离技术的发展是随电子政务的需求逐渐成熟和完善的。随着电子政务的开展，我国相关部门已经陆续出台相关的政策和规章。而隔离产品的大量出现，也是经历了五代隔离技术不断地实践与理论相结合后得来的。

1. 第一代网络隔离技术——完全隔离

完全隔离是指完全切断计算机与互联网的联系，从而形成完全的物理隔离，这种隔离技术使得网络处于信息孤岛状态，内网若想从互联网获取信息，则需要另一台能够连接互联网并且与内网完全隔离的计算机，如此两套网络和系统不仅造成信息交流的不便和成本的提高，同时也给维护和使用带来了极大的不便，完全满足不了目前企业和政府各个部门持续发展的业务需要，已经被淘汰。

2. 第二代隔离技术——硬件卡隔离

随着办公信息化进程的发展，完全的物理隔离技术已经无法满足工作的需要，于是，一种能够实现内、外网互换的隔离卡开始在相关的行业普及，并被广泛应用于政府等单位。

硬件卡隔离技术是在客户端增加一块硬件卡，这样客户端硬盘或其他存储设备首先连接到该卡，然后再转接到主板上，通过隔离卡能够控制客户端硬盘或其他存储设备。而选择不同的硬盘时，同时选择了该卡上不同的网络接口，连接到不同的网络。因为隔离卡通过选择不同硬盘连接到不同网络，所以称为硬盘隔离技术。

硬盘隔离技术虽然可在一定程度上对内、外网进行隔离，但两套系统仍然公用内存，因此存在着较大的安全隐患。普通 PC 搭配隔离卡时经常会遇到兼容性风险，不仅系统不够稳定，而且网络切换动辄几分钟的等待时间，造成了工作的极大不便。

3. 第三代隔离技术——数据传播隔离

数据传播隔离利用传播系统分时复制文件的途径来实现隔离，切换时间非常久，甚至需要手工完成，不仅明显地减缓了访问速度，更不支持常见的网络应用，失去了网络存在的意义。

4．第四代网络隔离技术——空气开关隔离

空气开关隔离是通过使用单刀双掷开关，使得内、外部网分时访问临时缓存器来完成数据交换的，但在安全和性能上存在许多问题。

5．第五代隔离技术——安全通道隔离

安全通道隔离是通过专用通信硬件和专有安全协议等安全机制，来实现内、外部网的隔离和数据交换的，彻底阻断了网络间的直接 TCP/IP 连接，同时对网络间通信双方的内容、过程施以严格的身份认证、内容过滤、安全审计等多种安全防护机制，从而保证了网络间数据交换的安全、可控，杜绝了由于操作系统和网络协议自身漏洞带来的安全风险。该技术不仅解决了以前隔离技术存在的问题，有效地把内、外部网隔离开，而且高效地实现了内、外网数据的安全交换，透明支持多种网络应用，成为当前隔离技术的发展方向。

在我国随着企业和政府对业务需求的增加，不但对安全性提出极为严格的需求，而且业务运行效率也提出了更高的要求。国家保密局在 1998 年发表的《涉及国家及国家秘密的通信、办公自动化和计算机信息系统审批暂行办法》中明确规定："涉密系统不得直接或间接连接国际互联网，必须实行物理隔离。" 2000 年 1 月 1 日正式实施的《计算机信息系统国际联网保密管理规定》中也明确规定："凡涉及国家秘密的计算机信息系统，不得直接或间接地与国际互联网或者其他公共信息网络相连接，必须实现物理隔离。"因此，我国的政府、军队等涉密部门仅仅依靠防火墙、入侵检测等常规的防护设备已满足不了其对安全防护的要求。

4.2　网络隔离的工作原理及关键技术

4.2.1　网络隔离要解决的问题

网络隔离的指导思想与防火墙有很大的不同，体现在防火墙的思路是在保障互连互通的前提下，尽可能安全；而网络隔离的思路是在必须保证安全的前提下，尽可能互连互通，如果不安全则断开。

网络隔离技术就是要解决目前网络安全存在的最根本问题，包括对操作系统的依赖，因为操作系统也有漏洞；对 TCP/IP 协议的依赖，而 TCP/IP 协议有漏洞；解决通信连接的问题，当内网和外网直接连接时，存在基于通信的攻击；应用协议的漏洞，因为命令和指令可能是非法的。下面对这些问题进行具体分析。

1．操作系统的漏洞

操作系统是一个平台，要支持各种各样的应用，通常操作系统具有下列特点：
- 功能越多，漏洞越多；
- 应用越新，漏洞越多；
- 用的人越多，找出漏洞的可能性越大；
- 用的越广泛，漏洞曝光的概率就越大。

黑客攻击防火墙或内部主机，一般都是先攻击操作系统。控制了操作系统就控制了防火墙或内部主机。

2．TCP/IP 的漏洞

TCP/IP 是冷战时期的产物，目标是要保证通达，保证传输的粗犷性。通过来回确认来保证数据的完整性，不确认则要重传。TCP/IP 没有内在的控制机制来支持源地址的鉴别，证实 IP 从哪来。这就是 TCP/IP 漏洞的根本原因。黑客利用 TCP/IP 的这个漏洞，可以使用侦听的方式来截获数据，能对数据进行检查，推测 TCP 的序列号，修改传输路由，修改鉴别过程，插入黑客的数据流。莫里斯病毒就是利用这一点，给互联网造成了巨大的危害。

3．应用协议的漏洞

互联网的应用具有极大的多样性。TCP/IP 准许的应用端口多达 65 535 个。除了 1024 以下端口是固定的外，其他的端口几乎都是全动态的。每种应用都对应着不同的协议。这些应用协议都存在漏洞。

一般来说，用的越多的协议，漏洞就暴露的越多。如 Sendmail，BIND 等。越新的协议，存在的漏洞的可能性越大。尤其是新手或客户自制的特殊协议，都会存在应用协议的漏洞。

4．链路连接的漏洞

联网，就会有链路连接；有链路连接，就会存在基于链路连接的攻击，基于通信协议的攻击，基于物理层的表示方法的攻击，基于数据链路的会话攻击等。

5．安全策略的漏洞

要保证服务，必须开放相应的端口。如要准许 HTTP 服务，就必须开放 80 端口；要提供 SMTP 服务，就必须开发 25 端口等。传统的防火墙无法阻止利用 DoS 或 Ddos 对外开发的端口进行的攻击，利用开放的服务流入的数据进行攻击，利用开放服务的数据隐蔽隧道进行的攻击，以及对外开放服务的软件缺陷的攻击。

防火墙不能防止对自己的攻击，只能强制对抗。防火墙本身是一种被动防卫机制，不是主动安全机制。防火墙不能干涉还没有到达防火墙的包。如果这个包是攻击防火墙的，只有已经发生了攻击，防火墙才可以对抗，而不能从根本上防止。

网络隔离是目前唯一能解决上述问题的安全技术。

4.2.2　网络隔离的技术原理

互联网是基于 TCP/IP 来实现的，而所有的攻击都可以归纳为基于对 TCP/IP 的 OSI 数据通信的某一层或多层的攻击，因此第一个最直接的想法就是断开 TCP/IP 的 OSI 数据模型的所有七层，就可以消除目前 TCP/IP 网络存在的攻击。这就是网络隔离的技术原理。下面分别对 OSI 模型的各层展开论述。

1．物理层的断开

物理层的断开是网络隔离的一个难点。用户要把握三点：一是物理层是可以被攻击的，二是物理介质可能是人眼看得见的也可能是看不见的，三是物理层断开的技术定义。

物理层是可以被攻击的，尤其物理层的逻辑表示。对物理层的逻辑表示攻击方法主要是欺骗和伪造，因此可以利用认证和鉴别的方法来防止欺骗和伪造。这就是常用的 IP 和 MAC 绑定的办法。对 MAC 地址本身直接进行访问控制也是可行的，这就是 MAC 防火墙。最后的办法是把物理层完全断开，没有网络功能，因而也就没有来自网络的攻击。

物理层的断开是一个复杂的概念。并不是没有人眼看得见的东西连接，就是物理层的断开。也不是人眼看得见的东西有接触就是物理层的连接。关键是如果不能基于该连接建立一个 OSI 模型中的数据链路的连接，那么这个连接就不是一个 OSI 模型意义上的物理层的连接。

因此从技术上来定义一个物理层上的断开，应该是"不能基于一个物理层的连接，来完成一个 OSI 模型中数据链路的建立"。

物理层的断开，可能导致 OSI 模型其他层的工作机制失效。因此可以减少其他层遭到的攻击。但物理层的断开，只能解决基于物理层的攻击，并不表示可以解决对 OSI 模型其他层的攻击。例如，存在基于开关的 FTP 断点续传应用，说明物理层断开并不保证可以消除对其他层的攻击。

2．数据链路的断开

数据链路是在物理层上建立一个可以进行数据通信的数据链路，是一个通信协议的概念。只要存在通信协议就可以被攻击。所以，网络隔离也必须断开任何可能基于物理层建立的数据链路。

数据链路存在一个"呼叫应答"机制。通过"呼叫应答"来建立会话和保证传输的可靠性。这种"呼叫应答"被利用来攻击，产生所谓的"皮球原理"，即拍一下皮球，皮球一定会反弹回来。以 MODEM 为例，发送 ATZ，如果硬件正常，一定应答 OK。传输层也采用了这种"呼叫应答"机制，TCP 就是这个原理，发送一个 SYN，如果网络正常，一定会回来 ACK/SYN。以太网也是这样的。基于协议来保证可靠通信的几乎都采用这种机制。"呼叫应答"机制常被黑客利用来阐述拒绝服务攻击。

数据链路的断开意味着什么？首先，必须消除所有建立通信链路的控制信号，因为这些信号是可以被攻击的。其次，每一次的数据传输是否能够到达或是否正确是没有保证的。再次，不能建立一个会话机制。用技术术语来定义，数据链路的断开是指上一次数据传输与下一次数据传输的相关性为零。因此，没有数据链路的数据传输是没有可靠性保证的。

数据链路的断开，破坏了通信的基础，也因此消除了基于数据链路的攻击。看起来数据链路的断开大大降低了对其他层的攻击，但不能排除。可以想象一下，不可靠的数据广播和传输，不代表不能正确地传输一次数据，因此还是存在基于上层攻击的可能性。

3．网络层的断开

网络层的断开，就是剥离所有的 IP 协议。因为剥离了 IP，就不会基于 IP 包来暴露内部的网络结构，就没有真假 IP 地址之说，也就没有 IP 碎片，从而消除了所有基于 IP 协议的攻击。

4．传输层的断开

传输层的断开，就是剥离 TCP 或 UDP 协议。因此，消除了基于 TCP 或 UDP 的攻击。

5．会话层的断开

会话层的断开实际上是断开一个应用会话的连接，消除了交互式的应用会话。

6．表现层的断开

表现层是用于保证网络的跨平台的应用，剥离了表现层就消除了跨平台的应用。

7．应用层的断开

应用层的断开，就是消除或剥离了所有的应用协议。应用层的断开不完全是应用层的代理。有些应用层的代理只是检查应用协议是否符合规范，并不去实现剥离和重组的功能，因此，并没有实现应用层的断开，只是实现了应用层的检查。

以上介绍了 OSI 模型的七层的断开原理。网络隔离是指全部七层的断开。每一层的断开，尽管降低了其他层被攻击的概率，但并没有从理论上排除其他层的攻击。断开了某一层，同样存在对其他层的攻击。因此，网络隔离要求对 OSI 模型的七层进行全面断开。

4.2.3　网络隔离的技术路线

目前实施网络隔离的技术路线有三种：网络开关、实时交换和单向连接。网络开关是比较容易理解的一种。在一个系统里安装两套虚拟系统和一个数据系统，数据被写入一个虚拟系统，然后交换到数据系统，再交换到另一个虚拟系统。这种系统只适合于简单的文件交换，没有复杂的应用。实时交换，相当于在两个系统之间共用一个交换设备，交换设备连接到网络 A，得到数据，然后交换到网络 B。这种系统适用于实时应用系统。单向连接，早期指数据向一个方向移动，一般指从安全性高的网络向安全性低的网络移动。这种系统只适用于数据单向迁移。

4.2.4　网络隔离技术的数据交换原理

网络隔离技术的重点是在网络隔离的环境下如何交换数据。基于网络隔离的数据交换是如何实现的，如图 4-1 所示。外网是安全性不高的互联网，内网是安全性很高的内部专用网络。正常情况下，隔离设备和外网、隔离设备和内网、外网和内网是完全断开的。

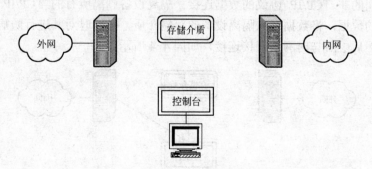

图 4-1　无数据交换的网络断开图

隔离设备可以理解为纯粹的存储介质和一个单纯的调度与控制电路。当外网有数据到达内网时，以电子邮件为例，外部的服务器立即发起对隔离设备的非 TCP/IP 协议的数据连接，隔离设备将所有的协议剥离，将原始的数据写入存储介质。根据不同的应用，可能有必要对数据进行完整性和安全性检查，如防病毒和恶意代码，如图 4-2 所示。

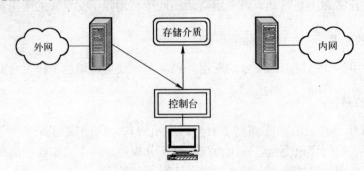

图 4-2　外部主机与固态存储介质交换数据示意图

一旦数据完全写入隔离设备的存储介质，隔离设备立即中断与外网的连接。转而发起对内网的非 TCP/IP 协议的数据连接。隔离设备将存储介质内的数据推向内网。内网收到数据后，立即进行 TCP/IP 的封装和应用协议的封装，并交给应用系统。这时内网电子邮件系统就收到了外网的电子邮件系统通过隔离设备转发的电子邮件，如图 4-3 所示。

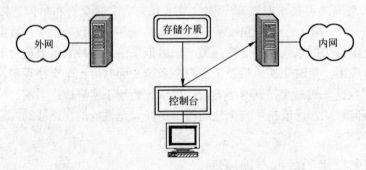

图 4-3　固态存储介质与内部主机数据交换示意图

在控制台收到完整的交换信号之后，隔离设备立即切断隔离设备与内网的直接连接，如图 4-1 所示。如果这时，内网有电子邮件要发出，隔离设备收到内网建立连接的请求后，建立与内网之间的非 TCP/IP 协议的数据连接。隔离设备剥离所有的 TCP/IP 协议和应用协议，得到原始的数据，将数据写入隔离设备的存储介质。必要时对其进行防病毒处理和防恶意代码检查。然后中断与内网的直接连接，如同 4-4 所示。

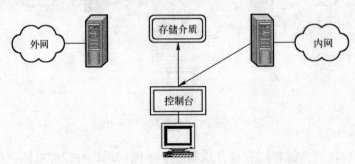

图 4-4　内部主机与固态存储介质数据交换示意图

一旦数据完全写入隔离设备的存储介质，隔离设备立即中断与内网的连接。转而发起对外网的非 TCP/IP 协议的数据连接。隔离设备将存储介质内的数据推向外网。外网收到数据后，立即进行 TCP/IP 的封装和应用协议的封装，并交给系统，如图 4-5 所示。

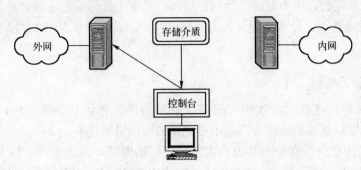

图 4-5　固态存储介质与外部主机的数据交换示意图

控制台收到信息处理完毕后，立即中断隔离设备与外网的连接，恢复到完全隔离状态，如图 4-1 所示。

每一次的数据交换，隔离设备均经历了数据的接受、存储和转发三个过程。由于这些规则都是在内存和内核力完成的，因此速度上有保证，可以达到100%的总线处理能力。

网络隔离的一个特征，就是内网与外网永不连接，内网和外网在同一时间最多只有一个同隔离设备建立非 TCP/IP 协议的数据连接。其数据传输机制是存储和转发。网络隔离的优点是即使外网在最坏的情况下，内网也不会有任何破坏。

4.3　网闸设备及技术实现

4.3.1　网闸的概念

4.2 节介绍了基于两个单边主机之间的网络隔离的数据交换技术，实现这种技术的设备称做网闸。网闸可以在两个不同安全域之间，通过协议转换的手段，以信息摆渡的方式实现数据交换，且只有被系统明确要求传输的信息才可以通过。网闸是一种由专用硬件在电路上切断网络之间的链路层连接，能够在物理隔离的网络之间进行适度的安全数据交换的网络安全设备，由软件和硬件两部分组成。

4.3.2　网闸的技术特征

网闸是一种网络隔离技术，从 OSI 模型的七层上全面进行网络隔离，同时采用一种三模块架构在网络隔离的基础上安全地实现数据交换。网闸从物理层上进行了网络隔离，消除了数据链路的通信协议，剥离了 TCP/IP 协议，剥离了应用协议，在安全交换后进行协议的恢复和重建。

1．网闸的架构

网闸采用三模块架构。其中，两个主机，一个基于独立的控制电路控制的固态存储介质，通常称为"2+1"架构。

2．物理层断开技术

网闸是用于保证外部主机和内部主机在任何时候都是完全断开的。但外部主机与固态存储介质有时是相连的，但不能同时连接。因此，外部主机与固态存储介质之间存在一个开关电路。网络隔离必须保证这两个开关不会同时闭合，从而保证从 OSI 模型上的物理层的断开机制。

3．链路层断开机制

链路层的断开，就必须消除所有的通信链路协议。任何基于通信协议的数据交换技术，都无法消除数据链路的连接，因此不是完整的网络隔离技术。

安全专家们注意到，有些产品没有实现链路层的断开，而是把两个或两个以上可路由的网络（如 TCP/IP）通过不可路由的协议（如 IPX/SPX、NetBEUI 等）进行数据交换。其原理是采用了不同的协议，所以通常也叫协议转换（Protocol Translation）或协议隔离（Protocol Isolation）。实际上，针对 IPX/SPX 和 NetBEUI 协议的攻击很多，尤其是针对 NetBEUI 协议的攻击。因此协议转换或协议隔离不能说不是一种安全技术，但归纳在网络隔离技术中是不恰当的。

4．TCP/IP 协议剥离和重建技术

为了消除 TCP/IP 协议（OSI 的第三层和第四层）的漏洞，必须剥离 TCP/IP 协议。在经过网闸之后，必须再代理重建 TCP/IP 协议。

5．应用协议的剥离和重建技术

为了消除应用协议（OSI 的第五层至第七层）的漏洞，必须剥离应用协议。剥离应用协议后的原始数据，在经过网闸之后，必须代理重建应用协议。我们有时称应用协议的剥离和重建技术为单边代理技术，所谓的单边代理技术是相对多边而言的。双边代理技术，是指一台计算机有两个网卡，并且执行代理功能。数据包从一个网卡进，另一个网卡出。单边代理技术，只有一个网卡，这种情况下，应用协议必须还原成原始数据，给用户查看，而不能是包，因此是一种完整的应用协议剥离和重建技术。

4.3.3　物理层和数据链路层的断开技术

目前国际上有关网络隔离的断开技术有两类：一类是动态断开技术，如基于 SCSI 的开关技术和基于内存总线的开关技术；另一类是固定断开技术，如单向传输技术。

在前面的讨论中已经确认，网闸必须从 OSI 模型的物理层上断开，也必须从 OSI 模型的数据链路上断开。下面介绍如何实现这两个断开。动态断开技术主要是通过开关技术来实现的。一般由两个开关和一个固态存储介质组成。既然是开关，那么什么时候开或什么时候关，则由独立的控制逻辑来控制。

问题在于这个开关的控制逻辑由谁来控制？如果是网闸的外部主机，那么当黑客在某种情况下入侵了网闸的外部主机，也就存在了控制开关的可能性。这种情况当然是不能接受的。为了防止内部的泄密，开关的控制逻辑也不应该由内部主机来控制。也就是说，开关的控制逻辑只能是固定的独立的逻辑控制电路。在这种情况下，通过两个开关不能同时闭合来

保证 OSI 模型物理层的断开，如图 4-6 所示，内网与外网总是断开的。因为在任何时候，K1 和 K2 不可能同时接通，可能的三种情况是：K1 接通，K2 断开；K1 断开，K2 接通；K1 断开，K2 也断开。

逻辑条件：K3=K1×K2

图 4-6　网络隔离的断开原理

网闸的 OSI 模型的物理层的断开是通过开关组合逻辑来实现的。开关本身并不保证 OSI 模型的物理层断开，而是两个开关在组合逻辑的情况下实现两个主机之间的物理层的断开。

网闸 OSI 模型数据链路层的断开，是网闸最模糊却是最重要的环节。从目前的情况来看，市场上出现的网闸有很多未能实现对 OSI 的第二层（即数据链路层）的断开。基于前面的分析，要断开 OSI 模型数据链路层，必须消除所有的通信协议。那些所谓的私有协议、协议转换和专用协议等措施，都没有断开数据链路，只是将通信协议转换成了私有通信协议，或称为安全通道协议，但不是数据链路的断开。

消除了通信协议之后，要交换数据，只有读、写两个命令。只有读、写两个命令的数据交换，是将数据写入固态存储介质和从固态存储介质中读取数据。

固定断开技术采用的是单向传输，单向传输不需要开关。比如，电视台发射的电视信号，是单向传输给电视机。电视机可以接收电视信号，但无法对电视信号进行攻击。单向传输的接收者无法控制或攻击发起者。利用这个原理，应用在网络上，可以消除单向传输的接收者对发起者的网络攻击。

单向传输也存在必须从物理层和数据链路层进行断开的问题。如果硬件上是双向的，仅从数据链路传输的方向来控制，还是可以被攻击的，因为数据链路是可以被攻击的，数据链路被攻击后，就可能改变控制逻辑，因此不是严格意义上的网络隔离。硬件上的单向，以以太介质为例，发送方的接收路由器必须被剪断，接收方的发送线路也必须被剪断。单向传输，从本质上改变了通信的概念，不再是双方交互通信，而是变成了单向广播。广播者有主控权，接收者完全是被动的。

4.3.4　基于 SCSI 的网闸技术

基于 SCSI 的网闸技术是目前最主流的网闸技术。俄罗斯的 Ry Jones，美国的鲸鱼通信公司，以及我国的中网公司等均采用基于 SCSI 的网闸技术。SCSI 是一个外设读/写协议，而不是一个通信协议。通信协议是两个对等的主体之间，通过通信会话来维持链路，通过来回的信息确认来保证数据传输的正确性。外设协议，是一个主从的单向协议，外设仅仅是一个介质目标，不具备任何逻辑执行能力，主机写入数据，但并不知道是否正确，然后读出写入的数据，通过比较来确认写入的数据是否正确。因此，SCSI 本身已经断开了 OSI 模型中的数据链路，没有通信协议。消除了通信协议的数据交换，因为没有确认信号，因此是不可靠的。但 SCSI 本身有一套外设读/写机制，用这些读/写机制来保证读/写数据的正确性和可靠性。

SCSI 的可靠性保证，与通信协议的保证在机制上是不同的。通信协议的可靠性保证是通过对方的确认来完成的。SCSI 写入数据的可靠性保证，是靠验证来确认的。对通信协议的攻击，受害者是对方，而对 SCSI 的读/写机制进行破坏不会伤害到对方。

当然可以采用两个独立的开关电路来控制 SCSI，如 CPLD 控制电路。还有一种方法是利用 SCSI 本身控制逻辑，可以被用做开关电路。每一个 SCSI 本身就包含有独立的芯片。SCSI 禁止有两个用户同时写入一块硬盘，就是因为 SCSI 本身的控制逻辑禁止这一点。

4.3.5　基于总线的网闸技术

基于总线的网闸技术是目前较为成熟的技术之一。这种技术源于并行计算，多个并行计算机要共享和交换各自内存的数据。这种技术采用一种叫双端口的静态存储器（Dual Port SRAM），配合基于独立的 CPLD 的控制电路，以实现在两个端口上的开关，双端口各自通过开关连接到独立的计算机主机上，如图 4-7 所示。CPLD 作为独立的控制电路，确保双端口静态存储器的每一个端口上存在一个开关，两个开关不能同时闭合。

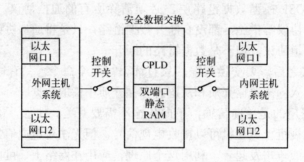

图 4-7　基于总线的网闸技术原理

基于总线的网闸技术，实现了 OSI 模型的物理层的断开，也消除了数据链路连接。但由于内存存储介质本身在计算机中的用途非常广泛，几乎所有的信息如文件、应用数据和包数据等都可以写在内存里。如果网闸设计人员在安全上稍微考虑不当，就会发现这种技术非常容易实现包的存储和转发，尽管它确实断开了 OSI 的物理层和数据链路层。

这种技术的最大缺陷不在于其本身，而在其应用上。采用了这种技术的厂商，应该严格的检查是否实现了 TCP/IP 协议的剥离，是否实现了应用协议的剥离，确保是应用输出或输入的数据，而非 OSI 模型的数据，被存储和转发。如果设计不当，有可能 TCP/IP 协议没有剥离，IP 包直接被写入内存存储介质，并且被转发。在这种情况下，尽管 OSI 模型的物理层是断开的，链路层也是断开的，由于 TCP/IP 协议的第三层和第四层没有断开，而实现了一个包的存储和转发。

但 SCSI 不会出现这种情况。因为 SCSI 存储是以文件名为标示来存储文件，而静态存储器是以内存地址为标示来存储数据块。为了克服这种情况，网闸要求交换的数据必须是文件数据，而不是包数据，也就是所谓的 TCP/IP 协议的剥离和应用协议的剥离。

4.3.6　基于单向传输的网闸技术

单向传输技术实现了数据的单向传输，是不是就无法实现数据交互？答案是否定的。我们看一下拷盘的机制，用户可以把数据从计算机复制到磁盘，当然也可以把数据从磁盘复制到计算机里。类似的原理，计算机 A 可以单向传输数据给计算机 B，计算机 B 当然也可以采用另外一条单向传输线路传输数据给计算机 A。这种结构与传统的通信线路有本质的不同。传统的通信线路是相互关联的，双单向传输是完全无关的。传统的通信通过协议来保障传输是可靠的，单向传输本身是不可靠的，必须从数据的完整性检查来确定是否可靠，从而保障应用的完整性。双单向传输构成的网闸，在应用层下面单独增加一层调度机制，被称为应用适配器（Application Adapter）。调度层位于应用层与单向传输与接收层之间的一个独立的层。调度层把从应用输出的数据分配给单向传输层，调度层把单向接收层的数据反馈给应用层。

双向通信与两个单向传输在安全性上的差异是什么？双向通信就像是两个人见面讲话，谈不好就可能动手打架；两个单向传输，就像两个人隔着河喊话，可以对话，但无法打架攻击。前者可能发生攻击，后者无法发生攻击。双向通信无法解决外部主机在入侵后对内部主机的攻击。两个单向传输构成的网闸，在外部主机被入侵后，也无法入侵内部主机。

单向传输最大的难点是如何保障可靠性。由于是单向传输，发送方并不知道接收方是否可靠地接收到了数据。必须通过其他的机制来提供可靠的保障，这种类似的机制有很多，如 RAID 技术，RAID0 表示存二次，RAID1 表示增加校验等。应用在单向传输上，传两次类似于 RAID0，增加校验类似于 RAID1。单向传输的可靠性，从理论上可以到达 99.9%，或 99.99%，甚至是 99.999%，但不会是 100%。

4.3.7　TCP/IP 连接和应用连接的断开

前面主要讲了 OSI 模型物理层和数据链路的断开，本节要讲的 TCP/IP 连接的断开，是 OSI 模型的第三层和第四层的断开，应用连接的断开是 OSI 模型的第五层和第七层的断开。

断开一个 TCP/IP 连接，有很多实现的方法。比如，网络地址转换（Network Address Translation，NAT）就是把一个 TCP/IP 连接改为两个 TCP/IP 连接。TCP 代理也是把一个 TCP/IP 连接改为两个 TCP/IP 连接。它们有一个共同的特点，两个连接的源 IP 地址发生了变化。两个连接的 TCP/IP 会话是完全独立的。但 NAT 和 TCP 代理并不就是网闸的 TCP/IP 连接的断开，因为它们都没有实现两个 TCP/IP 连接之间的隔离。两个 TCP/IP 连接，共享了同一个主机。当外部的连接被入侵者控制，内部连接就会随即暴露给入侵者。入侵者可以利用内部的连接，再向内网发起攻击。

有了前面的基础，我们知道网闸的 TCP/IP 连接的断开，是把一个 TCP/IP 连接断开为两个 TCP/IP 连接，并且断开后的两个 TCP/IP 连接不得共享同一个主机。也就是说，内网某主机与网闸的内部主机之间是一个 TCP/IP 连接，网闸的外部主机与外网某主机之间是一个 TCP/IP 连接。两个 TCP/IP 连接之间是隔离的，不会因为网闸的外部主机被入侵后，威胁网闸的内部主机和内网。

应用连接的断开是同样的道理。应用代理也把一个应用连接改为两个应用连接。两个应用连接的发起方是不同的。两个连接的应用会话是完全独立的，但应用代理并不是网闸的应用连接的断开，因为它们都没有实现两个应用连接之间的隔离。应用代理的两个应用连接，共享了同一个主机。

网闸的应用连接的断开，是把一个应用连接断开为两个应用连接，并且断开后的两个应用连接不得共享同一台主机。也就是说，内网某主机与网闸的内部主机之间是一个应用连接，网闸的外部主机与外网某主机之间是一个应用连接。两个应用连接之间是隔离的，不会因为网闸的外部主机被入侵后，威胁网闸的内部主机和内网。

TCP/IP 连接和应用连接的断开，直接导致网闸本身没有网络功能，也没有应用。网闸的安全机制，是网络隔离，默认不支持任何应用。如果要支持一种应用，必须单独增加对该应用的安全交换模块，因此是一种"白名单"工作机制，只有在白名单上应用才支持，其他的都不支持。网闸不是支持的应用越多越好，也不是速度越快越好，而是越安全越好。网闸的工作机理比代理的工作机理还要复杂，牺牲了部分速度来取得更高的安全性。网闸的工作速度一直在提高，但在相同的条件下不可能同直接连接的速度一样快。很多用户对网闸存在一个误区，要求网闸支持这个应用，支持那个应用。主要是对网闸的应用安全机制不明确的原因。

并不是任何的应用都可以安全地进行交换。有不少应用本身是不安全的，应用的原始数据也是不安全的。在这种情况下，网闸可能会限制应用本身或应用的原始数据、文件类型。比如，用户要求交换加密过的 Word 文件，这是不安全的。因为 Word 文件本身可能带有病毒，而且目前查杀病毒的软件不能保证可以完全清除所有 Word 的病毒，加密之后，有可能无法解密或解密所需要的时间超出用户可以忍受的程度。这是内容安全的范畴，而内容安全具有不确定性，只能用概率来表述其安全程度，就像天气预报一样，用概率来表述其准确程度。在这种情况下，网闸可能会通过限制文件类型来保证安全，即禁止 Word 文件类型进行交换，只准许采用 Text 文件类型进行交换，后者不存在上述的安全问题。

4.4　基于网闸的安全解决方案

4.4.1　国内外网闸产品介绍

目前国外的网闸产品主要是美国的鲸鱼通信公司（WHALE）的网闸和美国矛头公司（SPEARHEAD）的网闸。国内的网闸产品，主要有中网公司的网闸（X-GAP）、天融信公司网闸（TopRules）、国保金泰公司网闸（IGAP）和联想公司的网闸（SIS）等。

1. 鲸鱼公司的网闸（e-Gap）

e-Gap 是典型的 SCSI 技术实现的网闸。e-Gap 采用实时交换技术，固态介质存储设备是 RAMdisk。e-Gap 剥离了 TCP/IP 协议。鲸鱼公司形象地称自己的网闸为"应用巴士"。目前支持的应用有"文件巴士"，"Web 巴士"，"电子邮件巴士"和"数据库巴士"等。该产品的最大缺点是基于 Windows 平台。尽管可以对 Windows 平台进行加固，但 Windows 平台的安全性似乎先天不足。

2. 矛头公司的网闸（NETGAP）

矛头公司的网闸（NETGAP），采用的是基于总线的网闸技术。通过采用双端口的静态存储器和低电压差分信号（LVDS）总线技术来实现内存数据的交换。矛头公司把该技术取名为基于硬件的反射技术。NETGAP 第一代的产品采用了一路存储转发，第二代采用了两路非同时存储转发，效率提高了一倍。

主要的技术指标为系统吞吐量大于 90MB/s，反射 GAP 内部数据交换速度为 1GB/s，并发的会话数量从 150～1500。双端口静态存储器的最大缺点是转发包，NETGAP 注意到了这一点，从不可信网络的数据经过网闸做了如下流程处理，以便严格地控制该缺点。

1）会话终止

当不可信计算机接收到来自外部网络的某个数据时，就自动地终止与外部网络的连接，这样确保在不可信网络和可信网络之间没有一条激活的连接。

2）协议检查

在不可信计算机上对所有收到的数据包进行基于 RFC 的协议分析，也可以对某些协议进行动态分析，目前可分析的协议有 HTTP、FTP、SMTP、POP3 和 DNS 等。

3）数据提取

在协议检查的同时，将数据包及进行协议分析的数据提取出来，然后将数据和其协议一起通过特定的压缩格式进行数据封装，转化为在 NETGAP 另一端能接收的格式。

4）数字签名

对专门压缩格式的数据块进行数字签名，其目的是为了防止外部主机在最坏的情况下被入侵后，通过 NETGAP 发送数据。

5）编码

一旦完成数据块专用压缩格式的数字签名，它们被不可信计算机安全电路板硬件从不可信计算机内存中取出，验证数字签名，接着数据块经过 NETGAP 传输到可信计算机安全电路板。对已经是静态的数据块进行编码，编码相对复杂而且基于随机关键字，一旦编码，就可阻止黑客发送数据。

6）安全策略

由系统管理员定义的安全策略运行在可信计算机上。它分析由不可信计算机软件以专用压缩格式封装的元数据，主要包含通信源、目的地址和协议等信息。

7）解密

一旦数据经过了内容检测且确认是安全的，它就被可信计算机解码，准备发送到可信网络。因为它已经被检测过，所以这样做是安全的。

8）协议恢复

运行在可信计算机的软件发送经检测过的数据到可信网络，和可信网络上的目的计算机建立一个新的连接，接着生成符合 RFC 协议的协议头的新通信包，可信计算机接着发送新的数据到目的计算机。

3. 天融信公司网闸（TopRules）

TopRules 是天融信公司 2008 年推出的网络隔离与信息交换产品，该产品完善了安全隔离与信息交换的理念，提出了三机系统安全隔离模型，采用自主研发的安全操作系统 TOS、专用的硬件设计、内核级监测、完善的身份认证、严格的访问控制和安全审计等各种安全模块，通过对信息进行还原、扫描、过滤、认证，同时与检测、审计等安全处理整合在一起，有效地防止非法攻击、恶意代码和病毒渗入，同时防止内部机密信息的泄露，实现网间信息的安全隔离和可控交换。

1）三机系统设计模型

系统硬件平台由内网主机系统、仲裁主机系统、外网主机系统、专用的安全隔离卡四部分组成；内网主机、仲裁主机和外网主机系统分别具有独立的运算单元和存储单元，并以天融信自主知识产权的 TOS 安全操作系统作为支撑平台；仲裁主机独立于内/外网主机，不受内、外网主机系统控制，独立完成协议的剥离和重建，达到对应用数据的封包、拆包、完全内容过滤、检测和摆渡，从而实现网间隔离和数据交换。

2）专用协议摆渡

TopRules 的内网主机和外网主机是内部网络和外部网络通用协议 TCP/IP 协议的终点，各自的网络协议在仲裁主机实现剥离和重建，内部网络和外部网络不可向对方延伸。所有过往的信息流都从 TCP/IP 协议包中剥离，被还原为应用层数据。应用层数据通过专用硬件和专用通信协议发送给仲裁系统进行安全控制和审查。

3）有效安全通道

TopRules 连接的网络之间，所有的数据交换活动都在预先建立的有效安全通道上进行，这些安全通道借助基于用户的访问控制、安全的专用协议及相关的安全策略，检测、过滤并阻断各种已知、未知攻击，特别是很多基于应用的攻击手段，如 Web 脚本攻击、病毒和蠕虫等恶意代码，有效保护内部网络系统的安全性；与此同时，借助严格的内容检测控制，防止内部敏感信息泄露。

4）独特的客体重用机制

TopRules 在为所有内网主机或外网主机连接进行资源分配时，专用的隔离系统保证了不提供以前连接的任何信息内容，充分保障了数据交换的安全性和可靠性。

4.4.2　网闸解决方案的结构

网闸是新一代的高安全性的隔离技术产品。网闸采用"2+1"的结构，即两套单边计算机主机和一套固态介质存储系统的隔离开关。

单边计算机主机，是相对于传统的防火墙和网络设备而言的。传统的防火墙和网络设备，网络的数据从一边流入，经过 OSI 模型的某层或多层处理后，从另一边流出。单边计算机主机，撤销了另一个网卡，即来自网络上的包数据只能到达应用层，还原为文件数据，然后脱离 OSI 的网络模型，网络上的任何行为，无论正常的还是不正常的，都到此为止。

外部的单边计算机主机，只有外网卡，没有内网卡。该主机是网闸在外网上的"代理"，或称"Agent"。这个"Agent"不是内网的一部分，而是外网的一部分。内网需要的信息，不是以内网名义，而是以"Agent"名义从外网上得到。它的 IP 地址是外网的，但不公开，从外网上其他服务器请求的信息可以送回来给它。尽管 Agent 不是内网的一部分，却是由内网来控制的。内网控制并利用它，但却完全不相信它，从来就没有同它连接过。Agent 几乎不知道内网的任何信息，但乐此不疲地根据内网的指示为它们服务，代理内网去外网获取信息，然后放在指定的地方。

内部的单边计算机主机，只有内网卡，没有外网卡。该主机是网闸在内网的连接点，属于内网的一部分。所有内网的主机需要得到外网上的信息，都必须通过这台主机来代办。这台主机并不是简单地代理所有的请求，而是执行严格的安全政策，内容审查，防泄露，批注或是不批注访问请求。它从固定的地方取回请求的文件信息，检查请求回来的数据是否安全，建立内部的 TCP/IP 网络连接，将文件数据发回给请求者。

基于固态存储介质的网络开关是网络隔离的核心。外部单边计算机主机与内部单边计算机主机是永远断开的。隔离开关逻辑上是由两个开关组成：一个开关处在外部单边计算机主机和固态存储介质之间，称为 K1；另一个开关处在内部单边计算机主机和固态存储介质之间，称为 K2。K1 和 K2 在任何时候至少有一个是断开的，即 K1×K2=0，这是物理上固定的，不受任何控制系统的控制。因此，只有三种情况，K1=1，K2=0；K1=0，K2=1；K1=0，K2=0，如图 4-7 所示。

　　怎样在两个网络完全断开的情况下，实现信息的交换，是网闸的关键。外部单边计算机主机，在 K1=1 和 K2=0 状态下，将文件信息交给固态存储介质，类似于交给银行的保险箱。内部单边计算机主机，在 K1=0 和 K2=0 状态下，将文件信息从固态存储介质中取回，相当于从银行保险箱中取走文件。这种状况下，K1×K2=0，即两个主机是完全断开的。在 K1=0 和 K2=0 状态下，没有任何信息交换，也是断开的。

4.4.3　网闸解决方案的特点

1．网闸消除了来自外网对内网的攻击

　　由于外网与内网是永远断开的，加上采用单边计算机主机模式，中断了 TCP/IP 协议，中断了应用连接，屏蔽了内部的网络拓扑结构，屏蔽了内部主机的操作系统漏洞，使基于网络的攻击无机可乘。通过使用网闸使外网：

- 无法 ping 涉密网的任何主机；
- 无法穿透网闸来追踪路由；
- 无法扫描内部网络；
- 无法发现内网的任何信息；
- 无法发现内网的内部结构漏洞；
- 无法发现内网的应用漏洞；
- 无法同内网的应用主机建立通信连接；
- 无法向内网发送 IP 包；
- 无法同内网的任何主机建立 TCP/UDP/ICMP 连接；
- 无法同内网建立网络连接；
- 无法同内网的任何主机建立应用连接。

2．网闸消除了对自身攻击的威胁和风险

　　用于对外访问的网闸的外部主机，本身不对外提供任何服务，也不向外开放任何端口，只主动向外请求服务。因此，外网上的计算机不能对网闸外部主机的任何端口进行连接，从而无法进行攻击。任何主动向网闸发起的连接都被拒绝。

　　网闸主机采用了抗攻击内核技术，完全屏蔽了外部主机的存在，因此无法攻击。

　　网闸的双主机结构消除了网闸的操作系统漏洞的威胁。一般来说，没有任何操作系统保证百分之百没有漏洞。从这个意义上讲，单机无法彻底消除操作系统的漏洞威胁，尽管可以把威胁降到最低。双主机之间的开关，是一个完全的硬件介质，没有操作系统，没有软件，没有状态，没有任何控制单元，因此，完全无法攻击。这就保证了即使退一万步，外部主机操作系统的漏洞曝光，也无法对内网的内部主机进行刺探，因为开关是完全无法进行攻击的。

　　在最坏的情况下，外部主机的操作系统漏洞被曝光，黑客所能做的最坏的事情是，向开关发送无效的数据，这个不用担心，因为内网的内部主机的鉴别和过滤程序会拒绝这些数

据；破坏操作系统并关闭外部主机，这个也不用担心，因为网闸在这种情况下，还是物理断开的。因为网络隔离的安全政策是：如果不能保证安全就断开。

3．网闸采用了查杀病毒机制和文件类型控制机制来防病毒

流入内网的信息可能包含病毒，从而带来威胁。网闸对病毒采取了以下机制：

（1）查杀病毒机制：所有流入内网的信息，必须经过查杀病毒软件。

（2）文件类型控制：因为查杀病毒机制并不能保证完全免受病毒的威胁，只是在某种程度上降低了这种风险。在特定的情况下，需要绝对地保证内网系统免受来自外网的病毒的威胁。基于这种情况，网闸支持流入信息的类型控制，即只支持文本文件的传输，而文本文件是没有病毒的。

4．网闸采用了内容过滤和检查机制来防泄密

在过滤机制上有两种类型：一是所有的都被拒绝，除非被明确地准许通过；二是所有的都被通过，除非被明确地要求拒绝。很明显，前者是非常严格的，后者较为宽松。由于内容过滤有其特殊性，即必须基于语义的内容过滤，即动态过滤规则。网闸组合使用了以下一些过滤方法。

- 对 URL 进行格式过滤和控制；
- 对 URL 进行内容过滤；
- 对 URL 执行白名单或黑名单过滤；
- 对 GET 进行内容过滤；
- 对 GET 的文件类型进行限制；
- 对 POST 进行禁止；
- 对 POST 进行类型、格式控制；
- 对交换的数据进行防病毒检查；
- 对交换的数据中包含的命令、协议进行检查；
- 对重定向进行限制；
- 对通过应用代理来执行严格的应用规范检查；
- 对重定向进行限制；
- 通过应用代理来执行严格的应用规范检查。

5．网闸建立了完善的安全系统

完整在内网中执行的是一种单向信息流入的服务策略，即内网可以访问外网，但外网不能访问内网。在此基础上，网闸采取多重措施，严防泄密。这些措施包括：

1）身份认证

所有涉密网的用户需要访问外网，必须先进行身份认证，根据与其身份相对应的授权来决定是否可以访问，访问哪些内容，并对其进行审计。身份认证可以采用硬件和一次性密码相结合的认证方式。这部分工作是在涉密网内部完成的。

2）格式控制机制

涉密网的用户，请求 URL 格式只能被动选择，禁止主动询问。如果一个用户访问某网站，只能输入标准的 http://www.any.com 的源格式的请求，禁止增加后缀，然后只能查看自

己已经返回的页面。消除了利用 URL 进行泄密的可能性。

3）关键词过滤

即使单击已经返回的连接，也要进行关键字过滤。

4）访问控制技术

对内部用户访问目标进行访问控制。

除上述技术外，还推荐用户采用其他已经成熟的防泄密安全技术如入侵检测、实时监控系统、审查技术等来配合网闸使用，达到最大限度地防泄密功能。

学习项目

4.5　项目 1：网络隔离产品部署

4.5.1　任务 1：需求分析

某涉密政府部门存在两个网络：一个为业务办公网，另一个为涉密网。业务办公网与互联网物理隔离，工作中该网络需要与涉密网进行数据交换。在没有部署网闸设备之前，是通过专用移动存储设备到涉密网中导出数据，再复制到业务网中。这种方式使用麻烦，不能保证数据的实时更新且效率低下。为了提高工作效率，用户提出要求：需要一种设备，既能够通过网络方便、快捷的访问涉密网中的数据库，又能最大限度地保障涉密网中数据库的安全。

4.5.2　任务 2：方案设计

根据用户提出的需求：既要实时地访问涉密网络中的数据，又能够最大限度地保障涉密数据库的安全，并且要符合国家关于涉密网络使用、管理的相关规定。目前符合这一要求的设备只有网闸，针对客户的需求我们设计出如下的解决方案：

（1）将业务办公网和涉密网通过网闸相连；

（2）调查业务应用访问数据库的时间段、IP 地址、应用服务端口；

（3）根据要求和调查结果制定出规则策略。

4.6　项目 2：网络隔离设备配置

4.6.1　任务 1：网闸的初始配置

天融信网闸 TopRules 系列网闸产品以仲裁机的端口作为管理和配置端口，管理和配置采用 C/S 模式，先要在管理机上安装管理端软件，通过管理端软件对网闸进行管理和配置，具体过程如下。

1. 管理端软件安装

运行环境：Window 98/2000/XP/2003/Vista

✏️ **说明**

非正版操作系统可能会导致无法正常连接使用（主要是用克隆盘安装的操作系统容易出现问此类题）。

安装和初始化：运行随机光盘上 TopRules 目录下的安装文件 setup.exe，设置管理端的安装路径，完成安装。双击 setup.exe 安装程序，首先出现的对话框是选择 TopRules 的安装路径，如图 4-8 所示，选择系统默认路径。可以自定义 TopRules 软件安装的文件夹，设置好后单击"下一步"按钮完成程序的安装。

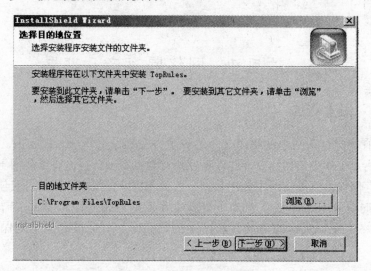

图 4-8　管理端安装过程

2. 登录

（1）运行管理端：选择"开始"→"程序"→"TopSec"→"TopRules"管理端。显示登录界面，如图 4-9 所示。

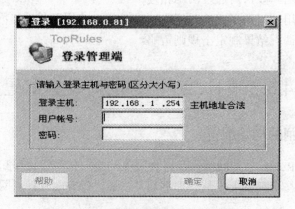

图 4-9　网闸管理程序登录界面

（2）在登录界面中输入登录主机（地址）、用户账号、密码，单击"确定"按钮，登录管理端。主机的出厂 IP 为 192.168.1.254；用户账号为 superman；密码为 talent123。

✎⊕ 说明

仲裁机出厂 IP 为 192.168.1.254；出厂管理员用户名称为 superman，密码为 talent123。

3. 内外端机接口配置

登录到设备以后将会看到如图 4-10 所示的界面。

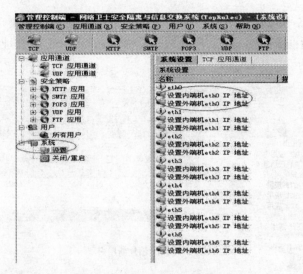

图 4-10　网闸管理控制端界面

以配置外端机的接口地址为例如图 4-10 的界面中圈住部分所示，选择"系统"→"设置"→"设置外端机 eth0 IP 地址"命令。

图 4-11 是外端机接口地址配置图例（内端机相同），192.168.5.181 这个地址应该和相连网络是同一个网段，如果有其他网段需要访问这个地址，设置默认网关，该地址的每一个端口都可以映射为接内端机网络中的一个应用服务端口，如果出现有两个应用服务使用了相同的端口（如 HTTP 服务的 80 端口）还可以单击"高级"按钮添加多个虚拟地址，如图 4-12 所示。

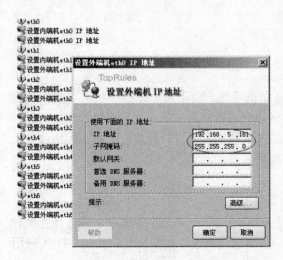

图 4-11　外端机接口地址配置图例

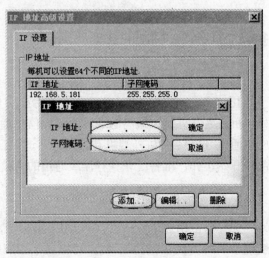

图 4-12　IP 地址高级设置

✏️➕ **说明**

如果出现内端机或外端机配置接口地址的错误，需要先停止所有的应用通道或拔掉内、外端机接口的网线，然后再进行配置。

4.6.2　任务 2：网闸用户设置

天融信网闸设备可以通过用户设置多个管理用户，选择管理菜单中"用户"→"添加"命令，按照对话框中的提示输入用户账号、密码、绑定 MAC 地址再单击"确定"按钮即可，如图 4-13 所示。

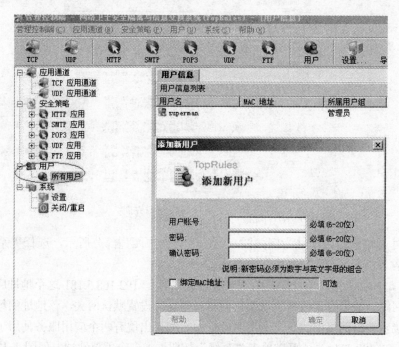

图 4-13　网闸管理控制端用户设置界面

4.6.3　任务 3：网闸的业务规则设置

1. 应用通道管理

TopRules 借助于应用通道来实现协议信息交换功能。应用通道是指一条从内端机通向外端机或者从外端机通向内端机的受控信息通路。应用通道的开启和关闭均由管理员控制。应用通道开启后，内/外端机开始监听通道入口 IP 上指定的端口，仲裁机上相应的协议分析部件开始运作，准备处理各种流经通道的协议数据信息。

2. 浏览应用通道

选择"应用通道"→"TCP 应用通道/UDP 应用通道"→"浏览"命令，或选择左侧导航菜单中的"TCP 应用通道"，可以显示相应的应用通道列表，如图 4-14 所示，TCP 应用通道列表。

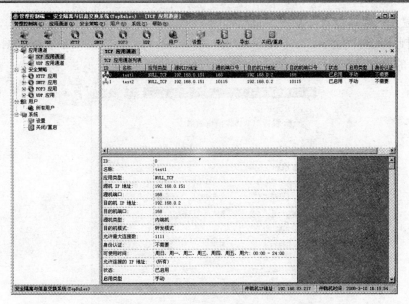

图 4-14 网闸管理控制端 TCP 应用通道列表

3．添加新的应用通道

选择"应用通道"→"TCP 应用通道"→"添加"命令，或在 TCP 应用通道列表中单击鼠标右键选择"添加"，显示添加界面，如图 4-15 所示。

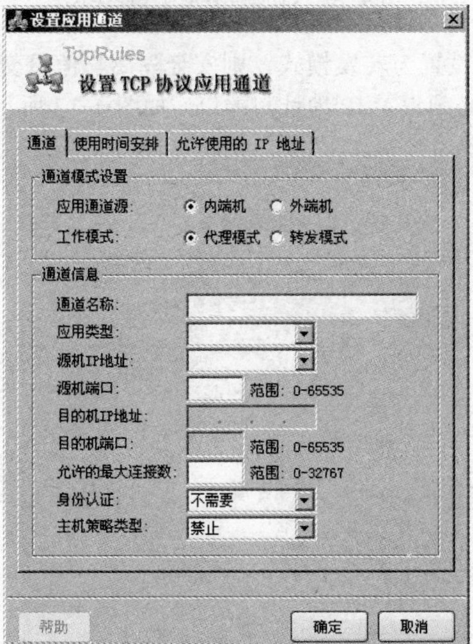

图 4-15 添加网闸管理控制端 TCP 通道界面

设置应用通道信息、使用时间安排、允许使用的 IP 地址、允许使用的用户等信息，确认无误后，单击"确定"按钮，完成应用通道添加。具体添加步骤如下。

1）设置应用通道模式与应用通道信息

将应用通道的目的机设置为代理模式，则安全隔离与信息交换系统将数据以转发的形式发送到目的机，目的机无须设置 IP 地址与端口，如图 4-16 所示。

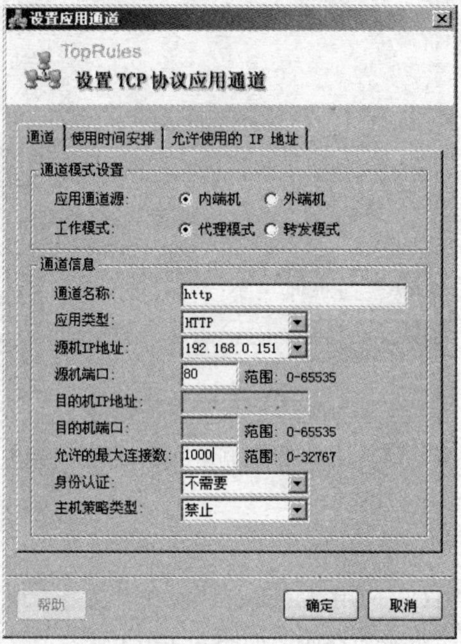

图 4-16 目的机设置为代理模式

将应用通道的目的机设置为转发模式，则安全隔离与信息交换系统将数据发送到指定的目的机，所以，目的机必须设置 IP 地址与端口，如图 4-17 所示。

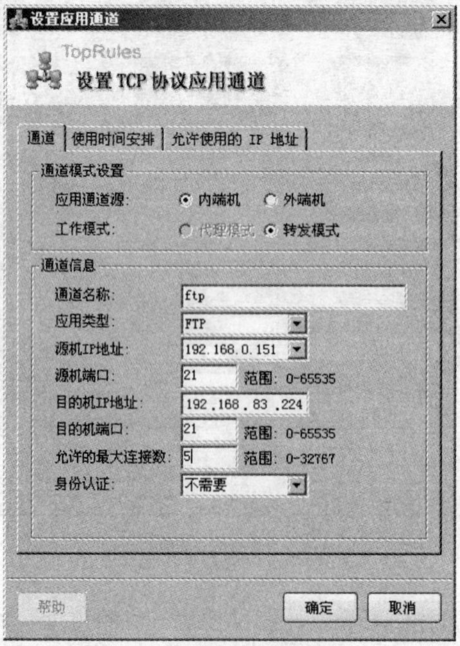

图 4-17 目的机设置为转发模式

如果通道信息中的"身份认证"选择"普通认证"或"MAC 地址绑定"，则通道设置页签中会多出"允许使用的用户"选项，如图 4-18 所示。

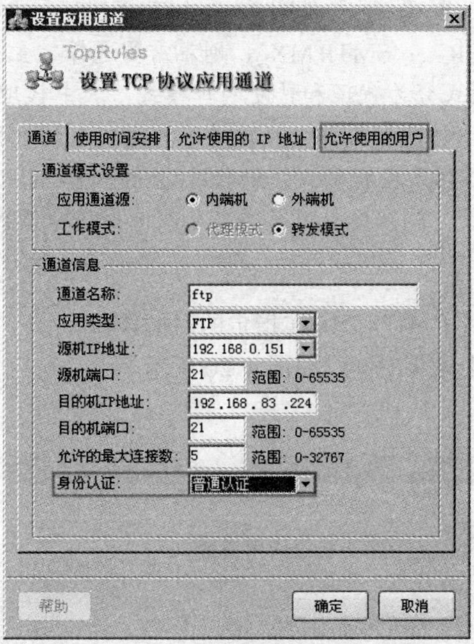

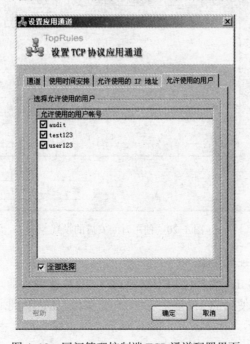

图 4-18　允许使用的用户

身份认证的选项分为不需要、普通认证和 MAC 地址绑定，用户可根据个人的需求选择相应的身份认证方式。用户只需选择需要认证的账号，单击"确定"按钮即可。单击"允许使用的用户"选项系统会出现如图 4-19 所示的界面，根据实际需要选择允许使用的用户。

图 4-19　网闸管理控制端 TCP 通道配置界面

✏️➕ 说明

1. 用户在选择应用类型中，如果选择"HTTP"、"SMTP"、"POP3"选项，则需要用户选择"主机策略类型"；如果选择"FTP"、"TELNET"、"USER"、"NULL_TCP"、"ORACLE"、"SQL SERVER"、"SMTP MX"，则不需要选择"主机策略类型"。

2. 应用通道的通道模式分为代理和转发两种模式，其中代理模式用于解析客户端请求数据中的主机地址和连接；转发模式可以直接将客户端发送的数据转发到指定主机。HTTP型应用通道可以选择代理或转发两种模式；SMTP、POP3 和 NULL_TCP（用户自定义）型应用通道只能选择代理模式；FTP 型应用通道只可以选择代理模式。

2）使用时间安排的设置

设置应用通道可以使用的时间段。在指定的时间段内，该应用通道是可用的。应用通道的起始使用时间必须早于结束时间，如图 4-20 所示。

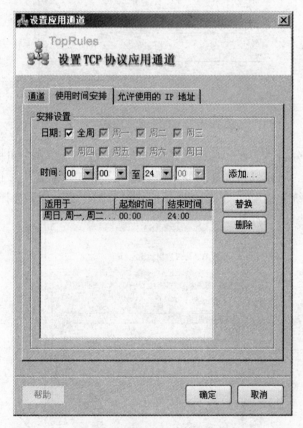

图 4-20　使用时间安排的设置

3）允许使用的 IP 地址的设置

如果选择"允许全部 IP 地址使用当前通道"，则对使用该通道的用户 IP 地址没有限制；如果选择"设置允许使用的 IP 地址"，则只有在指定的 IP 地址列表中的用户才可以使用该通道，如图 4-21 所示。

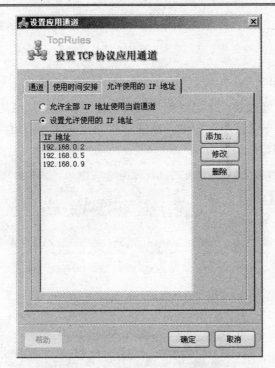

图 4-21　允许使用的 IP 地址的设置

4）添加 UDP 应用通道

选择"应用通道"→"UDP 应用通道"→"添加"命令，或在 UDP 应用通道列表中单击"添加"按钮，显示添加界面，如图 4-22 所示。

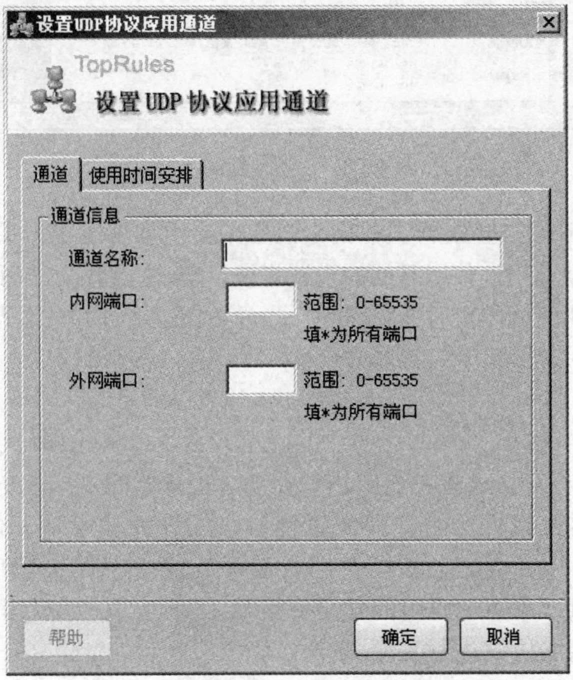

图 4-22　添加 UDP 应用通道

UDP 协议应用通道的配置方法大体与 TCP 协议应用通道的配置方法类似，就不一一举例了。

4. 应用通道的启用

在应用通道列表中选择某一个已经停用的应用通道，选择"应用通道"→"TCP 应用通道/UDP 应用通道"→"启用"命令，或在应用通道列表中右键菜单中选择"启用"命令，出现警告提示，如图 4-23 所示。

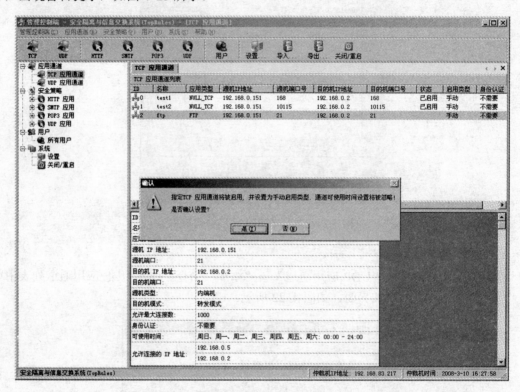

图 4-23　应用通道的启用

在网闸设备调试阶段，建议将当前指定的应用启用类型设置为手动启用，该通道在启用后将永远不会被自动停用，使用时间的设置将被忽略，直到管理员手动停用，或将启用类型设置为自动，在使用时间结束时自动停用。当设备调试通过并试运行完毕后将应用通道设置为自动方式。

5. 安全策略管理

TopRules 的仲裁机对协议应用通道进行控制，很重要的一点就是体现在所配置的安全策略上。管理员通过仲裁机上的管理配置接口来配置仲裁策略，仲裁系统依据相关策略，对流经的信息进行严格的过滤检查。安全策略管理包括 HTTP 应用的安全策略、SMTP 应用的安全策略、POP3 应用的安全策略和 UDP 应用的安全策略。在采用 HTTP、SMTP、POP3 等应用层协议进行安全策略配置时，必须首先建立 HTTP、SMTP、POP3 等的应用通道才能够进行相应的应用层协议的安全策略配置，下面以 HTTP 应用的安全策略配置为例，做详细介绍。

允许访问的主机策略,选择"安全策略"→"HTTP 应用"→"添加"命令,显示"添加访问主机地址策略"对话框,如图 4-24 所示。

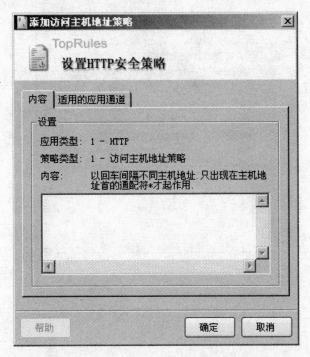

图 4-24 "添加访问主机地址策略"对话框

在输入框中输入主机地址,不同主机地址以回车间隔,同时,在"适用的应用通道"页面中列出了对应于当前策略应用类型的所有可以使用的应用通道,如图 4-25 所示。

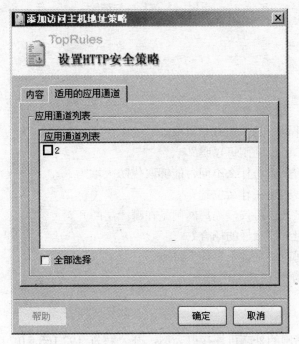

图 4-25 "添加访问主机地址策略"对话框

选中一个策略集合，在右键菜单中选择"修改..."，显示"添加访问主机地址策略"设置对话框，如图 4-26 所示。

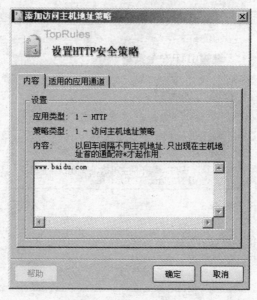

图 4-26 "添加访问主机地址策略"设置对话框

✏️ **说明**

用户如果选择了"HTTP"、"SMTP"、"POP3"或"UDP"安全策略选项，则用户需要在浏览器中设置代理服务器地址和端口（代理服务器地址为网闸中配置的通道地址）。

练 习 题

一、简答题

1. 什么是网闸？
2. 隔离网闸是什么设备？
3. 隔离网闸硬件设备是由几部分组成？
4. 单向传输用单主机网闸可以吗？
5. 隔离网闸与防火墙有什么不同，能够取代防火墙吗？
6. 隔离网闸通常布置在什么位置？
7. 如果对应网络七层协议，隔离网闸是在哪一层断开？
8. 隔离网闸适用于什么样的场合？
9. 使用隔离网闸在安全性上有什么特点？
10. 目前隔离网闸采用的架构有哪些？

二、综合题

1. 某用户使用网闸的外端机连接办公网，办公网为 192.168.5.0/24，外端机的 IP 地址为 192.168.5.181；内端机连接涉密内网，内端机的 IP 地址为 172.16.5.0/24。办公网通过网闸与涉密内网相连，网络拓扑结构如图 4-27 所示。

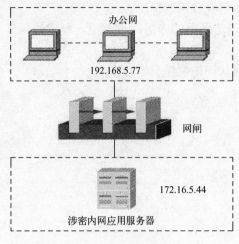

图 4-27　网络拓扑结构

【任务要求】

（1）根据以上实践案例一的拓扑图，办公网中允许一台终端（地址为 192.168.5.77）能够访问涉密网中的应用服务器（172.16.5.44）的 8501 端口的 TCP 应用服务。

（2）分析上述情况，网闸在配置应用类型的通道。

（3）完成该配置通道并采用手工启用和通过测试。

2．某企业内部网络（网段为 192.168.0.0）使用网闸对互联网进行访问，外部网络的网关地址为 192.168.0.1/255.255.255.0，外端机端口直接与网关设备相连接，外端机接口地址为 192.168.0.2，内端机与内部网络的核心交换机相连，拓扑结构如图 4-28 所示。

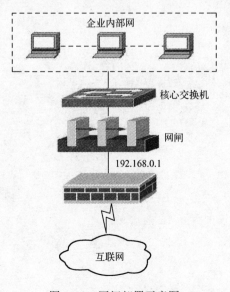

图 4-28　网闸部署示意图

【任务要求】

（1）根据以上实践的拓扑图，企业内部网中允许的终端，要求使用 HTTP 协议安全策略，并进行审计内部终端访问互联网的情况。

（2）分析任务情况，确定采用的应用通道类型，制定访问互联网站的安全策略（有害网站）并进行审计。

（3）完成相应配置，对访问情况进行审计。

第5章 安全审计及上网行为管理产品配置与应用

学习目标

➤ 了解安全审计及上网行为管理系统基本技术及发展历史。
➤ 了解安全审计及上网行为管理系统工作原理及关键技术。
➤ 掌握安全审计及上网行为管理系统应用模式与部署方式。
➤ 掌握安全审计及上网行为管理系统安全策略设计方法。
➤ 掌握天融信安全审计及上网行为管理产品基本配置方法。

引导案例

2007 年，当股市一路高歌冲破 4000 点大关后，上班与炒股的矛盾越来越严重了。四川省某事业单位，时常可以见到这样的情形：从某些单位领导到基层工作人员，很多人的面前都是两台电脑，一台是单位的办公 PC，另一台是从家里带来的笔记本电脑。笔记本电脑上实时运行着"大智慧"、"同花顺"这样的炒股软件，时刻关注并分析当前行情，如火如荼，自诩为"工作炒股两不误"。这种情况的事业单位、大型国企中很常见，员工的工作效率骤降，工作完成情况不好。单位领导了解情况后，责成行政科和信息中心采取手段解决这个问题。信息中心工作人员经过比选，选择了一套安全审计及上网行为管理系统，对炒股软件进行了"封杀"，加之行政科下发了上班时间从事与工作无关事情的处罚条例，终于在技术手段和管理手段双管齐下遏制了"上班炒股热"。

某重点高校在 2008 年投入巨资改造了校园网，极大地方便了同学们的学习和生活。然而，在升级改造后，同学们依旧感觉上网不流畅。经过校园网络中心的调研，发现校园网络仍然面临着 3 个方面的问题：P2P（Peer-to-Peer）应用（BT、电驴等）、垃圾邮件和病毒攻击。这些因素造成了带宽的滥用；校园网出口堵塞、网关设备和防火墙过载；视频与语音的远程教学效率低。网络中心了解情况后，申请采购一套安全审计及上网行为管理系统，对 P2P 应用的带宽进行限制，根据用户和用户组设置带宽策略，并对 BBS 外发信息进行安全审计，对异常流量进行监控。一系列的举措起到了很好的效果，保障了校园网的合理利用。

内部人员不规范的上网行为，导致工作效率大大降低；内部员工泄露单位核心机密事件不断出现，校园网滥用……以上种种事件表明：在面对外部攻击的同时，组织机构正面临着来自内部不规范的上网行为的种种威胁。而安全审计及上网行为管理系统正是在这样的大背景下孕育而出的。

相关知识

5.1　安全审计及上网行为管理系统概述

5.1.1　安全审计及上网行为管理系统的作用

国内某权威机构曾对若干单位员工上网流量进行过统计，结果如图 5-1 所示。可见，单位网络的滥用会降低员工的工作效率，带宽的数量永远满足不了带宽的需求，而部署安全审计及上网行为管理产品正是解决这一问题的有效途径。

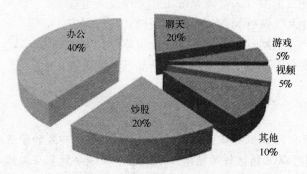

图 5-1　单位员工上网流量统计结果

安全审计及上网行为管理产品究竟"审计什么"、"管理什么"？业界渐渐有了比较一致的看法。一般而言，其至少具备以下 3 个方面的功能。

1. 应用和网站的封堵过滤

安全审计及上网行为管理产品需包含海量的应用协议特征库和 URL 库，该协议库集成了各种各样常见的网络应用，URL 库用于匹配所访问资源的合法性，以便对各种常用的网络应用软件和网址进行封堵和管控，如聊天工具、P2P 软件、网络游戏、炒股软件和不良网站等，这对提高员工的工作效率、塑造良好的工作氛围是非常必要的。

2. 流量控制

任何企业和个人，互联网带宽的申请都是有限的，小到几兆大到上 G，无论哪种情况，如果内部人员不受限制的占用带宽，那么就会发现再大的带宽也是不够用的，也会感觉网速很慢，因为这时可能整个带宽都被一个或几个人的下载、视频等占用。安全审计及上网行为管理产品可以帮助用户对内网的下载、在线视频、网络上传、页面访问等行为进行控制。例如，BT、电驴、迅雷、土豆视频等，避免内网用户下载和上传等应用占用大量带宽，影响正常业务的运行。

3. 信息审计

为避免内部人员将单位的机密信息泄露及敏感言论的出现，安全审计及上网行为管理产品可以对外发的信息进行审计。例如，邮件、BBS、FTP、QQ、MSN 应用等，并将互联网的所有访问行为保存下来，便于用户的分析和记录。

说明

1. 本书所介绍的安全审计及上网行为管理产品，如无特别说明均指的是硬件、安全审计及上网行为管理设备。

2. 本书介绍了安全审计及上网行为管理产品三大必备功能，随着技术的发展，目前高端产品还具备 AAA、防火墙、统计报表输出等多种功能。

5.1.2　安全审计及上网行为管理系统的关键技术

对于安全审计及上网行为管理系统采用的关键技术，从前面对这类产品的作用描述部分，已经基本了解对于安全审计及上网行为管理系统，所应该具备的功能，这些也是产品自身可以直观地提供给客户的产品技术，也是这类产品的关键功能技术所在，以下分别进行说明。

1．Web 访问审计与控制

Web 访问是互联网的重要应用之一，因此基于网站分类的 URL 就显得非常重要，国内主流安全审计与上网行为管理产品使用的分类库是根据中国实际情况进行的合理分类，符合我国用户的网络使用环境的需求。一般系统对 URL 分类控制时支持 URL 关键字控制策略自定义 URL 分类控制，以及对网页内容进行过滤，通过这些控制，用户可根据 Web 访问的要求分类进行控制，从而满足健康上网的需求。除此之外，用户还可实时查看用户访问的 URL 地址，方便后续的审计查看。为此 URL 库的完善程度、更新速度，成为 Web 访问审计与控制效果的关键因素，各个厂家都在努力建设自己的 URL 库，以保证产品 Web 访问控制功能的优势。

2．外发信息及邮件审计控制

外发信息及邮件审计控制是上网行为管理的重要内容，其一般都会支持 SMTP、POP3 应用的安全策略，通过策略设置，系统可记录邮件发件人、收件人、标题、正文、附件、大小等详细信息，同时也可针对发件人、收件人、标题内容、正文内容、附件名称进行审计，并可根据邮件大小，附件等进行控制。在协议层方面的控制、审计大部分厂家都可以做得很好，但在内容还原方面就参差不齐了，做得好点的产品，可以将整个邮件正文、附件等所有内容，按照邮件收发原始状态还原，非常便于管理员审计查看。

3．地下浏览记录

地下浏览实际上是使用一些应用代理软件，如无界、自由门、花园等软件，这种网站突破软件可以突破国内服务商的限制，访问那些不能访问的网站。通俗一些就是通过该软件可以随便访问一些国家禁止的，但服务器在国外的一些违法的网站。比如，宣传邪教，迷信、反动言论的较多。国内主流安全审计及上网行为管理产品可以通过对这类软件应用的识别，可记录和阻止如无界、自由门、花园等地下浏览软件，有效地保护国家及企业的利益。这类功能也是需要不断更新，以保证可以随时识别比较新的地下浏览软件。

4．即时聊天监控

即时聊天应用中，目前主流的聊天工具包括 MSN、QQ、YAHOO、ICQ 和飞信等。它在方便我们交流的同时，也降低了员工的工作效率，同时也造成了内部信息泄露等问题，因此监控和控制员工在上班时间使用聊天工具是非常必要的。在这方面国内主流产品做得都很好，它们大部分不但能够记录用户聊天账号、上下线时间、聊天持续时间、聊天等内容，还可记录如 MSN/ICQ/飞信等的有关文件上传、下载的动作，还可对这些聊天行为进行控制，有效地保护了企业利益，并降低了内部信息外泄的概率。

5．FTP/HTTP 传输审计

FTP 及 HTTP 的下载应该是最基本的下载方式，所以主流安全审计与上网行为管理产品均可以完美地提供这些功能，通过对这种基本方式下载的审计，用户可掌握自己网络用户的下载行为。其中，对下载行为的审计包括记录 FTP 登录账号、密码、服务器 IP 地址，传输文件的时间、文件名称、传输方向、大小等；记录 HTTP 下载时可审计下载的文件名、时间和大小等信息。

6．P2P 协议监控

P2P 是 Peer-to-Peer 的缩写，可以称它为对等网络。简单地说，P2P 直接将人们联系起来，使得网络上的用户可直接共享和交互，真正地消除中间商。因此，P2P 下载的速度就非常快，相应的，这种下载严重吞噬着企业的网络带宽，这也就成为目前企业网络管理的难点。

为了控制网络 P2P 应用对带宽的大量占用，必须对 P2P 流量进行有效的监控，它涉及下面几个方面的问题：流量采集、流量识别及流量控制。其中，流量采集与其他网络监测方式采用的技术完全一致，流量控制则取决于不同的网络管理策略，由网络管理人员进行相应的设置，如进行 P2P 流量限制或者完全过滤 P2P 流量等。因此，这里的关键部分是流量的识别操作。根据实现的思想不同，可以将它分为多种类型，如基于分组分析、基于流分析等。其实现方式直接关系到整个监控系统的实现效率，以及系统的可用性。

7．P2P 流量识别技术

P2P 应用从最初的采用固定端口发展到使用可变端口甚至使用其他应用的端口进行数据传输，在传输的具体内容方面也从使用明文传输发展到对传输数据进行加密处理，因此对P2P 流量进行识别的技术也随之经历了相应的变化过程。这里，主要针对 4 种典型的识别方法进行介绍，包括端口识别法、应用层特征识别法、流量模式识别法及连接模式识别法。

1）端口识别法

在 P2P 应用兴起的早期，大多数应用使用的都是固定端口，如 Gnutella 使用 6346-6347端口，BitTorrent 使用 6881-6889 端口等。在这种情况下，对其流量的识别方式与识别普通应用分组的方式完全相同：在需要监测的网络中被动收集分组，然后检查分组的运输层首部信息，如果端口号与某些特定的端口号匹配，则说明该分组即为 P2P 流量分组，可以按照预设的动作对其进行处理。这种识别方法最大的优点就是简单易行，它不需要进行复杂的分组处理即可得出结论。在 P2P 应用出现的初期它显得十分简单有效，但是随着 P2P 技术的

发展，该方法逐渐变得不再适用，因此后来又出现了一些新的技术方案。

2）应用层特征识别法

应用层特征识别法与第一代使用固定端口进行数据传输的 P2P 应用不同，当前许多 P2P 应用都能够通过使用随机端口来掩盖其存在，有些甚至可以使用 HTTP、SMTP 等一些协议使用的熟知端口，这增加了识别 P2P 流量的难度。简单地通过分析分组首部的端口信息已经无法识别出这类应用的存在。

但是，每种应用的分组中都携带有特定的报文信息，如 HTTP 协议报文中会出现 GET、PUT、POST 等报文字样。与之相类似，在各种 P2P 应用协议中也具有类似的信息。因此，研发人员提出了通过检查分组内部携带的负载信息进行分组识别的方法。有研究者提出了一种利用应用层特征的方式对 P2P 流量进行识别，这种方法首先对 5 种常见的 P2P 协议（KaZaA、Gnutella、eDonkey、DirectConnect 及 BitTorrent）的特征进行了分析，提取出其特征信息，然后根据特征信息对收集到的分组进行模式匹配操作，从而判断出该该分组是否属于某一类 P2P 应用分组。

例如，Gnutella 的连接建立报文具有下述格式：GNUTELLA CONNECT/<protocol version string>nn，而应答报文格式如下：GNUTELLA OKnn，根据这些及其他类似特征，即可判定相应报文是否为 P2P 应用报文，并由此确定某个流是否为 P2P 流。实际测量结果表明，在大多数情况下，该方法能够以低于 5%的错误概率对分组进行识别。

与第一种方法相比，上述方法能够识别出使用可变端口的 P2P 流量（这正是当前 P2P 应用发展的一个趋势），提高了其结果的准确性，如在同样情况下，用户数据特征识别法识别出的 P2P 流量是仅仅采用端口进行识别的方法得到结果的 3 倍。但是分析不难发现，这一方法存在下述一些无法解决的问题：

（1）只能针对已知数据格式的 P2P 应用进行识别，这使得每出现一种新的 P2P 应用，就需要修改上述实现，因而造成其扩展性不好；

（2）对用户数据的检查不符合 Internet 的基本原则，并且由于诸如法律、个人隐私等原因，检查用户数据在许多情况下几乎是不可能的；

（3）由于需要对分组内部数据进行全面的检查分析，使得其实现效率不是很高；

（4）随着技术的发展，一些 P2P 应用开始以密文方式进行数据传输，面对这种情况用户数据识别方式则完全是无能为力的。

上述种种原因导致用户数据识别方法的通用性十分有限，而且，随着 P2P 技术的发展，这种识别方法也会与通过固定端口进行识别的方法相类似，逐渐不适应实际的需要，因此有必要找到其他方法对 P2P 流进行较为精确的识别。

通过分析端口识别法和应用层特征识别法可以发现，尽管两者的实现机理完全不同，但是其基本思想均是基于 P2P 应用的一些外在特征，并且这些外在特征是可以隐藏的，一旦出现上述情况，这些识别方法就不再适用。而且，上述两种方法只能识别已知 P2P 协议的流量，一旦出现一种新的 P2P 应用，必须修改上述识别方法才能对其进行识别，这限制了它们的应用范围。因此，为了能从根本上解决这些问题，必须分析 P2P 应用与其他一些诸如 Web 等应用的根本区别，然后利用这些本质特征对其进行识别。下述两种方法就分别从 P2P 应用的流量特征及 P2P 网络的连接模式特征着手对其进行了分析。

3）流量模式识别法

流量模式识别法是在 Caspian（一家高端路由器生产厂商）路由器中实现的一种功能，

该路由器记录经过它的每条流的信息，因此可以实现基于流的流量识别和控制功能，以一种新的方式对 P2P 流量进行识别和控制。并且，如前所述，这一解决方案是基于 P2P 流的内在特征，避免了前面两种识别方法中的一些问题。

表 5-1 描述了几种不同应用对应的流量特征，由此可以看出 P2P 应用的特点是持续时间长、平均速率较高及总的传输字节数高。这与文件传输如 FTP 等应用有些类似，但是该类应用可以很方便地通过端口号识别出来，而且由于这些应用与用户的交互性不如 Web、视频等应用高，因此出现一定的误判导致对它们的流量限制不会造成大的问题。另外，根据流所包含的字节数，可以很容易将普通 Web 流量同 P2P 文件共享流量区分开。

表 5-1　几种不同应用对应的流量特征

服　务	持续时间	平均速率	传输字节数
HTTP	短	高	中-高
VPN	长	低	高
Games	长	低	高
Streaming	长	中	高
Telnet	长	低	中
Fileshare/P2P	长	中-高	高

可见，通过分析不同应用的流量模式，可以实现识别 P2P 流量的目的。而且这一方法不需要对分组内部用户数据进行检查，因此不受数据是否加密的限制，扩大了其适用范围。但是，由于需要记录每条流的信息，这种方法对内存空间及处理速度都提出了比较高的要求。

4）连接模式识别法

连接模式识别法是一种在传输层识别 P2P 流量的方法，它仅仅统计用户分组的首部信息，而不涉及具体数据。因此一方面克服了前述方法对加密数据无法识别的问题，同时又不涉及用户的具体数据，符合 Internet 体系结构中的端到端原则。其基本思想是：基于观察源和目的 IP 地址的连接模式。一些模式是 P2P 所独有的，因此可以由此直接将 P2P 流量识别出来；另外一些模式由 P2P 和其他少数应用所共有，这时可以根据对应 IP 地址的流历史，以及其他特征来减少误判概率。

在这种思想的具体实现中，Thomas Karagiannis 等研究者给出了两种启发式方法：

第一，识别出那些同时使用 TCP 和 UDP 协议进行数据传输的源—目的 IP 地址对。研究表明，大约 2/3 的 P2P 协议同时使用 TCP 和 UDP 协议，而其他应用中同时使用两种协议的仅仅包括 NetBIOS、游戏、视频等少数应用。因此，如果一个源—目的 IP 地址对同时使用 TCP 和 UDP 作为传输协议，那么可以认为在这一地址对之间的流除一些已知的应用外（对于这些应用可以根据它们的特征将其排除），很有可能就是 P2P 流，可以将它们加入候选 P2P 流的队列中。

第二，基于监测（IP，端口）对的连接模式。这一方法的基本依据为：当一个新的主机 A 加入 P2P 系统后，它将通过 super peer 广播其 IP 地址及接收连接的端口 port。其他主机收到后利用这一信息与主机 A 建立连接。这样，对端口 port 而言，与其建立连接的 IP 地址数目就等于与其建立连接的不同端口数目（因为不同主机选择同一端口与主机 A 建立连接的可能性是很低的，完全可以忽略不计）。而其他一些应用如 Web，一个主机通常使用多个端口并行接收对象，这样建立连接的 IP 地址数目将远远小于端口数目。但另外一些应用，如 E-mail、DNS 等，也具有类似的属性，因此使用这种方法在实际识别过程中需要将它们区分开。

8．BBS 外发信息监控管理

BBS 的发展使得人们在互联网上实现了真正的言论自由，这种言论自由使得人们可以在互联网上畅所欲言，真正使大家一吐为快。但这种言论自由往往缺少监控，无形之中为企业带来了信息外泄及法律风险。安全审计与上网行为管理系统，支持对 BBS 论坛外发信息监控，可针对 BBS 论坛发帖内容的关键字过滤，还支持附件记录复制、下载、保存、备份，同时，可针对 BBS 发帖内容进行阻断，很大程度上降低了企业可能因为言论问题而带来的法律风险。在这个方面的关键点，也是在信息还原方面，类似邮件监控还原技术那样，需要将外发信息完整、如实、美观地还原出来并不容易。

5.1.3　关键性能指标

不同性能的安全审计及上网行为管理设备，需要与所接入的网络及用户数相适应。安全审计及上网行为管理产品作为网络安全设备，同防火墙一样，可以将吞吐量、延时、丢包率、TCP 并发连接数作为其性能指标，这里不再赘述。

在设计实际用户的产品选型时，除了需要考虑设备的吞吐量、并发连接、接口等设备性能指标外，还必须考虑到用户数，以保证不漏掉需要审计的用户，并且一般在实际采购时还会考虑一部分用户数的扩展。

用户数是一个衡量安全审计及上网行为管理设备在内容审计和管理方面能力的参数，它代表此产品能够有效支持的最大用户数量，这个指的是最大用户数，而并非最大并发用户数。不同于吞吐量等指标的精确，用户数是一个范围的估算，但却是目前市场上安全审计及上网行为管理设备使用最广泛的指标。

5.2　安全审计及上网行为管理系统部署

5.2.1　常见的安全审计及上网行为管理产品

目前，国内市场主流产品包括天融信网络卫士上网行为管理系统、深信服（SINFOR）上网行为管理系统、网康（NETENTSEC）上网行为管理系统、网际思安 NTAR 互联网控制审计系统和任子行任天行系列上网行为管理系统。其中深信服（SINFOR）上网行为管理系统市场占有率较高。

1．深信服

深信服科技有限公司是中国规模最大、创新能力最强的前沿网络设备供应商之一，致力于通过创新、高品质的产品及卓越的服务，帮助用户在将业务向互联网转型中获得成功。

作为一家专注于广域网市场的厂商，深信服提供了贯穿用户广域网建设生命周期的前沿产品及解决方案，包括 IPSec VPN、SSL VPN、上网行为管理、广域网加速、应用交付、流量控制等，并被公认为其中多个领域的技术及市场领导者。

截止到 2010 年 5 月，已有超过 16 000 家用户选择了同深信服合作并取得了显著收益。这些用户包括中国移动、通用电气、壳牌石油、丰田汽车等世界 500 强企业，也包括中国人民银行、国资委、招商银行、南方航空、中国人民大学等中国知名用户。

目前，深信服公司总人数已达 900 余人，国内直属办事处 35 个，海外直属办事机构 5 个（新加坡、阿联酋、泰国、印度等）。2005—2009 年，深信服连续五届蝉联德勤"中国高科技高成长 50 强"、"亚太地区高科技高成长 500 强"，并荣获渣打银行"最具成长性新锐企业"中型企业金奖、《computer world》"中国 ICT 十强"、《财富》杂志"卓越雇主奖"等众多大奖。

2．网康

北京网康科技有限公司成立于 2004 年，专注于互联网控制管理领域的技术与产品的研究、开发、生产、销售及服务，致力于帮助用户建立绿色、高效、安全、健康的互联网应用环境，提升网络价值。

作为领先的互联网控制管理产品及服务提供商，网康科技拥有上网行为管理、智能流量控制等系列产品，能够满足不同用户对互联网控制管理的需求。目前，网康科技的产品和服务已广泛应用于政府、金融、能源、教育、企业等众多行业。

网康科技是业界最具技术创新和产品研发实力的企业之一，拥有国际一流的互联网控制管理技术研发团队——互联网内容研究实验室。雄厚的技术实力使得网康科技拥有"全球最大的中文网页过滤分类数据库"、"中国最大的互联网应用协议数据库"，完全具有自主知识产权，处于业界领先水平。

网康科技公司总部位于北京，在日本、美国等国家设立了分支机构和代表处，在中国建立了以京津冀、华北、华东、华南、华中、东北、西北、西南八大平台为依托，遍布全国的代理商体系及销售与服务网络，为全国用户提供专业、快捷的服务。

3．主流产品的主要功能（见表 5-2）

表 5-2　安全审计及上网行为管理产品主要功能表

功　　能	功 能 参 数
部署方式	设备支持路由/NAT/透明部署方式，支持旁路部署方式
实时功能	显示实时活动用户；显示活动用户的 IP 层、应用层网络协议使用情况和分布图；能够实时生成报表；能够支持报表导出（导出为 Excel 等）；实时地显示信息，跟踪网络使用的现有情况；实时地监控网络、流量和用户事件等
页面安全性	Web 页面采用 SSL 的加密方式
协议分类库	能够识别 HTTP/HTTPS/SMTP/POP/IMAP/FTP/TFTP/TELNET/SSH/ARP/ICMP /UDP /DNS/IRC/TFTP/IGMP/SNMP/BBN/NVP/RDP/SIP/STP/Chaos/echo/tcpmux/NTP/bootps/bootpc/netbios-ns/netbios-dgm/netbios-ssn 等多种协议
应用分类库	客户端邮件：Foxmail、Outlook、IMAP 应用、Lotus Notes Web-mail：网易邮箱、126 邮箱、Yeah 邮箱、新浪邮箱、搜狐邮箱、腾讯 QQ 邮箱、雅虎邮箱、移动 139 邮箱、搜狗邮箱、TOM 邮箱、亿邮邮箱、和讯邮箱、Foxmail 邮箱、Hotmail 邮箱、21 世纪邮箱、Eastday 邮箱，等等 网络电视：PPlive、QQlive、PPStream、沸点、UUsee、磊客、Mysee、BBsee、青娱乐、新浪 TV、迅雷看看、搜狐 TV、土豆视频、优酷、酷 6、六间房、皮皮影视、九品网络电视、电视蚂蚁、酷狗音乐和 Youtube 视频

功　能	功　能　参　数
应用分类库	网络游戏：联众游戏、魔兽世界、梦幻西游、泡泡堂、浩方游戏平台、跑跑卡丁车、热血江湖、劲舞团、QQ 游戏、远航游戏、大话西游、网易泡泡游戏、边锋游戏、刀剑游戏、征服游戏、完美世界、VS 对战平台、冒险岛、彩虹岛和街头篮球等 Web 游戏：魔力学堂、热血三国、三国兵临城下、水晶战记、摩登三国、商业大亨、龙与乡巴佬、天书奇谈、星际帝国、妖魔道、幻境、乐土、昆仑世界、三国风云、网页三国、王朝战争和大海战之纵横四海 P2P 应用：迅雷/电驴/BT/PP 点点通/Kugoo/百度下吧/QQ 超级旋风/FlashGate/PP 点点通/搜娱 /电骡/P2P other 即时聊天软件：MSN、QQ、ICQ、飞信、网易泡泡、雅虎通、新浪 UC、淘宝旺旺、Skype 和飞鸽传书等 流媒体：Flash、RTSP、MMS、QuickTime 等 股票软件：钱龙、大智慧、指南针、同花顺、龙卷风、盘口王和证券之星等 地下浏览：自由门、无界、洋葱头、火凤凰、世界通和花园等
AAA	提供用户接入认证功能 提供用户接入授权、用户网络使用计费功能
IP 管理	支持 IP/MAC/VLAN ID 及用户账户的绑定功能 支持即插即用，即用户无须对本地 IP 做任何修改，接入网络即可使用
带宽管理	支持基于应用的带宽管理 能够针对 IP、IP 组、用户、用户组等设定带宽策略 能够针对单一应用或应用组设定带宽策略 能够针对 IP 或用户、应用等的连接来限制细粒度的管理带宽 能够分方向（上、下行）来管理带宽 能够依据带宽策略的优先级来管理带宽
网络应用审计	能够对网站访问痕迹进行记录 能够对即时聊天软件的使用进行记录，对于 MSN 等还能够记录到聊天内容 能够审计记录邮件收发，包括邮件附件 能够审计记录到 Web-mail 能够对 P2P 下载、FTP 下载、HTTP 下载等进行审计记录 能够对股票软件进行审计记录 能够对网页游戏、网络游戏、网络电视、流媒体等网络娱乐应用进行审计记录 能够对地下浏览进行审计记录
ARP 病毒	能够对 ARP 病毒进行监控
报警方式	能够产生报警记录，能够通过邮件发送报警记录
报警内容	关键字报警如网页访问，邮件（邮件内容、标题和附件名称等），IM 等 网络流量异常报警（如 ARP 欺骗，Syn flood 等）
自定义应用	主要是提供给用户添加模块规则中不涉及的应用，同时也是为了解决出现在实际环境中的那些不常用的应用无法记录的问题；自定义应用的添加的方式可以针对协议类型、应用的 IP、端口号及域名
策略导出/导入备份	策略可以导出、导入，进行备份
数据库导出备份	支持数据库导出备份（特定时间段数据也可以单独保存备份）
分布式部署，集中管理	可以做分布式部署，统一集中进行管理
版本语言	支持中英文版本语言
多接口分析	支持多监控接口独立分析
分析引擎与数据库	分析引擎和数据库可独立工作
Web 访问控制管理	支持基于用户、时间段的策略定制 支持基于 URL 分类的内容访问控制 支持基于 URL 关键字的正则表达式匹配过滤 支持基于 HTTP 请求数、累计字节数的上传、下载流量和文件类型控制 支持自定义 URL 分类，以及黑白名单设置（URL、IP） 支持基于 URL 分类内容的 Cache 缓存 支持自定义策略提示页面 安全文字内容过滤及阻断，报警

续表

功　　能	功　能　参　数
外发信息的监控管理	支持针对邮件正文关键字、邮件服务器、邮箱地址、邮件大小等的过滤 支持对 Web-mail 邮件正文关键字的过滤 支持对 BBS 论坛外发信息监控 支持针对 BBS 论坛发帖内容的关键字过滤 支持附件记录复制、下载、保存、备份 支持 BBS 发帖内容主动阻断
对 MSN、Yahoo 通、ICQ、飞信聊天	监视、记录聊天内容 传输文件记录、阻断、报警
对 QQ、UC、POPO、淘宝旺旺的监控	账号控制、阻断、报警
对 RTSP、MMS、QuickTime格式的流媒体播放监控	支持对 PPLIVE、PPStram、QQlive 等流媒体的记录 支持对流媒体的控制管理：保障、限制或禁止
各种流行 P2P 应用的监控	文件共享下载控制，对 BT、eMule、迅雷等的记录 对 P2P 下载的控制管理：保障、限制或禁止
对各种流行网络游戏的控制	支持所有游戏监控、记录、审计、游戏自定义 对网络游戏的控制管理：保障、限制或禁止
对各种流行炒股软件的控制	支持大智慧、指南针、证券之星等
对 FTP、Telnet 等协议的控制	审计，阻断 ftp，报警

5.2.2　部署方式

安全审计及上网行为管理系统可以采用多种方式灵活地部署，部署方式的选择，需要结合实际网络环境及用户对功能的需求来确定，设备通过分析处理流入和流出的数据包，可以有效地实现对网络数据的监控。

1. 旁路接入模式部署

如图 5-2 所示，采用了旁路方式将安全审计及上网行为管理系统（图中上网行为管理设备）连接在核心交换机上，通过将核心交换机的相应端口镜像到上网行为管理监听接口上，实现对核心交换机被镜像网络接口流量的分析审计。

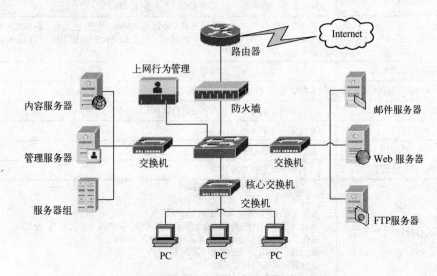

图 5-2　安全审计及上网行为管理产品旁路接入

正如前所述，各种接入方式都有它的意义，需要根据实际环境和用户实际需要来选择。采用旁路方式部署安全审计及上网行为管理系统，其优势有以下几个方面：

（1）不会对现有网络性能带来任何影响；

（2）不会造成任何网络结构的变动；

（3）根据交换机对镜像端口的配置，可以审计交换机所有连接口的流量，即流经交换机的所有流量内容；

（4）设备故障不会对整个网络带来任何影响。

当然，这样的部署也存在以下几个方面的不足：

（1）因为采用旁路部署，无法实现对上网行为的控制，仅能被动地审计和记录网络访问；

（2）如果镜像端口选择不当，会造成大量的重复数据发送到上网行为管理设备上，影响设备性能，并可能因此生成大量重复的垃圾审计记录。

所以，在大部分情况下，用户如果关注的是安全审计而非行为控制，并且对网络稳定性、性能要求较高时，可以优先考虑采用旁路方式部署安全审计及上网行为管理产品。

2．路由模式或透明接入模式部署

透明接入无须修改用户现有网络拓扑，也可根据用户需要修改为路由模式进行接入，这两种部署方式均是将安全审计及上网行为管理产品串接到了用户网络出口（见图 5-3），这种连接方式主要的优点是：可以实现设备全部的功能，包括审计和上网行为管理。但这样的部署也有明显的缺点：

（1）需要根据设备部署位置，选择性能适合的设备，如果设备性能不够，会成为网络瓶颈，影响网络访问速度；

（2）设备一旦出现故障，会造成网络边界中断；

（3）在采用路由模式时，需要调整产品部署位置前后网络设备的路由或接口配置。

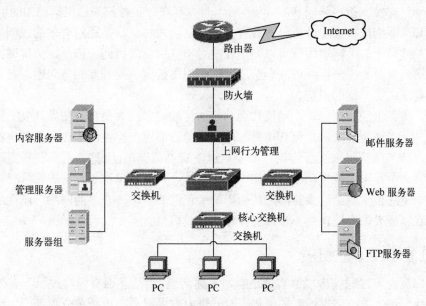

图 5-3　安全审计及上网行为管理产品路由/透明接入

　　所以，在最终决定选择何种方式部署安全审计及上网行为管理产品时，需要全面分析、了解客户网络现状及客户对产品的功能需求，并充分考虑各种风险因素的存在，如设备发生故障时可能带来的安全风险及对用户应用中断可能造成的损失等，然后最终确定选择何种方式部署安全审计及上网行为管理设备。

5.3　知识扩展

　　此处对安全审计及上网行为管理产品中常见的网页过滤（Web Filtering）技术进行梳理和补充说明。

5.3.1　网页过滤技术讨论

　　市场上较为流行的是基于网关的网页过滤（Web Filtering）技术。一般来说，基于网关的网页过滤技术包括 URL 过滤技术、关键词过滤技术、动态网页内容过滤技术、图像过滤技术与模板过滤技术等。URL 过滤技术和关键词过滤技术是目前市场上较为成熟的过滤技术。

1．URL 过滤技术

　　URL 过滤技术技术原理最为简单，通过对互联网上各种各样的信息进行分类，精确地匹配 URL 和与之对应的页面内容，形成一个预分类网址库。在用户访问网页时，将要访问的网址与预分类网址库中的地址进行对比，以此来判断该网址是否被允许访问。URL 过滤方法具有节约带宽，降低访问延迟，减少误判率的优点。但是，URL 过滤方法也存在一定的应用限制：首先，URL 网址库必须实时更新，否则难以应对每日新增的 Web 网页；其次，预分类的网址不但要数量庞大，还要具有非常高的分类精确度，否则会出现误判、漏判的可能。

2．关键词过滤技术

　　关键词过滤技术指在访问 Web 内容时，对内容进行实时扫描，根据已知的敏感关键字/词、图片和页面构成特点，分析是否含有禁止访问的内容。这是相对有效的控制方法，只要建立一个足够完全的关键字库就可以完全杜绝对不良信息的访问。但是，关键词实时分析过滤技术在遇到大量数据分析时可能会造成严重的网络延迟、误判漏判等问题，对系统资源和带宽资源都造成了一定的浪费。

　　目前，市场上的网页过滤产品经常会遇到这样的问题：如果单纯依靠 URL 过滤技术，新浪网的 URL 理应合法，是允许用户访问的，但新浪网上存在的不良信息却也在用户面前暴露无疑，信息防护就失去了作用；如果单纯依靠"关键词过滤"，用户在新浪网上阅读一条类似"××企业家因涉黑、涉黄被捕……"新闻，新闻中出现了一些敏感关键词，很有可能导致用户无法正常阅读这条新闻，从而影响了正常的需求。众多的网络厂商在寻求网页过滤的平衡点、最大限度地控制不良信息并释放有效信息。

3．动态网页内容过滤技术

　　动态网页内容过滤技术能够有效地解决上述问题。"动态网页内容过滤"有效地结合了"URL 过滤"和"关键字过滤"的优势，对网页内容采取动态更新和分数评定，只有目标网页达到指定分数，才允许用户访问。例如，用户访问上文中的"涉黑、涉黄"新闻时，文章中虽然带有敏感关键词，但其数量和敏感程度没有达到限制范围，所以会被允许用户访问；反之，如果用户访问的是不良信息，其网页中的敏感关键词会非常密集、裸露，这样一来，防护系统自动识别出敏感词汇频率过高，会自动阻止用户访问。

4．图像过滤技术与模板过滤技术

图像过滤技术与模板过滤技术还处于起步阶段，它通过基于内容的图像过滤算法与模板过滤，来实现理论上十分精确的内容过滤。但由于其算法的复杂程度和对系统、带宽资源的要求较高，尚未得到广泛的市场应用。

值得注意的是：由于网页过滤与法律、文化、观念有着很高的相关性，智能系统对内容的分析判断总是会有些偏差，无论是 URL 过滤、关键词过滤，还是实时动态的内容扫描分析，都无法做到100%的准确判断。

5.3.2　我国对互联网应用的法律法规要求

目前，在我国已有多部法律法规对互联网的使用进行管理，从国家到地方各部门，都对互联网的应用审计进行了一些严格的要求。尤其是 2008 年以来，互联网的非法活动呈现快速发展的态势，由此引出了七部委联合整治互联网低俗之风的行动。当前，全国性的网络规范性发文有国务院签署的第 292 号国务院令《互联网信息服务管理办法》、公安部颁发的《计算机信息网络国际互联网安全保护管理办法》及《互联网安全保护技术措施规定》（82号令）、信产部颁布的《互联网电子公告服务管理规定》，等等。其他地方性的法律法规及行政命令、管理办法等依具体地区而定，这里就不再详细列举了。

对于公安部颁发的《计算机信息网络国际互联网安全保护管理办法》及对互联网提出更加清晰管理规定的公安部第 82 号令，大家可以在互联网上方便的查询到，本节就不再介绍。

从以上两个全国性的网络管理发文可以看出，目前对互联网的使用进行必要的应用审查是各级互联网提供者应尽的法律义务；同时在无法履行义务的情况下，相关部门将会根据现行法律法规追究互联网提供者的管理责任，严重者还将追究刑事责任。

学习项目

5.4　项目1：安全审计及上网行为管理产品部署

5.4.1　任务1：需求分析

某大型国企单位办公系统信息化程度很高，计算机网络对企业日常的整体运行起到了很强的支撑作用，该企业的基本网络结构拓扑图如图5-4所示。企业的财务系统、办公系统及人力资源系统等均已实现信息化、网络化，基本实现无纸化办公；企业核心应用均已经接入企业局域网，部分应用并通过局域网接入互联网；企业对计算机、网络的依赖性极大，员工的工作时间基本都是在办公计算机前度过的。

但是，该单位工作时间网络利用率高，数据流量很大，不能够流畅使用，领导和员工意见很大。单位信息中心展开行动，对目前企业网的使用情况做了一次深入的调研，分析后

得出的问题如下。

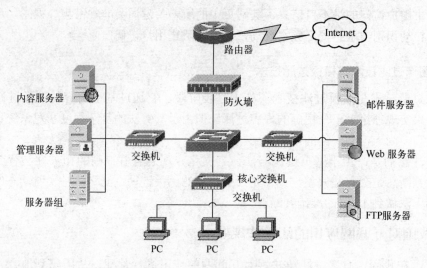

图 5-4　某大型国企网络结构拓扑图

（1）虽然企业网络带宽需求量很大，但在正常工作使用的情况下，目前 60M 的出口带宽是可以满足基本需求的。网络拥堵的主要原因：一种情况是由于缺少监控手段，很多员工上班时使用 BT、电驴等 P2P 软件下载电影，回家后观看；另一种情况是进行大量的网上资源下载，图一己之利，多数人都不进行限速。这样大流量的下载，将企业网带宽占满；

（2）企业中普遍存在着员工使用大量工作时间浏览与工作无关的网页，如娱乐八卦、新闻、长篇小说等，导致工作效率较低；员工利用工作时间炒股的现象比较严重；

（3）企业网缺少必要的监控和审计手段，员工利用网络外发信息不可控。

根据上述情况，这家国企的信息中心经过集中讨论后，决定采购一套安全审计及上网行为管理设备，力图解决本单位困扰已久的网络滥用问题，并得到上级领导的支持。

5.4.2　任务 2：方案设计

安全审计及上网行为管理设备的部署通常有两种方式，从性能上来说，旁路接入模式对网络使用的影响较小，也不会因为设备故障导致企业网络断网，适用于对网络连续性和可靠性要求很高的单位；从设备使用效果来说，旁路接入模式对一些非法网络应用的阻断效果没有串联的透明接入模式好，根据该企业的实际应用需求，我们最终建议采用透明接入模式，不但可以实现带宽、应用控制功能，还不需要对现有网络结构、配置进行修改。

我们将安全审计及上网行为管理设备串联在防火墙后侧，核心交换机的前侧，如图 5-5 所示。这样既可以依托防火墙来抵御来自互联网的攻击，保障安全审计及上网行为管理设备本身的安全性；又可以在企业网络出口处对流入、流出的所有数据进行安全审计及行为管理。

安全审计及上网行为管理产品的部署与配置都相对比较简单，重要的是掌握用户单位网络的实际应用情况进行，分析网络滥用的问题所在，然后制定相应的监控策略。

安全审计及上网行为管理设备提供商在详细分析客户需求的基础上，配合用户实际应用，在方案设计时提出了以下几条策略建议：

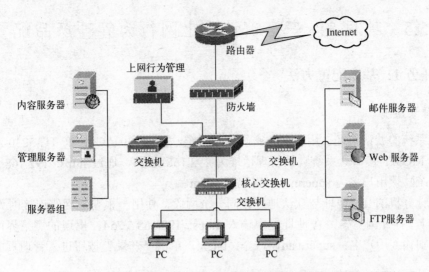

图 5-5 安全审计及上网行为管理设备透明接入模式

（1）采用网关方式串联部署设备，使其发挥最大功效；

（2）封堵 BT、电驴等与工作无关的 P2P 下载应用，如有员工确实因为工作需要进行 P2P 下载，应通过办公网上的流程向信息中心申请；

（3）根据单位各部门、各系统实际需求情况，设立用户组，合理分配带宽；

（4）封堵各种炒股软件、游戏等应用程序连接到互联网；

（5）对 HTTP、FTP、SMTP、POP3 等协议进行安全审计，以对 Web 浏览、数据传输、外发邮件等进行安全监控，做到有据可查；

（6）信息中心会同行政部门，共同制定员工上网行为的规章条例，通过会议等方式对员工进行教育和安抚。

对于上述建议，该企业领导非常满意，同时考虑到设备所记录信息自身的保密性要求，对设备的管理、维护人员也进行了相应的要求，要求严格限制设备审计记录的查看权限，保证所记录的日志在最小范围内审计，避免企业内部信息或员工个人隐私因日志记录而泄密。

✏️➕ 说明

1. 安全审计及上网行为管理产品的规划与部署相对防火墙来说实际上较为简单，项目实施成败与否关键因素在于上线后根据网络应用的实际情况，进行各种监控策略的测试与调整，最终达到理想的安全审计与行为管理状态。

2. 三分技术七分管理。此类产品部署案例失败得较多，原因在于企业员工对网络监控巨大的抵触心理。相关部门设立规章制度，并做好员工意识培训教育、安抚员工情绪是项目成败的另一个关键点。

3. 企业在信息安全建设中，往往困难重重，主要的原因是领导对信息安全的重视程度不高，支持力度不够。所以如果你将来成为企业信息安全的负责人，争取上级领导的支持是项目成功的必要条件。

5.5　项目 2: 安全审计及上网行为管理产品配置

5.5.1　任务 1: 基本配置方法

1. 登录系统

根据系统的默认地址、用户名和密码登录系统。TG-5130-ACM 和 TG-5230-ACM 默认管理口为 MGMT 接口。系统默认管理地址为 192.168.5.254，通过 https://192.168.5.254 登录系统，系统默认用户名为 superman，密码是 talent。

修改计算机的 IP 地址与默认地址在同一个网段，使用一根普通网线连接网关正面板的 MGMT 口，打开浏览器，在地址栏中输入 https://192.168.5.254，出现的登录界面如图 5-6 所示。分别输入用户名：superman，口令：talent，单击"登录"按钮进入管理页面。

图 5-6　ACM 登录界面

2. 修改网络接口

打开"网络控制"→"网络管理"→"网络接入"选项，在下面界面中选择需要修改的网络接口地址并保存，如图 5-7 所示。

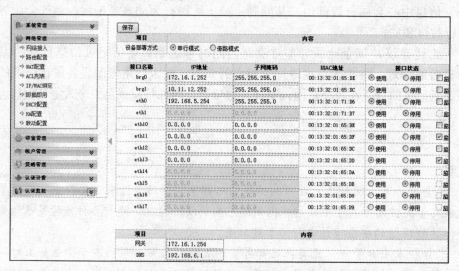

图 5-7　基本配置-接口配置界面截图

3. 启用认证

打开"网络控制"→"认证计费"→"基本配置"选项，在此界面启动认证，如图 5-8 所示。

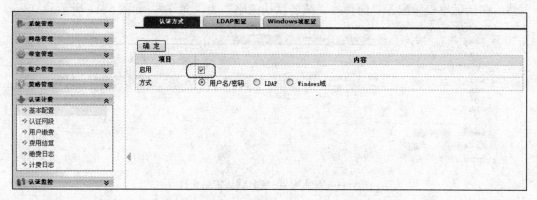

图 5-8　基本配置-接口启用认证方式界面截图

选择"启用"认证，并单击"确定"按钮，然后在认证网段中添加需要认证的网段。若不进行认证计费，可不启用认证功能。

✎ 注意

只有添加了认证网段，系统所管理的网络中的主机才有可能进行认证并访问外网。如果不需要认证，请在如下界面添加免认证 IP，如图 5-9 所示。

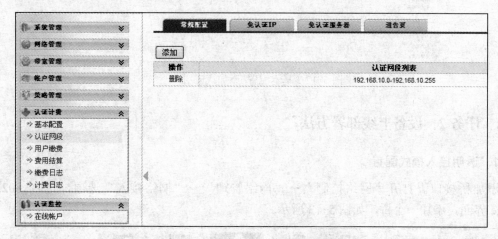

图 5-9　基本配置-认证网段配置

4．添加认证用户组

添加认证用户组。打开"网络控制"→"账户管理"→"认证组"选项，在此处添加认证用户组，如图 5-10 所示。

图 5-10　基本配置-添加认证用户组

然后在认证组权限配置界面修改"域名默认策略"为"允许",如图 5-11 所示。

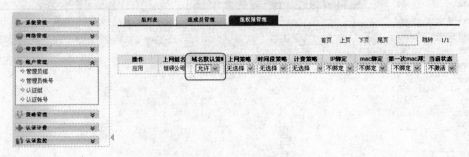

图 5-11　基本配置-域名默认策略允许

5. 添加认证用户

添加认证用户。打开"网络控制"→"账户管理"→"认证账户"选项,在此处添加认证账户,如图 5-12 所示。

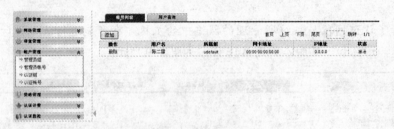

图 5-12　基本配置-添加认证用户

5.5.2　任务 2:设备上线部署方法

1. 透明接入模式配置

添加桥接口。打开"网络控制"→"网络管理"→"网络接入"选项,进入 802.1d Bridge 界面,添加一个桥,如图 5-13 所示。

图 5-13　设备上线-透明接入模式

在本界面单击"添加"按钮,进行添加桥的配置,如图 5-14 所示。

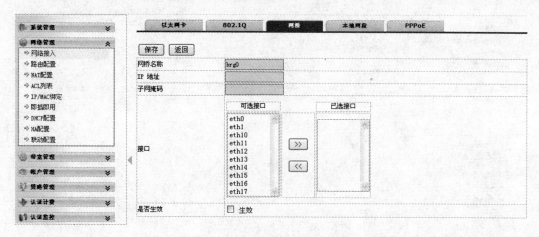

图 5-14 设备上线-添加桥接

在图 5-19 中选择需要添加进网桥的接口并移动到已选接口列表中，选择生效，然后保存配置。

注意

如果不想启用桥，可以不选择生效！完成网桥配置后即可按照选定的网络接口来组织网络。

2. 路由接入模式

打开"网络控制"→"网络管理"→"路由配置"选项，在此处加上默认路由，即网关到下一跳的路由，如图 5-15 所示。

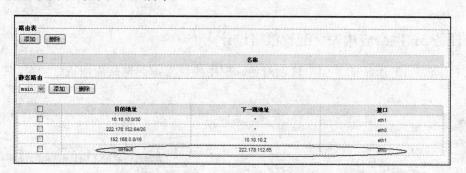

图 5-15 设备上线-路由接入模式

打开"网络控制"→"NAT 配置"选项，添加地址转换规则，如内网地址范围为 192.168.1.0/24，网络出口地址为 192.168.10.1，只需在 SNAT 中添加规则即可，如图 5-16 所示。

在图 5-16 中的转换前地址（段）栏中输入 192.168.1.0/24，在"转换后地址池开始"栏中输入 192.168.10.1，"转换后地址池结束"栏中同样输入 192.168.10.1，最后在"设备接口名"栏中输入 192.168.10.1 对应的接口名即可。

3. 旁路接入模式

作为旁路模式使用时，注意在网络接入处选择设备部署方式，如图 5-17 所示。

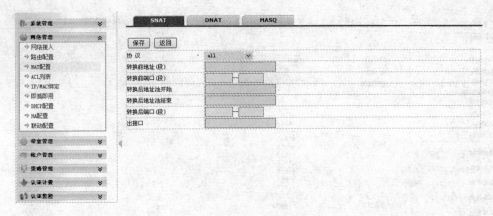

图 5-16　设备上线-NAT 设置

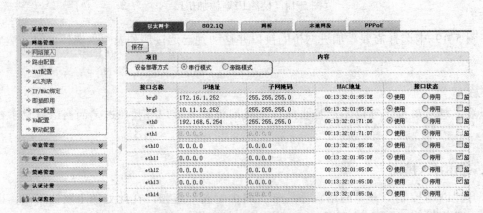

图 5-17　设备上线-旁路接入模式

5.5.3　任务 3：网络应用安全配置策略设计

通过如图 5-18 所示的界面，可以对各种应用协议支撑的网络应用进行安全监控策略设计。

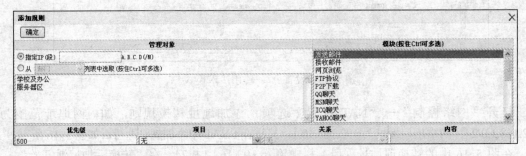

图 5-18　安全配置策略-模块规则

模块规则是审计和控制的主要功能设置点，需要逐个进行设置。添加模块规则的步骤如下：

- 首先填写要监控的 IP 地址（IP、IP 段），或者从列表中选择部门/用户/策略组（支持 Ctrl 键、Shift 键进行多选）。

- 然后在模块列表中选择要监控启动的模块（支持 Ctrl 键、Shift 键进行多选）。
- 填写本条规则的优先级，默认为 500；值越小，优先级越高。
- 可以针对所选择模块设定具体项目。
- 针对"项目"的设定，选择对应的关系。
- 针对"项目"及"关系"的设置，输入对应的管理内容。
- 然后用鼠标单击模块的启动时间：包括星期和时间。
- 选择相应的处理动作。
- 每个模块都有可选择的细项，如单击发送邮件，如图 5-19 所示可看见 6 个小项，可根据这项项目进行审计、阻断、报警。

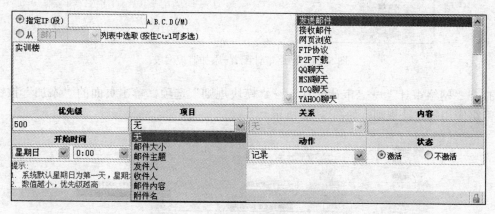

图 5-19　安全配置策略-添加模块规则

- 如果要阻断，则先要设置审计，优先级为 500，然后再设置一个阻断，把优先级设置为 400，相当于设置一个阻断，必须要设置两条规则才能起作用，唯一不同的地方是优先级不一样。

5.5.4　任务 4：安全审计与带宽控制配置

1. 网络审计配置

设定需要监控的网络接口。打开"网络控制"→"网络管理"→"网络接入"选项，在以太网卡的设置页面选择需要监控的以太网接口，如图 5-20 所示。

图 5-20　网络审计配置-网络接入

打开"网络控制"→"网络管理"→"网络接入"选项，进入本地网段页面，添加本地网段，一般是需要监控的网段，如图 5-21 所示。

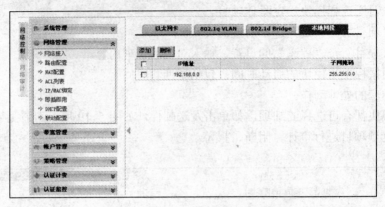

图 5-21　网络审计配置-添加监控网段

打开"网络审计"→"审计配置"→"模块规则"选项，单击页面的"添加"按钮，添加网络应用的审计规则，如图 5-22 所示。

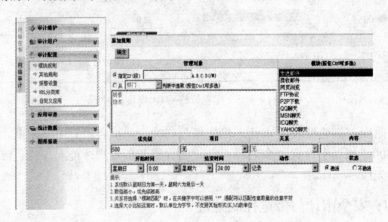

图 5-22　网络审计配置-模块规则

按照你自己的需要，在指定 IP 段输入需要监控的 IP，在右侧模块列表中选择需要监控的网络应用，然后依次设定优先级、动作、策略状态等。在完成上述设置后，单击"确定"按钮，即可完成策略添加。

在返回的页面中单击"应用"按钮，即可使新添加的策略生效，如图 5-23 所示。

图 5-23　网络审计配置-启动规则生效

2．带宽控制配置（见图5-24）

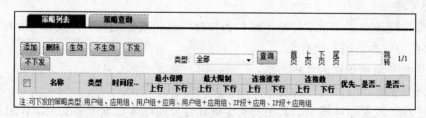

网卡配置	外网网卡带宽设置	运行模式设置		
设备名	mac地址	位置	操作	
eth0	00:10:f3:18:ed:7e	内网	○未设 ●内网 ○外网	
eth1	00:10:f3:18:ed:7f	未设	○未设 ●内网 ○外网	
eth2	00:10:f3:18:ed:80	外网	○未设 ○内网 ●外网	
eth3	00:10:f3:18:ed:81	未设	●未设 ○内网 ○外网	

图5-24　网络审计配置-带宽控制配置

这里需要注意以下几个问题：

（1）如果设备需要设置阻断或带宽控制，那么这里必须指定内网、外网，而且必须设置正确。

（2）外网卡带宽设置是在指定外网后，对外网出入的流量进行控制，特别需要注意的是这里单位为 Byteps，如果要换算成 bps，那么需要除以 8 来进行换算。如限制带宽为24Mbps，那么这里要设置为3MBps。

（3）运行模式的控制功能一定要启用，否则带宽控制无法生效。

3．协议管理

（1）带宽控制中的协议管理在设备中已经进行了预分类，这些协议不可修改和编辑。

（2）对于如 P2P 下载阻断的设置中可能阻断其他应用问题，如可能阻断 163、126 邮箱登录的问题，这里只需要在自定义协议里添加 443 端口的协议，那么该端口就被排除在外，不予阻断。

（3）如果设置完 P2P 下载后数据库无法使用；可在协议管理中的应用列表中将该 IP 地址添加进去，端口号为 0～65 535，这样设置后，该 IP 地址不再进行限制。

4．带宽管理（见图5-25）

策略列表	策略查询							
添加 删除 生效 不生效 下发 不下发				类型：全部 ▾ 查询	首页 上页 下页 尾页 跳转			1/1
☐	名称	类型	时间段	最小保障 上行 下行	最大限制 上行 下行	连接速率 上行 下行	连接数 上行 下行	优先… 是否… 是否…
注:可下发的策略类型:用户组、应用组、用户组+应用、用户组+应用组、IP段+应用、IP段+应用组								

图5-25　网络审计配置-带宽管理

（1）带宽管理可以进行流量控制和 P2P 阻断。

（2）带宽控制中有下发和不下发的功能，下发是指"分享"，如对一个网段限制带宽为1M，如果选择下发，就表示每个用户都有 1M 的流量，如果选择不下发，就表示这个网段所有用户"共享"1M 的带宽。

（3）如果限制 P2P 下载，则只需将上行、下行带宽设置为 0 即可。

（4）注意带宽控制中的单位为 Bps，是指每秒有多少字节的流量，如果要换算成 bit

（位），那么注意要除以 8，否则你会发现流量限制不准确。

在详细检查策略后，即可将设备接入实际网络，并进一步完成上线后的测试，根据实际情况更正部分规则。

✦ 说明

天融信网络安全设备提供命令行模式及图形界面配置方式，其中图形界面下同时可支持基于专用软件客户端的 GUI 程序和基于通用浏览器的 WebUI 管理方式，其中 WebUI 管理方式最为常用。

练 习 题

一、不定项选择题

1．部署安全审计与上网行为管理产品成功与否的首要关键点是（　　　）。

　　A．设备质量好　　　　　　　　　　　B．应用程序监控策略合理

　　C．员工态度好　　　　　　　　　　　D．主管领导支持

2．安全审计与上网行为管理产品三大必备功能是（　　　）。

　　A．信息审计　　　　　　　　　　　　B．流量控制

　　C．网络应用程序与网站的监控与阻断　　D．AAA 功能

3．目前安全审计与上网行为管理产品配置中，最常用的管理方式是（　　　）。

　　A．友好的图形界面　　　　　　　　　B．快速的命令模式

　　C．Web 管理模式　　　　　　　　　　D．字符界面管理模式

4．在如下哪种方式下，安全审计与上网行为管理产品接入网络后功能发挥较好（　　　）。

　　A．路由接入模式　　　　　　　　　　B．透明接入模式

　　C．旁路接入模式　　　　　　　　　　D．高级模式

二、思考题

1．在客户现场完成安全审计与上网行为管理产品的基础配置后，随即将监控策略全部开启，这样的做法合适吗？为什么？

2．简述 P2P 流量识别的几种方法。

3．简述安全审计与上网行为管理产品常见的部署方式和异同点。

4．简述在一般实际环境中，常见的安全审计与上网行为管理产品安全审计配置流程。

5．谈谈你对我国互联网应用监管法律法规的看法。

6．如果你是一名安全厂商的技术工程师，用户购买的安全审计与上网行为管理设备已经运抵一个运营商客户现场，由你来负责安装调试，谈谈你的工作思路。

三、综合题

A 单位网络拓扑如图 5-26 所示，其中，PC 所在网段为：192.168.0.0/16。天融信上网行为管理系统 ACM 以透明方式接入网络，并针对内部网络分为业务组和非业务组。

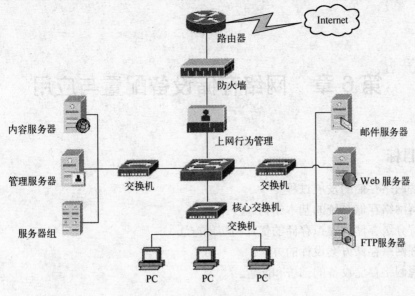

图 5-26　A 单位网络拓扑

【任务要求】

（1）实现内部网络业务组网站访问控制，禁止访问 www.kaixin.com。

（2）实现内部网络对非业务组 IM 软件的监控与网络审计，记录聊天信息。

（3）针对 192.168.0.100 用户 P2P 上传和下载进行 50K 带宽限制。

第6章 网络存储设备配置与应用

📋 **学习目标**

➢ 了解网络存储的发展过程。
➢ 理解网络存储系统的基本结构。
➢ 理解分级存储和虚拟存储的优点和实现方法。
➢ 掌握网络存储方案设计的方法。
➢ 掌握网络存储设备的部署和配置。

引导案例

随着数字校园建设的不断深入，某校园网中架设的各种应用服务器越来越多，如教务管理系统、人事管理系统、财务管理系统、国有资产管理系统等，这些系统的使用给学校的办公、科研、交流及管理等带来了极大的便利。

但是，随着时间的推移，IT 管理人员发现了越来越多急需解决的问题：一是原有信息系统的存储空间越来越满足不了快速增长的数据存储需求；二是这些不同的系统分布在不同的主机平台上，并各自使用自己的存储，形成了多个异构平台的应用系统并存的局面，产生了一个个信息孤岛，信息的共享和安全保护难以实现；三是有些早先的存储设备（多数是磁盘）与服务器的其他硬件直接安装在同一个机箱之内，并且被所在主机独占使用，查看它们磁盘的状况需要到不同的主机上去操作，更换或增加磁盘也需要拆开主机，这样就不可避免地要中断服务器上提供的服务。

因此，该校的 IT 管理人员迫切希望通过一次校园网的改扩建工程能够建成一个易扩展、易管理、高可靠的数据存储系统，以解决当前遇到的这些问题，并满足今后的长远需求。

相关知识

6.1 网络存储系统

6.1.1 网络存储概述

可以说存储无处不在，小到计算机系统中几百 KB 的 ROM 芯片大到上百 GB 的硬盘和光盘，甚至 TB 级的磁盘阵列等都可以用来存储数据。市场上存在磁带、磁盘、光盘等多种性能不同的存储介质。一般来说，磁带、光盘存储成本低但访问速度慢；磁盘存储设备存储成本比磁带高，而数据访问速度也高于磁带；DRAM 等芯片存储具有最高的数据访问速度，其成本也最高。

无论何种存储介质，对存储系统而言基本上都是一样的，涉及 I/O 总线、传输控制协议、介质接口和嵌入式控制器 4 个方面。I/O 总线也就是目前常见的几种，如 PCI、PCI-X 等；随着数据存储技术的发展，目前在数据存储中所涉及的传输控制协议就比较多了，几乎覆盖了当前所有的主流协议（有的还未正式批准发布），如 TCP/IP、Ethemet、iSCSI、InfiniHand、SCSI、Fibre Channel、FCIP 和 IFCP 等；在存储设备接口方面也是多种多样，除了常见的几种磁盘接口 ATA、SATA 和 SCSI 外，新的一些接口类型也层出不穷，如 FC（光纤通道）、SAS（串行 SCSI）、ESCON（企业级系统连接）、N_Port（节点端口）、NL_Port（节点环路端口）等。

不仅各种存储协议和存储接口在推陈出新，而且存储设备与服务器的连接也出现了新的方式。在传统的存储系统中，存储设备如单个或多个磁盘是直接连接在服务器主板、SCSI 或 RAID 控制卡的磁盘控制器上的，该方式与 PC 没什么两样，只不过是所采用的磁盘接口是传输速率更高的 SCSI 接口，而 PC 中常见的接口是 IDE。在这种连接方式下，存储设备只能被该主机直接访问和控制，其他主机访问存储设备中的数据时必须通过该主机的转发。随着计算机应用技术的发展，IT 系统中数据的集中和共享成为亟待解决的问题，于是逐渐产生了被称为 NAS 和 SAN 的网络存储方式，其存储设备与服务器的连接和传统方法完全不同。

网络存储的特点是以存储设备为中心，数据存储从传统的主机系统中分离出来，存储设备通过网络连接，成为一个相对独立的存储系统。目前，数据存储已不再是作为服务器系统的附属功能而存在，已形成了自成体系的庞大行业系统，其重要性也日渐提高。

6.1.2　网络存储结构

网络存储结构大致分为 3 种：直连式存储（Direct Attached Storage，DAS）、网络附加存储（Network Attached Storage，NAS）和存储区域网络（Storage Area Network，SAN）。

1. DAS

DAS 存储结构是将外置存储设备通过连接电缆直接连接到一台计算机上，如图 6-1 所示，我们称为直接附加存储（Direct Attached Storage）。

图 6-1　DAS 存储结构

外部数据存储设备采用 SCSI 技术或者 FC 技术，直接挂接在服务器的内部总线上，存储设备成为整个服务器结构的一部分，在这种情况下往往是在操作系统的控制下进行数据操作。这样，多个服务器可以通过 SCSI 线缆或光纤通道直接建立与存储系统的连接，构成基于磁盘阵列的多机高可用系统，满足数据存储对高可用的要求。一个 SCSI 环路或称为 SCSI 通道可以挂载最多 16 台设备。

开放系统的 DAS 存储系统已经有了 40 年的使用历史，虽然它实现了机内存储到存储子系统的跨越，但缺点依然很多。

随着用户数据的不断增长，尤其是数据量达数百 GB 以上时，其在备份、恢复、扩展、灾难备份等方面的问题变得日益困扰用户。

直连式存储依赖服务器主机操作系统进行数据的 I/O 读/写和存储维护管理，数据备份和恢复要求占用服务器主机资源（包括 CPU、系统 I/O 等），数据流需要回流到主机再到服务器连接着的磁带机（库），数据备份通常占用服务器主机资源的 20%～30%。因此许多企业用户的日常数据备份常常在深夜或生产系统不繁忙时进行，以免影响正常生产系统的运行。直连式存储的数据量越大，备份和恢复的时间就越长，对服务器硬件的依赖性和影响就越大。

DAS 方式实现了机内存储到存储子系统的跨越，但是缺点依然很多：

（1）扩展性差。服务器与存储设备直接连接的方式导致出现新的应用需求时，只能为新增的服务器单独配置存储设备，造成重复投资。

（2）占用主机资源。DAS 方式依赖服务器主机进行数据读/写和存储维护管理，数据需要回流到主机再到连接着的存储系统，数据备份和恢复可能会占用服务器主机资源（包括 CPU、系统 I/O 等）的 20%～30%。

（3）可管理性差。DAS 方式的数据依然是分散的，不同的应用各有一套存储设备，管理分散，无法集中。经常出现部分应用对应的存储空间不够用，但另一部分却有大量闲置情况。

（4）异构化严重。DAS 方式使得企业在不同阶段采购了不同型号、不同厂商的存储设备，设备之间异构化现象严重，导致维护成本居高不下。

（5）存储连接的距离近。如果采用 IDE、SCSI 接口，磁盘设备与主机连接距离不会超过 20m，使用 SCSI 磁盘阵列还会受到固化的控制器限制，也无法进行在线扩容。

（6）此外，如果说网络存储的核心思想是存储与主机（计算）分离，那么 DAS 存储就不能算是严格意义上的网络存储。

2. NAS

NAS（Network Attached Storage，网络附加存储）方式则全面改进了低效的 DAS 存储方式。它采用独立服务器，单独为网络数据存储而开发的一种文件服务器来连接所有的存储设备，独自形成一个网络。这样数据存储就不再是服务器的附属，而是作为独立的网络节点存在于网络之中，可由所有网络用户共享，即使服务器不再工作了，仍然可以读出数据。

NAS 存储系统可以看成一种专用的网络文件存储及文件备份设备，一种专门优化了的文件服务器系统加上大容量存储。NAS 设备内置与网络连接所需的协议，可以无服务器直接与网络连接，是真正的即插即用产品，并且物理位置灵活，既可以放置在工作组内，也可以放在其他地点与网络连接，其网络结构如图 6-2 所示。

NAS 设备内置优化的独立存储操作系统，可以有效释放服务器的总线资源，全力支持 I/O 存储。同时 NAS 系统集成本地的备份软件，可以不经过服务器将 NAS 设备中的重要数据进行备份。NAS 设备支持磁盘的热插拔、热替换、RAID 等功能，冗余的电源和风扇及冗余的控制器，可以保证 NAS 的稳定应用。

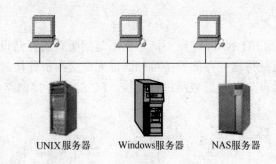

UNIX服务器　　Windows服务器　　NAS服务器

图 6-2　NAS 网络结构

NAS 设备主要采用两种基本的文件共享协议：一种是与操作系统相关的共享协议，如 Windows 系统的 CIFS/SUB，UNIX 的 NFS，苹果系统的 AFP，Novell 系统的 NCP；另一种是与系统平台无关的 Internet 服务协议，如 HTTP、FTP 等。

NFS 协议（NetWork File System，网络文件系统）是 UNIX 系统间实现磁盘文件共享的一种协议，支持应用程序在客户端通过网络存取位于服务器磁盘中数据的一种文件系统协议。它包括许多种协议，最简单的网络文件系统是网络逻辑磁盘，即客户端的文件系统通过网络操作位于远端的逻辑磁盘（共享虚拟盘）。在 UNIX 主机之间一般采用 Sun 公司开发的 NFS，它能够在所有 UNIX 系统之间实现文件数据的互访，该协议逐渐成为主机间共享资源的一个标准。

CIFS 协议（Common Internet File System，通用 Internet 文件系统）是由 Microsoft 公司开发的文件访问协议，用于连接 Windows 客户机和 Windows 服务器。它也可以用于连接 Windows 客户机和 UNIX 服务器，执行文件共享和打印等任务。

CIFS 协议来自 NBT（NetBIOS over TCP/IP）协议。NBT 协议进一步发展为 SMB（Server Message Block）协议和 CIFS 协议，其中，CIFS 协议用于 Windows 系统，而 SMB 协议广泛用于 UNIX 系统和 Linux 系统，两者可以互通。SMB 协议也称做 Lan Manager 协议。Microsoft 操作系统家族和几乎所有的 UNIX 服务器都支持 SMB 协议。

从趋势上看，TOE（TCP/IP Offload Engine）协议已经逐步成熟，Intel、Adaptec 公司都已经有成熟的产品，并将逐步应用在网络适配器上。同时，iSCSI 协议的产品方案也逐步成熟，这两种技术将大大推进 NAS 的应用发展。

但 NAS 也有明显的缺点：

（1）NAS 设备与客户机通过企业网进行连接，因此数据备份或存储过程中会占用网络的带宽，这必然会影响企业内部网络上的其他网络应用。共用网络带宽成为限制 NAS 性能的主要问题。

（2）NAS 的可扩展性受到设备大小的限制，增加另一台 NAS 设备非常容易，但是要想将两个 NAS 设备的存储空间无缝合并并不容易，因为 NAS 设备通常具有单独的网络标识符，存储空间的扩大上有限。

（3）NAS 访问需要经过文件系统格式转换，所以是以文件一级来访问的，不适合 Block 级的应用，尤其是要求使用裸设备的数据库系统。

3. FC SAN

1）FC SAN 概述

FC SAN 与前面介绍的 NAS 完全不同。它不是把所有的存储设备集中安装在一个专门的 NAS 服务器中，而是将这些存储设备单独通过光纤交换机连接起来，形成一个基于光纤通道的存储子网，然后再与现有局域网进行连接。FC SAN 存储网络结构如图 6-3 所示。

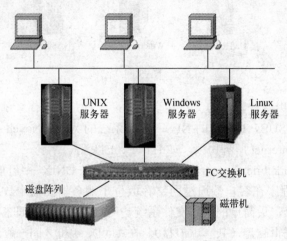

图 6-3　FC SAN 存储网络结构

1991 年，IBM 公司在 S/390 服务器中推出了 ESCON（Enterprise System Connection，企业级系统连接）技术。它是基于光纤介质的，最大传输速率达 17MB/s 的服务器访问存储器的一种连接方式。在此基础上，进一步推出了功能更强的 ESCON Director（一种 FC Switch）构建了一套最原始的 SAN（Storage Area Network，存储区域网络）系统。存储网络化顺应了计算机服务器体系结构网络化的趋势，即内部总线架构将逐渐走向消亡，改为向交换式（Fabric）网络化方向发展。

SAN 的支撑技术是光纤通道——Fibre Channel（FC）技术。它是 ANSI（美国国家标准学会）为网络和通道 I/O 接口建立的一个标准集成。FC 技术支持 HIPPI、IPI、SCSI、IP 和 ATM 等多种高级协议，其最大特性是将网络和设备的通信协议与传输物理介质隔离开，这样多种协议可在同一个物理连接上同时传送，使得系统建设的成本和复杂程度大大降低。

光纤通道支持多种拓扑结构，主要有点到点（Point-to-Point）、仲裁环（FC-AL）及交换式网络结构（FC-XS）等。点到点方式的例子是一台主机与一台磁盘阵列通过光纤通道连接，可以实现 DAS 应用。在 FC-XS 交换式架构下，主机和存储装置之间通过智能型的光纤通道交换机连接，并通过存储网络的管理软件进行统一管理。

光纤接口提供了 10km 以上的连接距离，这使得实现不在机房本地，理论上分离的存储管理变得非常容易。并且，在 SAN 网络中提供了多主机连接，任何服务器都可以连接到任何存储阵列，这样不管数据存放在哪里，服务器都可直接存取所需的数据，为数据的共享打下了很好的基础。

同时，随着存储容量的爆炸性增长，用户只需要增加磁盘阵列中的磁盘或增加新的磁盘阵列，这样就可以很容易地增加企业所拥有的存储容量。由于 SAN 方案简化了管理，实现了数据的集中存放和控制，应用需求量逐步增大。而且随着成本和技术上应用瓶颈的逐步解决，SAN 的应用范围从金融、电信等高端用户逐渐扩展到了中、低端用户。

2）FC SAN 网络的组成部件

FC SAN 网络中主要包括如下的组成部件：

（1）主机和主机适配器（FC-HBA）。连接 FC SAN 存储设备的主机必须要和 FC SAN 存储设备连接的主机总线适配卡（Host Buss Adapter，HBA）。FC-HBA 是一个 I/O 设备，类似于 SCSI 卡和网卡。FC-HBA 卡插在主机的总线插槽上，其作用是将主机信号和 FC 信号进行相互转换，在主机端支持 FC 协议。

（2）FC-AL 集线器。在 FC SAN 中，主机通过 FC-AL 集线器或 FC 交换机来访问存储设备。FC-AL 集线器或 FC 交换机的作用类似于互联网中的交换机的作用。FC-AL 集线器又称为光纤环路仲裁环集线器，FC-AL 集线器的设备连接方式类似于一般的集线器，设备连接呈现星形而逻辑结构为仲裁环，FC-AL 集线器结构如图 6-4 所示。

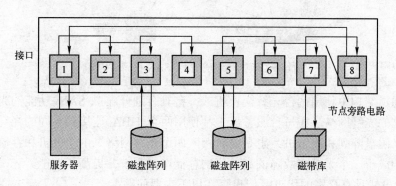

图 6-4　FC-AL 集线器结构

FC-AL 集线器用节点旁路电路将集线器的接口连接在一起，实现环路拓扑结构，当有设备接入时，节点旁路电路断开，设备正常使用。对于具有管理功能的集线器，通过命令可以使某个端口断开。FC-AL 集线器的带宽是共享的，在同一时间只有一对设备可以相互通信。FC-AL 集线器的典型应用是连接 7～12 个节点，一个回路最多可以连接 127 个节点。FC-AL 集线器一般适用于小型应用场合。

（3）FC 交换机。类似于 FA-AL 集线器，FC 交换机也是 SAN 存储结构的组网设备，负责主机与存储设备的连接。类似于互联网中的交换机，FC 交换机上的所有设备都可以得到 FC 交换机提供的最大带宽。FC 交换机具有良好的性能特点，是构建 FC SAN 存储网络的有力工具。理论上，一个 SAN 存储网中可以最多有 239 个交换机，连接 1600 万个节点设备。

（4）桥接设备。为了将以前的并行 SCSI 存储设备连接到 FC SAN 网络中需要使用桥接设备，桥接设备起到 SCSI 接口和 FC 接口转换的作用。

（5）存储设备。存储设备是 SAN 存储网络中的磁盘阵列设备或磁盘库设备。这些存储设备可以使用 FC 接口与 FC 交换机或 FC 集线器连接。如果存储设备为标准的 SCSI 接口，可以通过桥接设备连接。

（6）连接线缆。用于连接 SAN 设备的线缆，FC 标准下可以通过同轴线、光纤介质进行设备间的信号传输，使用同轴线传输距离为 30m，使用多模光纤，连接距离可达数百米，使用单模光纤，连接距离可达 10km。

（7）管理软件。一个强大的管理软件是 SAN 存储网络的重要组成部分。管理软件应当具有强大的设备配置能力、管理监控能力、故障发现能力和故障处理能力。

3）双光纤通道的 FC SAN 存储架构

在 FC SAN 架构中，如果服务器、存储设备、光纤交换机之间只有一条连接通道，可能会产生单点故障，可以考虑使用双光纤通道结构，如图 6-5 所示。

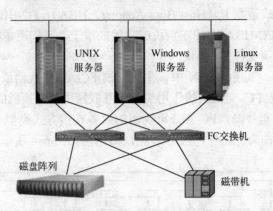

图 6-5　双光纤通道的 FC SAN 存储结构

双光纤通道结构中使用两台光纤交换机或一台具有划分虚拟 SAN 功能的光纤交换机，构成两个独立的光纤网络。在每台服务器上都使用两个 HBA 连接到不同的光纤网络中，而且存储设备（磁盘阵列和磁带机）也是同时接入两个光纤网络。由于主机和存储设备的冗余连接，这样构成了一个无单点故障的高可靠的存储网络系统并提高了性能。

FC SAN 虽然具有众多的优点，但也存在以下主要问题：

（1）成本高昂。由于 FC 协议在成熟度和互连性上无法与以太网相比，导致 FC 协议只能局限于存储系统应用，无法实现大规模推广，这直接导致了 FC 产品价格的昂贵；同样，与 FC SAN 相关的所有产品都身价高昂，无论是备份软件的 FC SAN 模块，还是 SCSI 硬盘简单更换连接口成为 FC 硬盘，都要翻上几倍的价钱。

（2）兼容性差。不同厂商的 FC 产品之间的兼容性和互操作性差导致了用户无法自己维护 FC 设备，必须购买昂贵的厂商服务。如果用户的环境中包括多种 FC 存储设备，用户每年花在 FC SAN 的系统保修服务的费用可能就要占到当年采购成本的 15%左右。

（3）扩展能力差。FC SAN 高昂的成本和协议封闭，使得产品的开发、升级、扩容代价高昂。自 2000 年以来，存储市场中最大的中端部分就一直维持着前端两个存储控制器，后端两个（最多 4 个）光纤环路的结构。不仅产品本身无法进行性能和处理能力的扩展，产品型号向上的升级付出的代价几乎相当于购买一套新的设备。

（4）异构化严重。各厂商按照自有标准开发各种功能，如快照、复制、镜像等，导致不同厂商存储设备之间的功能无法互通，结果又出现 DAS 方式的各种问题，造成重复投资、难以管理的局面。

4．IP SAN

可以说正因为 FC SAN 存储系统是采用不同协议的双网结构，造成 FC SAN 在开放性和通用性上较差，管理复杂，使用、培训成本较高，与用户使用网络存储的目标产生了严重的偏离，所以基于统一 TCP/IP 协议的 IP SAN 网络存储应运而生。

　　IP SAN 的基本想法是将数据块和 SCSI 指令通过 TCP/IP 协议承载，通过千兆/万兆专用的以太网连接应用服务器和存储设备，继承以太网的优点，实现建立一个开放、高性能、高可靠性、高可扩展的存储资源平台。

　　目前，市场上出现的 IP SAN 产品主要是基于 iSCSI 协议，iSCSI 是由 Cisco 和 IBM 两家发起的，并且得到了各存储厂商的大力支持。iSCSI（互联网小型计算机系统接口）是一种在 TCP/IP 上进行数据块传输的标准，iSCSI 继承了两大最传统技术：SCSI 和 TCP/IP 协议，实际是将 SCSI 命令压缩到 TCP/IP 包中，形成可以在 IP 协议上运行的 SCSI 指令集，用来实现在诸如高速千兆以太网上进行快速的数据存取备份操作。

　　iSCSI 存储系统由 iSCSI 发起端和 iSCSI 目标端组成。iSCSI 发起端的主机需安装 iSCSI Initiator（初始卡），Initiator 可分为软件 Initiator 驱动程序、硬件的 TOE HBA 卡和 iSCSI HBA 卡 3 种。与 FC SAN 存储系统相比，iSCSI 存储系统只是把 FC 光纤通道卡和光纤通道协议变为 iSCSI HBA 卡和 iSCSI 协议，其他方面完全一样。在 iSCSI 存储系统中，iSCSI HBA 卡将 TCP/IP 协议作为引擎在卡内实现，通过 iSCSI 协议与 TCP/IP 协议映射，实现和应用程序的数据块 I/O 操作。

　　典型的以 iSCSI 设备为核心的 IP SAN 存储网络的结构如图 6-6 所示，IP SAN 一般被称为单网结构，网络中所有的数据都是通过以太网进行传输和交换的。IP SAN 的优点主要有以下几个方面：

　　（1）广泛分布的以太网为 IP SAN 的部署提供了基础，可充分利用现有设备，不需要对现有系统做大的修改。

　　（2）千兆/万兆以太网的普及为 IP SAN 提供了更大的运行带宽。

　　（3）以太网知识的普及为基于 iSCSI 技术的 IP SAN 提供了大量的管理人才。

　　（4）由于基于 TCP/IP 网络，完全解决数据远程复制（Data Replication）及灾难恢复（Disaster Recover）等传输距离上的难题。

　　（5）得益于以太网设备的价格优势和 TCP/IP 网络的开放性和便利的管理性，设备扩充和应用调整的成本付出小。

　　（6）信息传输和存储使用同一网络协议也是将来实现存储虚拟化的基础。

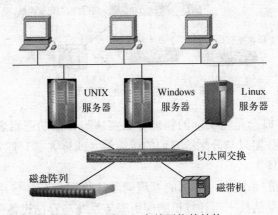

图 6-6　IP SAN 存储网络的结构

　　今天的千兆以太网已经普及，这也是基于 TCP/IP 的 iSCSI 协议进入实用的保证。得益于优秀的设计，以太网从诞生到现在遍及了所有有网络的地方，到现在依然表现出非凡的生命力，在全球无数网络厂商的共同努力下，以太网的速度稳步提升，以太网的主要部件交换机路由器均已有万兆级别的产品，万兆网络已经实际应用。

随着产品的不断丰富，以及设备厂商间的剧烈竞争，其建设成本在不断下降，万兆网络的普及已日益临近。当 iSCSI 以 10Gb 高速传输数据时，基于 iSCSI 协议的 IP SAN 将会无可争议地成为网络存储的王者。

6.2　虚拟存储与分级存储

6.2.1　虚拟存储技术

1. 虚拟存储概述

随着围绕数字化、网络化开展的各种多媒体处理业务的不断增加，存储系统网络平台已经成为一个核心平台，同时各种应用对平台的要求也越来越高，不光是在存储容量上，还包括数据访问性能、数据传输性能、数据管理能力、存储扩展能力等多个方面。可以说，存储网络平台的综合性能的优劣，将直接影响到整个系统的正常运行。为达到这些要求，一种新兴的技术正越来越受到大家的关注，即虚拟存储技术。

所谓虚拟存储（Storage Virtualization），就是把多个存储介质模块通过一定的手段集中管理起来，形成统一管理的存储池。这种可以将多种、多个存储设备统一管理起来，为使用者提供大容量、高数据传输性能的存储系统就称为虚拟存储。虚拟存储的示意图如图 6-7 所示。

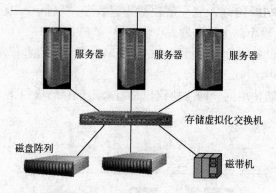

图 6-7　虚拟存储的示意图

存储虚拟化的基本概念是将实际的物理存储实体与存储的逻辑表示分离开，使用虚拟存储管理技术，应用服务器只与分配给它们的逻辑卷（或称虚卷）打交道，而不用关心其数据是在哪个物理存储实体上。

在有多种存储设备的系统中，数据的管理问题往往很复杂，使用虚拟存储可以简化数据管理的复杂性。虚拟存储技术将计算机的应用服务系统与存储设备分割开，使各种不同的存储设备看上去具有标准的存储特性，应用系统不需要再关心数据存储的具体设备，减轻了应用系统的负担。

虚拟存储可以转化设备的使用方式。所谓"虚拟"就是模拟的，而不是真实的，其目的除了方便上层服务器简单统一的使用存储设备之外，还在于扩展现有设备和技术的应用范围和领域。例如，磁带设备，在传统的系统中，只能被当做顺序读/写设备使用，无法形成类似磁盘的文件系统，经过虚拟存储技术将磁带变成了可随机读/写的设备，改变了设备的使用方式。

通过虚拟存储还可以提高存储设备的兼容性。存储系统可以把不同时期购买的不同容量的磁盘，甚至是不同设备上的磁盘，统一起来使用，而服务器就像使用一个设备一样使用它们。通过虚拟存储技术，可以在设备的使用形式上做些手脚：明明是磁带，却被当做磁盘使用；明明是磁盘，却被当做磁带使用；明明是 TCP/IP 的网络连接，却虚拟成了SCSI 连接等。

虚拟存储技术是为解决复杂烦琐的存储管理而产生的，但是随着虚拟存储技术的发展，虚拟存储在很多方面表现出优秀的性能。现在虚拟存储技术的发展方向已经扩散得非常广泛。有些部分是为了提高存储系统性能，有些部分是为了提高系统容量，有些部分是为了改变设备使用方式，有些部分甚至是针对存储安全而发展出来的。

2．虚拟存储的特点

虚拟存储技术在最近几年的时间里，已经取得了辉煌的成就。其中的磁带虚拟、磁盘资源管理、跨卷多级管理等技术，已经出现了一大批相当成熟的产品和解决方案，完善和丰富了今天的存储系统。随着厂商、用户和技术标准机构对这一技术方向的关注，虚拟存储技术的新成果正在不断涌现。总体上来看，虚拟存储具有以下主要特点：

（1）虚拟存储提供了一个大容量存储系统集中管理的手段，由网络中的一个环节（如服务器）进行统一管理，避免了由于存储设备扩充所带来的管理方面的麻烦。

例如，使用一般存储系统，当增加新的存储设备时，整个系统（包括网络中的诸多用户设备）都需要重新进行烦琐的配置工作，才可以使这个"新成员"加入存储系统之中。而使用虚拟存储技术，增加新的存储设备时，只需要网络管理员对存储系统进行较为简单的系统配置更改，客户端无须任何操作，感觉上只是存储系统的容量增大了。

（2）虚拟存储技术为存储资源管理提供了更好的灵活性，可以将不同类型的存储设备集中管理使用，保障了用户以往购买的存储设备的投资。

（3）虚拟存储技术可以通过管理软件，为网络系统提供一些其他的有用功能，如无须服务器的远程镜像、数据快照（Snapshot）等。

（4）虚拟存储对于视频网络系统最有价值的特点是：可以大大提高存储系统整体访问带宽。存储系统是由多个存储模块组成的，而虚拟存储系统可以很好地进行负载平衡，把每一次数据访问所需的带宽合理地分配到各个存储模块上，这样系统的整体访问带宽就增大了。

例如，一个存储系统中有 4 个存储模块，每一个存储模块的访问带宽为 50MBps，则这个存储系统的总访问带宽就可以接近各存储模块带宽之和，即 200MBps。

3．虚拟存储的实现方式

虚拟存储要解决的关键问题是逻辑卷与物理存储实体之间的映射关系，这种映射关系可以在计算机主机层解决，也可以在存储设备层解决，还可以在存储网络层解决。

（1）由安装在应用服务器上的卷管理软件完成存储的虚拟化，称为主机级的虚拟化。基于主机端的虚拟存储，几乎都是通过纯软件的方式实现的。这种实现机制不需要引入新的设备，也不影响现有存储系统的基本结构，所以实现成本很低。但是其难以克服的困难是平台的依赖太重，开发商要为每一种系统平台甚至每个版本开发一套软件，工作量是可想而知的。同时，由于存储管理由主机解决，也增加了主机的负担。

（2）由存储设备的控制器实现存储虚拟化的方法，称为存储设备级的虚拟化。基于存储设备的虚拟技术虽然效率高、性能好，但在现实中各个厂商往往只提供对自身产品的支持，不能解决异构存储环境中的虚拟化问题。

（3）由加入存储网络 SAN 的专用装置实现存储虚拟化，称为网络级的虚拟化。这种方法可以管理存储网络中不同厂商的设备，实现所有存储设备的统一管理，这是一种较好的存储虚拟化方法，这种开放性的优势是一类产品得以发展的强大动力所在。

主机级和存储设备级的虚拟化都是比较低级的早期虚拟化，它们不能将多个异构的存储设备整合成一个存储池，并在其上建立逻辑虚卷，以达到充分利用存储容量、集中管理存储、降低存储成本的目的。

6.2.2 分级存储技术

1. 分级存储概述

所谓分级存储，就是根据数据不同的重要性、访问频率等指标将数据分别存储在不同性能的存储设备上。这样一方面可大大减少非重要性数据在一级本地磁盘所占用的空间，节省昂贵存储设备的成本；另一方面还可以加快整个系统的存储性能。

从数据的活跃程度来考虑，企业一般可以将它们的数据分成如下几类，不同活跃程度的数据可以采用不同性能的存储设备来存储。

（1）活跃数据：日常业务操作中频繁使用的数据。

（2）近期历史数据：访问频度较低，但仍然需要保持在线的数据。

（3）存档数据：在异常情况下仍然需要访问的数据，这是访问量很小、但必须保存的数据。

在分级数据存储结构中，磁带库等成本较低的存储资源用来存放访问频率较低的信息，而磁盘或磁盘阵列等成本高、速度快的设备，用来存储经常访问的重要信息。数据分级存储的工作原理是基于数据访问的局部性。通过将不经常访问的数据自动迁移到存储层次中较低的层次，释放出较高成本的存储空间给更频繁访问的数据，可以获得更好的总体性价比。

分级存储的优点主要体现在以下 3 个方面。

1）减少总体存储成本

在传统的在线存储中，所有数据都存储在一线磁盘存储设备上，而由于绝大多数数据的访问率并不高，占用了大量宝贵的磁盘空间，在一定程度上是一种浪费。如果把访问频率低的数据转移到存储性能稍低的磁盘（如 IDE 或 SATA 接口磁盘）或磁带、光盘存储设备上，存储成本可以大幅降低。

2）提高整体系统性能

由于大量数据被转移到下级存储设备上，需要时刻保持在一级存储设备上的数据就少了，系统资源的占用也就少了许多，整体系统性能自然也就提高了。

3）提高存储数据的安全性

如果采用了离线存储方式，对很少使用的数据保存在磁带这样的离线存储介质上，则不仅能提高系统的性能，还可确保数据的安全性。

2．分级存储的方式

在分级存储方式下，可以把数据存储分为在线存储（On store）、离线存储（Off store）和近线存储（Near store）3 种方式。

1）在线存储

在线存储又称工作级的存储，存储设备和所存储的数据时刻保持"在线"状态，是可随时读取的，可满足计算平台对数据访问的速度要求。例如，PC 中常用的磁盘基本上都采用这种存储形式。一般在线存储设备为磁盘和磁盘阵列等磁盘设备，价格相对昂贵，但性能最好。

2）离线存储

离线存储主要是用于对在线存储的数据进行备份，以防范可能发生的数据灾难，因此又称备份级的存储。离线海量存储的典型产品就是磁带机或磁带库，价格相对低廉。离线存储介质上的数据在读/写时是顺序进行的。当需要读取数据时，需要把磁带卷到头，再进行定位。当需要对已写入的数据进行修改时，所有的数据都需要全部进行改写。因此，离线海量存储的访问速度慢、效率低，适合于大批量数据的顺序读/写。

3）近线存储

所谓近线存储，就是指将那些并不是经常用到，或者说数据的访问量并不大的数据存放在性能较低的存储设备上。近线存储对性能要求相对来说并不高，但由于不常用的数据要占总数据量的大多数，这也就意味着近线存储设备首先要保证的是容量。

3．存储模式的选择

分级存储管理是一种将离线存储、近线存储与在线存储融合统一管理的技术。它将高速、高容量的非在线存储设备作为磁盘设备的下一级设备，然后将在线存储设备中不常用的数据按指定的策略自动迁移到磁带库等二级大容量存储设备上。通过数据迁移技术，做到合理使用存储资源，降低昂贵存储设备的投入和管理成本。

当需要使用这些数据时，分级存储系统会自动将这些数据从下一级存储设备调回到上一级存储设备上。对于用户来说，上述数据迁移操作完全是透明的，虽然在需要访问二级存储设备上的数据时速度上略有怠慢，但对常用数据的速度会加快，在线存储设备的容量明显大大提高。

分级存储管理应具备监测磁盘容量并在磁盘容量达到某一阈值的情况下做出反应的能力。这种软件经过配置后可以为某个卷设定一个最小的剩余空间，·当达到这个极限后自动向用户发出警告，提示用户或自动进行数据迁移。这样便可以立即释放空间，管理员也可以在今后有空闲时再来解决空间的问题。

在实现分级存储管理时，应选择合适的存储模式。所谓存储模式是指在存储系统的设计中如何选择使用在线存储、近线存储和离线存储。存在着两种基本的存储模式："在线存储和离线存储的两级存储模式"和"在线存储、近线存储和离线存储的三级存储模式"。

1）在线存储和离线存储的两级存储模式

传统存储备份系统中业务生产系统数据存放在在线存储设备（如 SCSI 或 FC 磁盘阵列

系统）中，保证应用系统可随时读/写数据；为保证生产数据的安全性，防范可能发生的数据灾难，使用离线存储设备（如磁带库系统）对生产系统业务数据进行备份。磁带库的容量要满足能够存放多份生产数据的备份，磁带库的性能和读/写速率需要满足在规定的备份窗口时间内完成备份工作的要求。使用磁带设备进行离线备份具有如下好处：

（1）可以进行脱机保存，甚至异地保存，安全性和可靠性非常好，能够满足数据归档和行业法规的要求。

（2）可以根据备份策略，保留多个副本。

（3）价格相对磁盘便宜（为磁盘的 1/3～1/2），而且数据量越大时，成本优势越明显。

（4）配合自动化的磁带库和自动管理软件，管理成本低。

（5）易于扩展，扩展成本较低，可以扩展到 PB 甚至更大的容量。

使用磁带设备进行离线备份的缺点主要是：顺序读/写的磁盘不利于实现频繁（如一天多次）备份和恢复；要实现高速备份和恢复时，要添加多个驱动器，增加了设备成本；另外，对单个文件的恢复速度相对较慢。

2）在线存储、近线存储和离线存储的三级存储模式

在传统的在线存储和离线存储两级存储模式中进一步细分，把在线存储中不经常访问的数据存放到近线存储设备中，将历史数据进行归档保存到离线存储设备上，形成三级存储模式。

在分级存储管理的系统中经常使用虚拟存储备份管理软件，由虚拟存储备份管理软件向用户提供一个透明的存储系统，按照用户制定的备份策略自动将归档备份目录下的历史数据和其他非活动数据自动归档迁移或备份到近线存储设备中，将长期不再访问的数据归档备份到磁带库中。

采用近线存储设备进行数据迁移或备份的优点如下：

（1）提高数据备份的安全性，近线存储磁盘设备本身采用 RAID-5 等技术对备份数据提供了校验和保护，而磁带库写磁带相当于 RAID-0，未提供数据保护，即进行多份复制，当一次备份数据量达到 TB 级以上后，无法保证每个复制都能够成功。

（2）适用于对归档备份后的数据有较高频度的检索访问需求，这样可极大地提高对非活跃数据的访问效率。

（3）读/写速度比磁带库明显提高，极大缩短备份窗口时间，并缩短数据恢复时间。

（4）对数量巨大的文件系统数据备份优势明显，缩短读/写文件的文件寻址时间，可明显加快数据恢复，如新华社、国家气象局、地质局等单位均采用了此项技术。

缺点主要是磁盘始终是在线的介质，风险相对较大，较易遭到人为误操作、病毒黑客、物理振动和冲击等危险，不能进行脱机的异地保存。成本较高，为磁带存储的2～3 倍。

3）选取存储模式的主要决定因素

分级存储涉及几种不同性能的存储设备和存储形式。系统中采用的存储方案是存储设备性能和应用需求的平衡。存储设备投入的成本越高，获得的带宽就越大，数据访问的速度越快。在同种设备中，也还有性能和价格上的差异。最终选用哪一种存储模式，主要由以下应用需求来决定：

（1）系统中数据的访问频度和相应时间要求。

（2）数据是基于数据库系统存储，还是基于文件系统存储。

（3）生产系统中需要保留历史数据的时间长度，必须保留三个月的数据，一年的数据，还是三年的数据。

（4）归档备份后的数据可能被访问检索的频度。

（5）对恢复备份数据的时间要求。

6.3　常用存储设备介绍

本节结合一些使用广泛的存储设备，介绍这些存储设备的特点、技术参数、使用场合。通过对典型设备的介绍，用户在选购自己的设备时能够把握实质，选购最适合自己的产品。

6.3.1　磁盘及磁盘阵列

磁盘存储设备（磁盘阵列）是信息系统的主要存储设备，它的性能的好坏直接影响到系统总的性能。磁盘系统主要作为在线和近线设备使用。

根据使用情况的不同，厂家在销售磁盘存储设备时往往同时提供相应的磁盘管理系统软件，如适合于 NAS 环境使用的 NAS 管理系统，适合于 SAN 环境使用的 SAN 管理系统。这些管理系统成为磁盘存储设备的重要组成部分。

1．磁盘的接口技术

目前在服务器领域上，最常见的 3 种硬盘接口技术是 SATA、SCSI 和 SAS，还有具有光纤通道接口的高端硬盘。

1）SATA

SATA（Serial Advanced Technology Attachment）是串行 ATA 的缩写，目前能够见到的有 SATA-1 和 SATA-2 两种标准，对应的传输速率分别是 150MB/s 和 300MB/s。SATA 主要用于已经取代遇到瓶颈的 PATA 接口技术。从速度这一点上，首先，SATA 在传输方式上也比 PATA 先进，已经远远把 PATA（并行 ATA）硬盘甩到了后面；其次，从数据传输角度来看，SATA 比 PATA 抗干扰能力更强。

SATA-1 目前已经得到广泛应用，其最大数据传输速率为 150MB/s，信号线最长 1m。SATA 一般采用点对点的连接方式，即一头连接主板上的 SATA 接口，另一头直接连硬盘，没有其他设备可以共享这条数据线，而并行 ATA 允许这种情况（每条数据线可以连接 1～2 个设备），因此也就无须像并行 ATA 硬盘那样设置主盘和从盘。

另外，SATA 所具备的热插拔功能是 PATA 所不能比的，利用这一功能可以更加方便地组建磁盘阵列。串行接口的数据线由于只采用了四针结构，因此与并行接口相比安装起来更加便捷，更有利于缩减机箱内的线缆，有利于散热。

2）SCSI

SCSI（Small Computer System Interface）是一种专门为小型计算机系统设计的存储单元接口模式，可以对计算机中的多个设备进行动态分工操作，对于系统同时要求的多个任务，可以灵活机动地适当分配，动态完成。

　　SCSI 规范发展到今天，已经是第六代技术了，从刚创建时的 SCSI（8bit）、Wide SCSI（8bit）、Ultra Wide SCSI（8bit/16bit）、Ultra Wide SCSI 2（16bit）、Ultra 160 SCSI（16bit）到今天的 Ultra 320 SCSI，速度从 1.2MB/s 到现在的 320MB/s 有了质的飞跃。目前的主流 SCSI 硬盘都采用了 Ultra 320 SCSI 接口，能提供 320MB/s 的接口传输速率，转数可达万转以上。

　　SCSI 硬盘也有专门支持热插拔技术的 SCA2 接口（80-pin），与 SCSI 背板配合使用，就可以轻松实现硬盘的热插拔。目前，在工作组和部门级服务器中，热插拔功能几乎是必备的。

　　3）SAS

　　SAS 是 Serial Attached SCSI 的缩写，即串行连接 SCSI。和现在流行的 Serial ATA（SATA）硬盘相同，都是采用串行技术以获得更高的传输速度，并通过缩短连接线来改善内部空间等。

　　SAS 是新一代的 SCSI 技术，同 SATA 之于 PATA 的革命意义一样，SAS 也是对 SCSI 技术的一项变革性发展。它既利用了已经在实践中验证的 SCSI 功能与特性，又以此为基础引入了 SAS 扩展器。SAS 可以连接更多的设备，同时由于它的连接器较小，SAS 可以在 3.5in 或 2.5in 硬盘驱动器上实现全双端口，这种功能以前只在较大的 3.5in 光纤通道硬盘驱动器上能够实现。这项功能对于高密度服务器，如刀片服务器等需要冗余驱动器的应用非常重要。

　　为保护用户投资，SAS 的接口技术可以向下兼容 SATA。SAS 系统的背板（Backplane）既可以连接具有双端口、高性能的 SAS 驱动器，也可以连接高容量、低成本的 SATA 驱动器。过去由于 SCSI、ATA 分别占领不同的市场段，且设备间共享带宽，在接口、驱动、线缆等方面都互不兼容，造成用户资源的分散和孤立，增加了总体拥有成本。而现在，用户即使使用不同类型的硬盘，也不需要再重新投资，对于企业用户投资保护来说，意义非常。但需要注意的是，SATA 系统并不兼容 SAS，所以 SAS 驱动器不能连接到 SATA 背板上。

　　SAS 使用的扩展器可以让一个或多个 SAS 主控制器连接较多的驱动器。每个扩展器可以最多连接 128 个物理连接，其中包括其他主控连接、其他 SAS 扩展器或硬盘驱动器。这种高度可扩展的连接机制实现了企业级的海量存储空间需求，同时可以方便地支持多点集群，用于自动故障恢复功能或负载平衡。目前，SAS 接口速率为 3Gbps，其 SAS 扩展器多为 12 端口。不久，将会有 6Gbps 甚至 12Gbps 的高速接口出现，并且会有 28 端口或 36 端口的 SAS 扩展器出现以适应不同的应用需求。其实际使用性能足以与光纤相媲美。

　　SAS 虽然脱胎于 SCSI，但由于其满足高端应用的突出性能优势，人们更普遍把 SAS 与光纤技术进行比较。SAS 采用了点到点的连接方式，每个 SAS 端口提供 3Gbps 带宽，传输能力与 4Gbps 光纤相差无几，这种传输方式不仅提高了高可靠性和容错能力，同时也增加了系统的整体性能。SAS 协议的交换域能够提供 16 384 个节点，而光纤环路最多提供 126 个节点。而兼容 SATA 磁盘所体现的扩展性是 SAS 的另一个显著优点，针对不同的业务应用范围，用户可灵活选择不同的存储介质，降低了用户成本。

　　在 SAS 接口享有种种得天独厚的优势的同时，SAS 产品的成本从芯片级开始，都远远低于 FC，而正是因为 SAS 突出的性价比优势，使 SAS 在磁盘接口领域，给光纤存储带来极大的威胁。目前，已经有众多的厂商推出支持 SAS 磁盘接口协议的产品，虽然目前尚未在用户层面普及，但 SAS 产品部落已经初具规模。SAS 成为下一代存储的主流接口标准，成就磁盘接口协议的明日辉煌已经可以预见。

4）FC

光纤通道标准已经被美国国家标准协会（ANSI）采用，是业界标准接口。通常人们认为它是系统与系统或者系统与子系统之间的互联架构，它以点对点（或是交换）的配置方式在系统之间采用了光缆连接。当然，当初人们就是这样设想的，在众多为它制定的协议中，只有 IPI（智能外设接口）和 IP（网际协议）在这些配置里是理想的。

后来光纤通道的发展囊括了电子（非光学）实现，并且可以用成本相对较低的方法将包括硬盘在内的许多设备连接到主机端口。对这个较大的光纤通道标准集有一个补充，称为光纤通道仲裁环（FC-AL）。FC-AL 使光纤通道能够直接作为硬盘连接接口，为高吞吐量性能密集型系统的设计者开辟了一条提高 I/O 性能水平的途径。目前，高端存储产品使用的都是 FC 接口的硬盘。

FC 硬盘由于通过光学物理通道进行工作，因此起名为光纤硬盘，现在也支持铜线物理通道。就像是 IEEE 1394，Fibre Channel 实际上定义为 SCSI-3 标准一类，属于 SCSI 的同胞兄弟。作为串行接口 FC-AL 峰值可以达到 2Gbps 甚至是 4Gbps。而且通过光学连接设备最大传输距离可以达到 10km。通过 FC-loop 可以连接 127 个设备，也就是为什么基于 FC 硬盘的存储设备通常可以连接几百颗甚至上千颗硬盘提供大容量存储空间。

最早普及使用的光纤接口带宽为 1Gbps，随后是 2Gbps 带宽光纤产品，现在最新的带宽标准是 4Gbps，目前普遍厂商都已经推出 4Gbps 相关新品。事实上，4Gbps 光纤信道传输协议早在 2002 年就已经通过美国国家标准协会（ANSI）的光纤信道实体接口（Fibre Channel-Physical Interfaces，FC-PI）规范，而与此同时，10Gbps 光纤标准也在同一年发表，但由于 10Gbps 光纤并不具备向下兼容的能力，用户如果希望升级到 10Gbps 光纤平台，则必须更换所有基础设施，成本过于昂贵，一直无人问津。

相比较之下，4Gbps 是以 2Gbps 为基础延伸的传输协议，可以向下兼容 1Gbps 和 2Gbps，所使用的光纤线材、连接端口也都相同，意味着使用者在导入 4Gbps 设备时，不需要为了兼容性问题更换旧有的设备，不但可以保护既有的投资，也可以采取渐进式升级的方式，逐步淘汰旧有的 2Gbps 设备。

2. 磁盘阵列及种类

磁盘阵列（RAID）是由一个硬盘控制器来控制多个硬盘的相互连接，使多个硬盘的读/写同步，减少错误，增加效率和可靠度的技术。

磁盘阵列有许多优点：首先，提高了存储容量；其次，多台磁盘驱动器可并行工作，提高了数据传输率；再次，由于有校验技术，提高了可靠性：如果阵列中有一台硬磁盘损坏，利用其他盘可以重新恢复出损坏盘上原来的数据，而不影响系统的正常工作，并可以在带电状态下更换已损坏的硬盘（即热插拔功能），阵列控制器会自动把重组数据写入新盘，或写入热备份盘而将新盘用做新的热备份盘；另外，磁盘阵列通常配有冗余设备，如电源和风扇，以保证磁盘阵列的散热和系统的可靠性。

磁盘阵列因其独特的特征和可靠的性能被广泛地应用于多个行业，如 ISP、医学影像、银行等在线处理业务部门、影像服务器、石油工业、关键部门的数据中心、多媒体和数据库应用等。

对于磁盘失效的保护通过 RAID 技术已经成功地实现，但 RAID 阵列降低数据存储费用的目的没有达到，实际上，RAID 阵列的价格通常比标准的磁盘驱动器更高一些。尽管如此，RAID 技术确实提供了比通常的磁盘存储更高的性能指标、数据完整性和数据可用性，尤其是在当今面临的 I/O 总是滞后于 CPU 性能的瓶颈问题越来越突出的情况下，RAID 解决方案能够有效地弥补这个缺口。

磁盘阵列有 3 种类型：一是外接式磁盘阵列柜；二是内接式磁盘阵列卡；三是利用软件仿真。外接式磁盘阵列柜具有可热抽换（Hot Swap）的特性，常被使用在大型服务器上，这类产品的价格很贵。内接式磁盘阵列卡，因为价格便宜，但需要较高的安装技术，适合技术人员使用操作。另外，利用软件仿真的方式，由于会拖累机器的速度，不适合大数据流量的服务器。

3．相关技术及术语

（1）RAID 级别：在选择磁盘阵列时应选择与自己应用相适合的产品，以实现对不同 RAID 级别的支持。

（2）RAID 处理器：在 RAID 设备中使用的处理器（CPU）的型号，处理器应当有足够的处理速度和总线带宽。

（3）二级缓存：在主机与存储设备交换信息时，主机信息先被存放在 RAID 的缓存中，再由 RAID 控制器转存到硬盘上。RAID 设备必须有足够存储空间接收主机传来的数据。足够大的二级缓存可保证主机信息流的流畅传输。

（4）磁盘混用：可以在一台磁盘阵列中使用不同类型的磁盘。

（5）支持硬盘容量：系统使用的硬盘的容量。

（6）硬盘插槽数量：系统支持的硬盘的插槽数。

（7）通道类型：该存储设备与其他设备通信通道的类型。通道类型可以分为主机通道和磁盘通道两种。

（8）通道数据传输速率：主机与存储设备间的数据传输速率。这个参数是存储设备效率的重要指标。一般来说，存储设备具有多个通道，多个通道可以同时与主机间进行数据交换。

（9）可扩展性：该设备是否具有可扩展性。

（10）热插拔特性：在不间断电源的情况下更换磁盘的特性。

（11）冗余设计：电源冗余和风扇冗余。

（12）管理软件：是否提供管理软件，提供的管理软件的功能是否强大。

（13）远程管理能力：在远端对磁盘阵列进行管理的能力，一般可支持使用 RS-232 终端管理方式和 Web 管理方式。

（14）存储容量：系统的总存储容量。

（15）LUN 屏蔽：LUN（Logical Unit Number）屏蔽是一种网络存储的安全措施。LUN 屏蔽将逻辑设备号（LUN）分配给特定主服务器，这台主服务器只允许看到分配给它的 LUN。没有分配给某一台服务器的 LUN 被称为将这台服务器"屏蔽"了。LUN 屏蔽防止一台服务器访问其他服务器的数据，保证数据安全。

6.3.2　磁带机/库

磁带是所有存储媒体中单位存储信息成本最低、容量最大、标准化程度最高的常用存储介质之一。它互换性好、易于保存，近年来，由于采用了具有高纠错能力的编码技术和即写即读的通道技术，大大提高了磁带存储的可靠性和读/写速度。

1．磁带的类别

根据读/写磁带的工作原理可分为螺旋扫描技术、线性记录（数据流）技术、DLT 技术及比较先进的 LTO 技术。根据读/写磁带的工作原理，磁带机可以分为 6 种规格。其中两种采用螺旋扫描读/写方式的是面向工作组级的 DAT（4mm）磁带机和面向部门级的 8mm 磁带机，另外 4 种则是选用数据流存储技术设计的设备，它们分别是采用单磁头读/写方式、磁带宽度为 1/4in、面向低端应用的 Travan 和 DC 系列，以及采用多磁头读/写方式、磁带宽度均为 1/2in、面向高端应用的 DLT 和 IBM 的 3480/3490/3590 系列等。

2．磁带机

磁带机一般指单驱动器产品，通常由磁带驱动器和磁带构成，是一种经济、可靠、容量大、速度快的备份设备。这种产品采用高纠错能力编码技术和写后即读通道技术，可以大大提高数据备份的可靠性。根据安装磁带方式的不同，一般分为手动装带磁带机和自动装带磁带机，即自动加载磁带机。

自动加载磁带机实际上是将磁带和磁带机有机结合组成的。自动加载磁带机是一个位于单机中的磁带驱动器和自动磁带更换装置，它可以从装有多盘磁带的磁带匣中拾取磁带并放入驱动器中，或执行相反的过程。它可以备份 100～200GB 或者更多的数据。自动加载磁带机能够支持例行备份过程，自动为每日的备份工作装载新的磁带。一个拥有工作组服务器的小公司可以使用自动加载磁带机来自动完成备份工作。

3．磁带库

磁带库是像自动加载磁带机一样的基于磁带的备份系统，磁带库由多个驱动器、多个槽、机械手臂组成，并可由机械手臂自动实现磁带的拆卸和装填。

磁带库能够提供同样的基本自动备份和数据恢复功能，但同时具有更先进的技术特点。它可以多个驱动器并行工作，也可以几个驱动器指向不同的服务器来做备份，存储容量达到 PB（1PB=1 000 000GB）级，可实现连续备份、自动搜索磁带等功能，并可在管理软件的支持下实现智能恢复、实时监控和统计，整个数据存储备份过程完全摆脱了人工干涉。

磁带库不仅数据存储量大得多，而且在备份效率和人工占用方面拥有无可比拟的优势。在网络系统中，磁带库通过 SAN 系统可形成网络存储系统，为企业存储提供有力保障，很容易完成远程数据访问、数据存储备份或通过磁带镜像技术实现多磁带库备份，无疑是数据仓库、ERP 等大型网络应用的良好存储设备。

目前提供磁带机的厂商很多，IT 厂商中 HP（惠普）、IBM、Exabyte（安百特）等均有磁带机产品，另外专业的存储厂商如 StorageTek、ADIC、Spectra Logic 等公司均以磁带机、磁带库等为主推产品。

4．相关技术及术语

1）存储容量

存储容量是指在数据未被压缩前磁带机所能存储的最大数据量。这个数值取决于两个因素：一是单盒磁带的存储容量；二是磁带机所能容纳的磁带数目。由于磁带机采用多种不同的备份技术，所以存储容量也不一致。压缩后存储容量是指数据备份到磁带机经过压缩后所能容纳的数据量，这个数值通常是压缩前容量的两倍。

2）持续传输率

持续传输率（Sustained Transfer Rate）是指单位时间内，磁头把数据写入磁带或从磁带读出的稳定的速率，而不是突发的数值，单位通常是 Mb/s（兆位/秒）。

3）接口类型

目前，磁带机的接口类型有 LPT 接口（Line Print Terminal，俗称并口）、EIDE（Enhanced IDE，增强型 IDE）接口、SCSI 接口，以及面向 SAN（存储区域网络）的 FC（Fitber Channel，光纤通道）接口等。

4）MTBF

MTBF 即平均无故障时间，英文全称是 "Mean Time Between Failure"。是衡量一个产品（尤其是电器产品）可靠性的指标，单位为 "小时"。具体来说，是指相邻两次故障之间的平均工作时间，也称为平均故障间隔。

5）磁带尺寸

磁带尺寸广义上讲包括磁带的宽度、长度或者磁带盒的规格。磁带盒常见的规格有 3.5in（AIT 磁带居多）和 5.25in（DLT 磁带居多）。

6）存储技术

当前的磁带机支持的备份技术主要有 DAT、8mm、DLT、LTO、AIT 及 VXA 等。

7）记录密度

记录密度反映了在单位面积磁带上记录数据多寡的能力，单位通常是 bpi（bit per inch 位/英寸）。这个数值取决于磁带介质和磁头能力。通常，采用 AME（Advanced Metal Evaporated，高级金属蒸发带）介质的磁带记录密度要高于 MP（Metal Particle，普通金属磁带）介质的磁带。

8）存储介质

磁带机的存储介质就是磁带。目前，常用的磁带介质有普通金属磁带 MP（Metal Particle）高级金属蒸发带 AME（Advanced Metal Evaporated）、具有自动清洗功能的高级金属蒸发带 AME with Smart Clean TM Technology 等类型。

9）读带速度

磁头从磁带中将写入的数据读出到磁盘中的频率大小称为读带速度，单位通常是 ips

（inch per second，英寸/秒）。这个数值主要取决于磁带机的机械能力。

10）倒带速度

磁带处于 Ready（准备好）状态时，把磁带从头倒到尾的平均速度称为倒带速度，其单位通常是 ips（inch per second，英寸/秒），这个数值主要取决于磁带机的机械能力。

11）操作系统

目前，磁带机支持的操作系统主要有以下几类：Windows、NetWare、UNIX 和 Linux。

6.3.3　光纤通道交换机

光纤通道交换机（FC Switch）是 FC SAN 的核心设备，它连接着 SAN 网络中的主机和存储设备。光纤通道交换机有许多性能指标，通过对实际产品性能指标的了解，有助于对存储系统更深入地理解，也有助于在设计存储系统时选择一款适合的产品。

1. 光纤通道交换机的种类

根据使用的场合不同，存储网络的规模不同，光纤通道交换机可分为：入门级光纤通道交换机、工作组级光纤通道交换机和核心级光纤通道交换机。

1）入门级光纤通道交换机

入门级光纤通道交换机的应用主要集中于 8～16 个端口的小型工作组，它适合于低价格，很少需要扩展和管理的场合。它们往往被用来代替集线器，可以提供比集线器更高的带宽和提供更可靠的连接。它能提供有限级别的端口级联能力。一般入门级光纤通道交换机的可管理性较差。

2）工作组级光纤通道交换机

工作组级光纤通道交换机提供将许多交换机级连成一个大规模的光纤通道的能力。通过连接两台交换机的一个或多个端口，使交换机上的所有端口都可以进行通信。通过交换机级联，能够建立一个大型的、虚拟的存储交换网络。工作组级光纤通道交换机应用最多的领域是小型 SAN。当使用多家厂商的光纤通道交换机时，应注意设备的可互操作。

3）核心级光纤通道交换机

核心级光纤通道交换机（又称为导向器）一般位于大型 SAN 的中心，使若干边缘交换机相互连接，形成一个具有上百个端口的 SAN 网络。核心级光纤通道交换机也可以用做单独的交换机或者边缘交换机，但是它增强的功能和内部结构使它在核心存储环境下更好地工作。核心光纤通道交换机的其他功能还包括：支持光纤以外的协议（如 InfiniBand）、支持 2Gbps/4Gbps 光纤通道、高级光纤服务（如安全性、中继线和帧过滤等）。

核心级光纤交换机通常提供 64～128 端口或更多端口，内部连接的带宽很高，保证数据帧的快速传输。核心级光纤通道交换机的主要作用是建立覆盖范围更大的网络和提供更大的带宽。核心光纤通道交换机往往采用基于"刀片式"的热插拔电路板：只要在机柜内插入交换机插板就可以添加需要的新功能，也可以做在线检修，还可以做到在线分阶段按需扩展。许多核心级光纤通道交换机不支持仲裁环或者其他直连环路设备，而只是关注于交换的能力。

2．相关技术及术语

（1）光纤通道端口数量：端口数量通常是对固定端口光纤交换机而言。与普通的交换机类似，一般的光纤通道交换机具有 4 口、8 口、16 口、32 口、64 口等。相对而言，入门级光纤通道交换机具有的端口数量较少，工作组级光纤通道交换机和核心级光纤通道交换机都具有较多的端口和高可用的带宽光纤通道端口类型。

在光纤连接的 SAN 结构中，一共有 5 种端口类型：N 型、NL 型、F 型、FL 型和 E 型。其中前两种是主机和存储设备需要具备的工作机制，后 3 种是光纤交换机需要提供的连接机制。由此可见，同一块光纤卡、同一台光纤通道磁盘阵列和同一台光纤交换机，工作在不同的环境中，其内部的工作机制是不同的。这就要求设备具有自动识别、判断和动态调整工作机制的能力。现在，一些光纤交换机提供一种叫做 G 型端口的工作方式，其实，这个 G 就是 Global 的意思。即指这个端口可以提供 F 型、FL 型和 E 型 3 种类型的工作方式，而且还可以完全自动侦测环境，动态调整工作方式，完全无须人工干预。

一般情况下，在一台 SAN 交换机上只能看见 F_Port 端口和 FL_Port 端口，了解这两种端口之间的差异是很有用的。FL 指的是 FC-AL，它是指附属连接了一台设备。如果附属连接的设备是环路形设备，端口就会自动将自己配置成 FL_Port 端口，否则它就会配置成 F_Port 端口。有些品牌的 FC 交换机不允许将端口用做 E_Port 端口，除非支付更高的专利许可证费才行。如果考虑将多个交换机连接在一起，就必须了解这一点。

（2）传输速率：交换机端口的传输速率一般为 1Gb/s、2Gb/s 或 4Gb/s，交换机端口的传输速率应当与其连接的存储器或服务器的端口速度匹配。为了方便连接，有些交换机端口的传输速率具有自适应速率检测功能。

（3）管理接口：一般光纤通道交换机支持 Telnet、SNMP（简单网络管理协议）及 Web 管理等软件工具。

（4）ISL Trunking：将多个端口组合起来，形成更高的传输速率。在存储网络的实际组网过程中，也可以使用链路共享软件，达到端口组合，提高链路传输速率，同时又可以起到链路冗余的目的。

（5）Zone（分区）：类似于 TCMP 网络中的 VLAN 技术，通过划分 VLAN 缩小广播域的范围，提高系统的安全性。光纤通道存储网络中往往使用 Zone 技术达到类似的效果，使用 Zone 技术划分存储网络的区域，提高了系统的安全性。可以基于物理端口分区和基于 WWN（注意：和以太网卡的 MAC 地址一样，HBA 上也有独一无二的标识，这就是 WWN，World Wide Narne）的分区。

（6）最大帧大小：帧的大小影响网络的性能。网络中的设备接收到一个数据帧后要对它进行解包，按照要求重新组包等操作，这需要占用设备资源。如果帧包过小，就会占用较多的设备资源，影响系统性能。

（7）介质类型：设备支持的传输介质的类型为光纤和铜缆。一般来说支持的介质不同，适用的传输的距离也不同。

（8）支持的管理软件：光纤通道交换机一般都有相应的管理软件。功能强大的管理软件可以给用户的管理工作带来很大的方便。

学习项目

6.4　项目 1：存储系统方案设计

6.4.1　任务 1：需求分析

在设计解决方案时，首先要进行需求分析。经过调研，我们发现该局现有的信息系统，在不同的时期经过了几次软、硬件的扩充，每次建设都主要以满足当时部分服务器存储需求为目的，缺乏对未来的规划，因此存在以下的问题：

（1）现有盘柜属于不同系统的产品，性能差异大，无法兼容，难以统一管理，操作复杂。

（2）经过一段时间的运行后，现有磁盘阵列的空间已经无法满足需求，多套系统之间的存储空间互相独立，经常出现一套系统空间即将耗尽，而另一套系统空间还多了几个 TB，但由于分属于不同的存储系统，无法进行调剂和整合。

（3）基于单个存储系统的容灾，当某一套存储系统故障时，难以自动实时切换，无法真正保证业务的连续性，难以实现业务容灾。

事实上，对上述问题的处理，就是这次工程项目必须要解决的主要问题。另外，存储系统的规划和建设，是校园网多媒体数据中心（IDC）的建设和发展的重要基础，因此，在进行工程方案的设计时还需要综合考虑以下多方面的因素。

（1）对整体部署成本的考虑

校园网的服务器数量较多，部署时要考虑降低整体的连接成本和今后扩展需要投入的成本问题。

（2）对数据安全的考虑

要求系统性能稳定，容错能力强，能提供多种有效可行的安全措施，从技术和管理上保证当系统出现故障时，关键数据能得到及时的备份与恢复。

（3）对系统先进性的考虑

系统设计应该选择当今先进的存储技术和存储设备，以保证其今后数年的技术先进性；整个系统的有效应用周期应强调更长，在系统建成后比较长的一段时间内能满足增长的需求，并在更新的技术开始应用时，本系统能便利、无障碍地进行升级。

（4）对系统可靠性的考虑

系统应保障关键应用的连续性（如 OA、FTP、SAM、SQL 数据库等），保证当意外情况发生时，能够及时启动备用存储系统，使其能继续平稳、正常地运行。

（5）对易管理方面的考虑

要求整个系统可以通过完善的控制界面来管理和监控，对系统进行实时的监控和维护，以降低运行成本，管理所使用的技术简单普遍，不能过于复杂，这样才能方便地进行管理和维护，不必在维护人员培训上浪费资源。

（6）对今后扩展的考虑

基于 SAN 架构的存储设备，本身具有可扩充性，而且一旦 SAN 架构构建以后，可以很容易增加存储设备，并且这些存储设备均可以作为一个整体来共享，它们可以作为一个卷或多个卷来共享。在 SAN 的架构下，存储是独立于应用的。

6.4.2　任务 2：方案设计

经过调查与研究，该校存储系统的改扩建工程应采用先进、成熟的技术和优良的系统设计，使系统在整体上具有高可靠性、高性价比、可扩展、易管理、易使用、性能优良等一系列优势，并能平滑地升级扩展，很好地适应数据存储技术的发展，满足校园网中长期发展的数据存储需求。

为此我们决定采用"数据容灾、高可用和虚拟存储等应用相结合"的存储与管理的混合方案，如图 6-8 所示，该方案保留校园网中原有 FC SAN 架构的存储网络，充分利用旧的存储，保护原来用户的投资，同时新增一个以 IP SAN 为核心架构的存储系统，对不同类型的数据分级存储，满足现在及未来对存储容量、性能的要求，最终建立起一套有效的、切实可行的、安全的和经济灵活的网络数据存储系统。

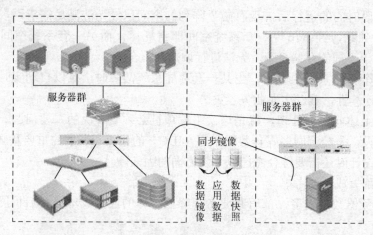

图 6-8　新网络结构

该方案中采用锐捷虚拟化管理引擎 RG-iS-V2000/3000 对该局原有第三方光纤阵列及新增的磁盘阵列进行统一管理。部分要求高带宽服务器使用光纤阵列空间，其他服务器使用 IP SAN 空间；利用 RG-iS-V2000/3000 的跨盘柜镜像功能，将光纤盘柜中的关键数据镜像备份到新增的阵列中，将两台阵列置于不同楼宇中，实现数据的跨楼宇灾备。只有通过虚拟化控制器发布给服务器的空间才可以进行镜像备份。

该方案的主要特点是突破了 FC SAN 的距离限制，消除了 SAN 孤岛，大幅减少了纯 FC SAN 扩容的高昂费用；充分利用原有存储，保护了用户投资；提供跨盘阵的卷镜像、快照、复制等功能确保数据安全；轻松实现了跨盘阵的数据迁移、应用服务迁移；轻松提供了跨楼宇的远程容灾方案。

6.5　项目 2：智能存储设备的配置

6.5.1　任务 1：登录 RG-iS2000D

每台 RG-iS2000D 都有一个事先设定好的 IP 地址，在首次配置 RG-iS2000D 时，推荐使用默认的 IP 地址登录系统，这样可以使用基于的 Web 的综合管理控制台软件 Storage Manager，非常直观便捷地安装、配置和管理存储系统。操作步骤如下：

步骤 1：使用双绞线把 RG-iS2000D 连接到网络，打开电源开关给 RG-iS2000D 加电。绿色的 DC 电源指示灯将开启并持续发亮。已安装的硬盘上的绿色 activity 指示灯也开启。

初始启动或者不正常关机后的启动，将会花大约两分钟的时间进行初始化及完全检测，请不要中断此检测过程。

步骤 2：将用于配置系统的主机的 IP 设置为 192.168.1.x，子网掩码设为 255.255.255.0，确保和 RG-iS2000D 位于同一个网段。

步骤 3：在配置好的主机上打开网络浏览器，如 IE，在地址栏中输入 http://192.168.0.1，访问 Storage Manager。

步骤 4：在 Storage Manager 登录界面中，根据提示输入用户名和密码，如图 6-9 所示。默认的初始用户名和密码均为 root。登录成功后，将出现如图 6-10 所示的 Storage Manager 主界面。

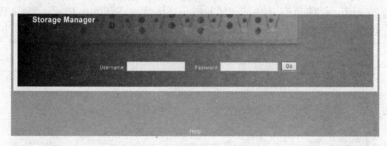

图 6-9　登录界面

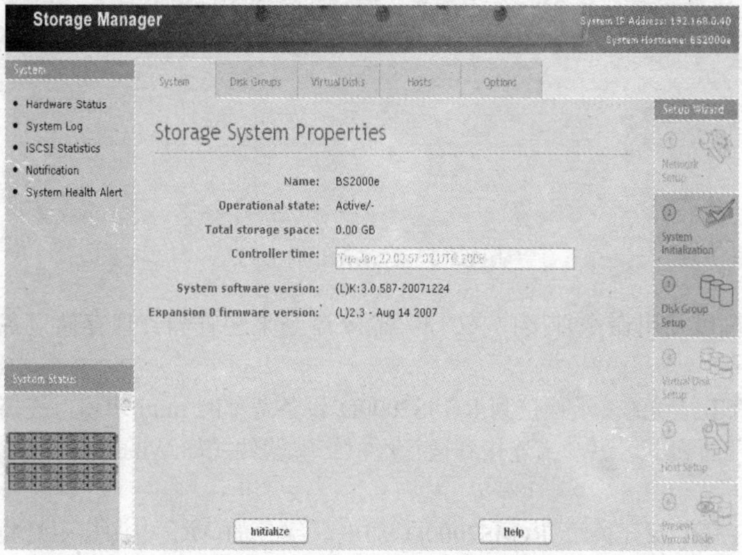

图 6-10　"Storage Manager"主界面

步骤 5：首次成功登录后，为了安全通常要修改 root 账号的密码，这时首先单击"Options"选项卡，打开如图 6-11 所示的界面。

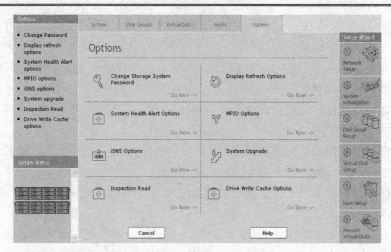

图 6-11　"Options"选项卡

步骤 6：在 Options 界面中，单击"Change Storage System Password"图标，打开如图 6-12 所示的界面，可以更改 root 的密码。

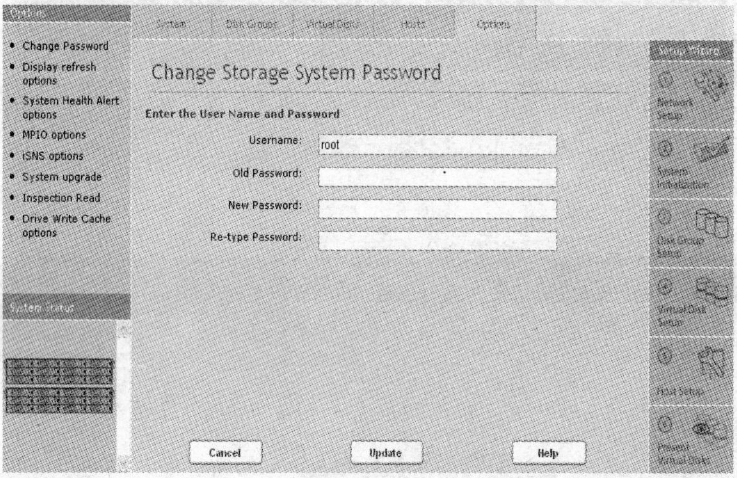

图 6-12　更改 root 的密码

另外，也可以使用命令行接口（CLI）输入命令来配置和管理存储设备。操作步骤如下。

步骤 1：将串行线的一端连接到 RG-iS2000D 设备背部的 mini 串口，连接时确保图 6-13 中箭头标识的一面朝上，另一头连接到运行虚拟终端软件（如 Windows Hyper Terminal）的主机上。

步骤 2：打开电源开关给 RG-iS2000D 加电，绿色的 DC 电源指示灯将开启并持续发亮，已安装的硬盘上的绿色活动 LED 也开启。

步骤 3：启动主机上的虚拟终端软件，如 Windows Hyper Terminal，并按照提示做好相应的设置，该软件将自动检测相应连接端口上的 RG-iS2000D 设备。检测成功后，在终端屏幕上将显示如图 6-14 所示的提示信息。

图 6-13　连接示意图

```
Stor - HyperTerminal
File  Edit  View  Call  Transfer  Help

Setting raid5_force_reconstruct to 0
itoring

Starting UPS monitoring:[  OK  ]
After daemoize
Starting snpmd
Starting snpmd: [  OK  ]
Starting cfgsys
da_host register to the KEM successfullylogger: dalun -R succeeded
<iSCSI>: Set portal group 0 ip 192.168.0.2

Portal 192.168.0.2 with tag 0 is set
Starting httpd: [  OK  ]
Starting crond: [  OK  ]

Battery present and fully charged
Battery charger is good
Main Chassis: Power Supply 0 present
Main Chassis: Power Supply 0 FAN is OK
Main Chassis: Power Supply 0 DC is OK
Main Chassis: Power Supply 1 is present
Main Chassis: Power Supply 1 FAN is OK
Main Chassis: Power Supply 1 DC is OK
Fan board is present.
expander 0, Power Supply 0 present
expander 0, Power Supply 0 DC is OK
expander 0, Power Supply 0 FAN is OK
expander 0, Power Supply 1 is present
expander 0, Power Supply 1 DC is OK
expander 0, Power Supply 1 FAN is OK

login: root
Password:
```

图 6-14　设备连接成功

步骤 4：根据提示，输入用户名和密码，默认的初始用户名和密码均为 root，密码将不在界面上显示出来。CLI 网络配置向导启动，该向导将引导用户设置设备的相关网络配置信息，如图 6-15 所示。可以选择默认值或输入其他值，默认值显示在括号里面，直接按回车键表示使用默认值。

```
This wizard will walk you through the network configuration.
You can configure the rest of the system using the web GUI.
The default values are in the bracket, you can press "Enter" to
select the default value.  If you make any mistake, you can
press "ctrl-c", then logout and login to run this wizard again.

Enter IP address for system [192.168.0.1]:192.168.123.60
Enter netmask [255.255.255.0]:
Enter mtu [1500 - Jumbo frame disabled]:
Enter NIC1 IP []:192.168.123.61
Enter NIC2 IP []:192.168.123.62
Enter NIC3 IP []:192.168.123.63
Enter NIC4 IP []:192.168.123.64
Enter NIC5 IP []:192.168.123.65
Enter NIC6 IP []:192.168.123.66
Enter default gateway for system []:192.168.123.254
Enter DNS address for system []:192.168.123.4
Portal 192.168.123.60 with tag 0 is set
[root@(none) ~]#
```

图 6-15　CLI 网络配置向导

该向导只有从串行终端以 root 身份登录系统时，才会自动运行。通过远程登录或非 root 用户登录不会自动运行。但是，root 用户可以通过命令"dasetup"从 CLI 手工启动。

系统管理所用的 IP 地址及各个网络接口的 IP 等设置好后，该向导停止运行。现在用户就可以通过刚设置的系统管理 IP 来使用基于 Web 的 Storage Manager 软件进行 RG-iS2000D 的其他设置和管理。

6.5.2　任务 2：配置 RG-iS2000D

登录系统后，可以使用 Setup Wizard 提供的 6 个步骤来配置 RG-iS2000D 存储设备。单击 Setup Wizard 上的任一步骤时，该步骤将高亮显示，相关的工作区域页面打开。一个步骤完成后，将变为阴影。完成首次设置后，可以通过 Setup Wizard 跳到需要重复的任意步骤，或通过向导栏进入相同的页面。

1. 网络设置

单击"Network Setup"选项，来设置或调整系统的网络配置，如图 6-16 所示，可以做如下的更改：

- 系统名称（System Hostname）
- 系统 IP 地址（System IP）

所有工作的网口都使用这个虚拟 IP 地址。

- 网口实际 IP（NIC IP）

各个网口的实际 IP 地址，为了便于端口绑定，各个网口的 IP 地址应该按顺序设置。

- 子网掩码（System IP）
- 默认网关地址（Default Gateway IP）
- 域名服务器地址（DNS Server IP）

另外，还可以选择启用 Jumbo Frame 并设置 MTU 值，或者选择不启用 Jumbo Frame。

完成相关设置后，单击"Save Changes"按钮保存设置，单击"Cancel"按钮取消设置，单击"Help"按钮可以查看系统相关的帮助信息。

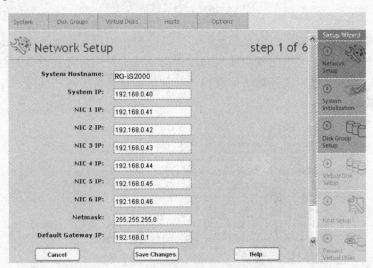

图 6-16　设置网络信息

2．初始化存储系统

系统初始化，主要操作包括定义系统名称，设置系统的时间日期。选择"System Initialize Setup"选项，设置存储系统的名称，如图 6-17 所示。然后，单击"Next"按钮，设置时间和日期，如图 6-18 所示。设置完成后，单击"Finish"按钮保存修改并结束系统初始化配置。

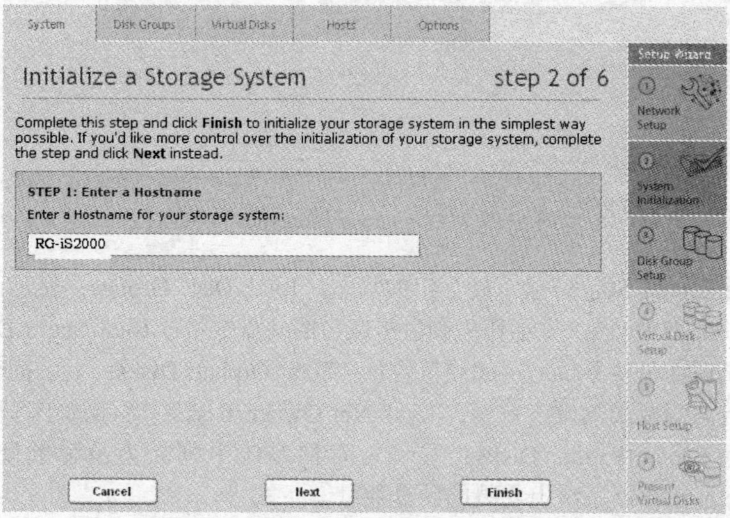

图 6-17　设置存储系统的名称

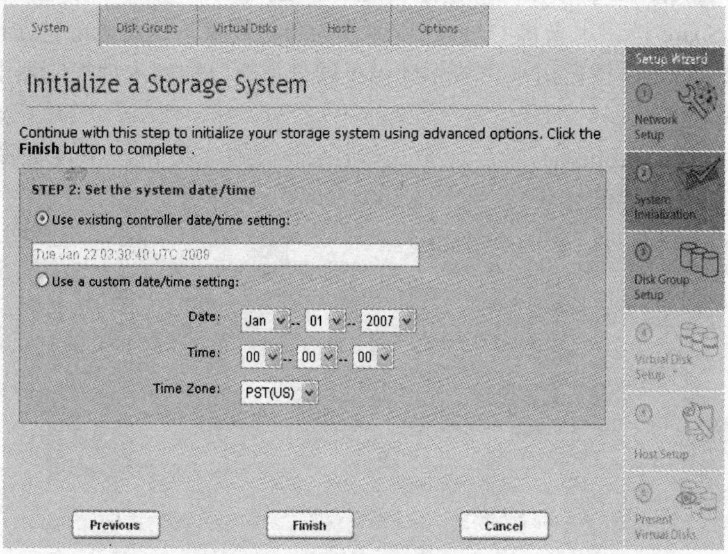

图 6-18　设置系统时间和日期

3．创建硬盘组

硬盘组是硬盘的集合，将硬盘选为组成员并创建一个 RAID 级别，就组成了一个硬盘组。选择"Disk Groups Setup"选项，如图 6-19 所示，出现"Disk Group Properties"界面，显示系统中硬盘的概况。

图 6-19 "Disk Group Properties"界面

其中，Operational State：显示硬盘组的状态；Total Disk Groups：显示已创建的硬盘组数量；Total Grouped Disks：显示作为硬盘组成员的硬盘数量；Total Spare Disks：显示可以成为硬盘组成员或作为热备份之用的硬盘数量；Total Orphan Disks：显示拥有硬盘组信息，但目前还不是硬盘组成员的硬盘数量；Total Not-Owner Disks：显示属于远程控制器上硬盘组的硬盘数量；Total Faulty Disks：显示在存储系统中判断为故障的硬盘数量；Total Physical Disks：显示存储系统上安装的硬盘数量。

在 Disk Group Properties 界面底部有 6 个按钮，Cancel 按钮用来返回 Storage Systems Properties 界面；Create DG 按钮用来创建新的硬盘组；Discover DG 按钮用来手动检测硬盘组；Orphan to Spare 按钮用来将 Orphan 硬盘变为备份硬盘，这将删除选定硬盘上的所有硬盘组信息；Takeover DG 按钮用来将 Not-Owner 硬盘重新分配到本地控制器上；Help 按钮用来显示帮助界面。

在"Disk Group Properties"界面单击"Create DG"按钮，出现如图 6-20 所示的"Create a Disk Group"界面。

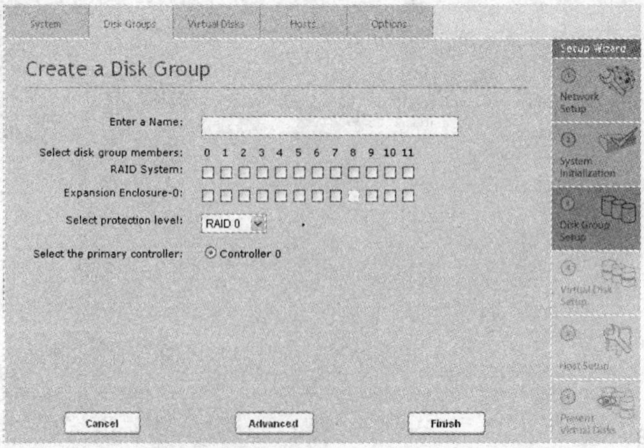

图 6-20 "Create a Disk Group"界面

如图 6-21 所示在打开"Create a Disk Group"界面后，需要为硬盘组输入一个名称，不能包含空格或特殊字符。还需要选择硬盘组的成员，然后从下拉菜单中选择一个 RAID 级别。硬盘组的 RAID 级别有具体的要求，如表 6-1 所示。

表 6-1 硬盘组 RAID 级别的具体要求

硬盘组（DG）参数	RAID0	RAID5	RAID6	RAID1	RAID1+0
硬盘组的最小硬盘数	2	3	4	2	4
硬盘组的最大硬盘数	24	24	24	24	24
系统的最大硬盘数	84	84	84	84	84
系统支持的硬盘组数目	1～16	1～16	1～16	1～16	1～16
硬盘组允许的 RAID 级别数	1	1	1	1	1
增加硬盘数目	1 块以上	3 块以上	4 块以上	偶数块	偶数块
是否支持全局热备	否	是	是	是	是

图 6-21 打开 "Create a Disk Group" 界面

没有分配到硬盘组的硬盘作为 Global Spare 之用，除非它们的状态为 Orphan 或 Failed Disks。RAID0 硬盘组不能使用全局备份。RAID1、RAID5、RAID6 或 RAID 1+0 硬盘组中的所有硬盘大小应该相同。任何给定硬盘的可用空间等于硬盘组中最小的硬盘的容量（RAID0 除外）。

在 "Create a Disk Group" 界面上为硬盘组选择控制器。使用 iSCSI initiator 时，设置将把硬盘组连接到用户指定的控制器的 IP 地址。

单击 "Advanced" 按钮，打开如图 6-22 所示的 "Advanced Features" 界面。在该界面上可以设置 Occupancy Warning 级别并为硬盘组属性添加注释。

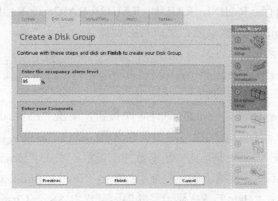

图 6-22 "Advanced Features" 界面

设置完成后，单击"Finish"按钮，系统将根据选择的级别自动创建 RAID 硬盘组。从控制台列表左边的 Disk Group List 选择需要的硬盘组，进入"Disk Group Properties"界面。当前选择的硬盘组在硬盘组列表中高亮显示，如图 6-23 所示。

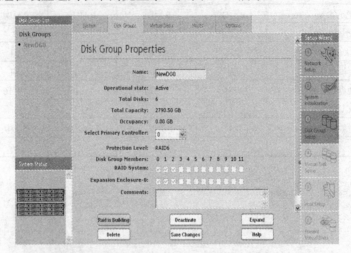

图 6-23　"Disk Group Properties"界面

"Disk Group Properties"界面显示下列硬盘组的信息。

- Name：硬盘组的名称。
- Operational state：硬盘组的状态。

可以为下列之一：当硬盘组运行所有组成员且没有任何硬盘故障时，状态为 Active；当硬盘组设置为不活动和不运行或不能被主机所用时，状态显示为 Inactive；硬盘组启动并且运行，但是缺失一个或多个硬盘，或者一个或多个硬盘发生故障时，状态显示为 RAID Degraded，这种情况下，硬盘组可以使用但是没有 RAID 保护；硬盘组缺失两个或更多硬盘时，状态为 RAID Unhealthy，这种状态下的硬盘组不可用。

- Total Disks：显示硬盘组的硬盘数量。
- Total Capacity：显示硬盘组容量，用 GB 表示。
- Occupancy：显示硬盘组分配给虚拟硬盘的容量百分比。
- Select Primary Controller：显示当前的主控制器。
- Protection Level：显示硬盘组的 RAID 保护级别。

可用的 RAID 级别有：RAID0、RAID1、RAID5、RAID6 或 RAID10。

- Disk Group Members：显示硬盘组成员的硬盘。
- Comments：显示或输入注释。

显示从"Create a Disk Group"界面的高级功能输入的注释，或者让你输入注释。单击"Save Changes"按钮后注释才生效。

在"Disk Group Properties"界面底部有 6 个按钮，单击"Expand"按钮增加硬盘组的容量，将具有相同 RAID 级别设置的成员添加到硬盘组；单击"Delete"按钮，从系统中删除硬盘组，删除硬盘组之前，需要先删除组中所有虚拟的硬盘；单击"Deactivate"按钮将使硬盘组离线，所有虚拟硬盘都不能被网络上的主机使用；单击"Raid is Building"将使硬盘组和组中所有虚拟的硬盘可用；单击"Help"按钮显示帮助界面；单击"Save Changes"按钮使设置生效。

另外，RAID 正在创建时，"Raid is Building" 按钮高亮显示。RAID 创建过程中，你可以使用硬盘组。也可以单击"Raid is Building"按钮，打开"Disk RAID Build in Progress"界面，如图 6-24 所示。RAID 创建完成后，"Raid is Building"按钮消失。

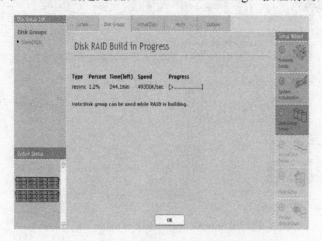

图 6-24　"Disk RAID Build in Progress"界面

硬盘组创建后，可以使用如图 6-25 所示的 Discovery 程序将检测硬盘是否属于一个硬盘组，是否所有成员都无缺失及检查硬盘组的状态。若硬盘组所有成员都在，硬盘组将被激活。

图 6-25　检测并激活硬盘组

将硬盘转移到新的或别的磁盘柜时，应该先把硬盘组设置为非活动状态。将多个硬盘从活动的硬盘组中删除将导致故障，造成硬盘组的非健康或不可用状态。可以选择 Force Disk Group(s) online，让硬盘组在线，即使状态为降级。但不能通过 Force Disk Group(s) online 让不健康的硬盘组变为在线。

Orphan 硬盘是指从硬盘组中删除的具有硬盘组信息的硬盘，或者由于创建硬盘组的硬盘数量不够而指定为 Orphan 状态的硬盘。若一个硬盘被不当删除，或者备份盘代替硬盘组里的 Orphan 硬盘时会出现这种情况。由于硬盘组利用备份盘重建，Orphan 盘不能被硬盘组使用。

当某些硬盘从一个硬盘组转移到新的磁盘柜，硬盘数量不足以组成硬盘组时也会发生这种情况。这时，你可以将缺失的硬盘添加到硬盘组，或将 Orphan 硬盘变为备份硬盘并重建硬盘组。这样将使硬盘上的所有信息被清除。

将 Orphan 硬盘转变为备份 Spare 硬盘将删除硬盘上的所有信息。只有状态为 Orphan 的硬盘才可以转变，在图 6-26 所示的界面上单击"Convert"按钮。

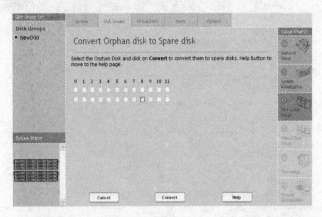

图 6-26　"Convert Orphan disk to Spare disk"界面

4. 创建虚拟硬盘

创建了硬盘组后，单击"Virtual Disk Setup"，出现如图 6-27 所示的"Virtual Disk Properties"界面。显示了当前虚拟硬盘的总数和工作区域内活动硬盘组的总数，所有硬盘组的虚拟硬盘（VD，即 LUN）总数量加起来不能超过 256。

图 6-27　"Virtual Disk Properties"界面

单击"Create VD"按钮，打开如图 6-28 所示的创建虚拟硬盘的界面，分别为虚拟硬盘输入一个名称、选择一个硬盘组、输入容量大小、为虚拟硬盘选择 cache 策略和选择 read-ahead 策略，以及选择虚拟硬盘类型（仅在有 FC 接口情况下会出现），SAN（iSCSI，FC）创建的 LUN 以 iSCSI 或 FC target 映射。

设置完成后，单击"Finish"按钮，保存设置并生成名为 New VD 的虚拟磁盘。创建虚拟硬盘后，可以在"Virtual Disk Family Properties"界面的某些区域输入新的值，单击"Save Changes"按钮，从而改变某些操作属性。图 6-29 显示了输入新的容量值的例子。这个数值是原有容量加上新增加的空间的总大小。硬盘组需要有足够的额外空间让虚拟硬盘扩容。

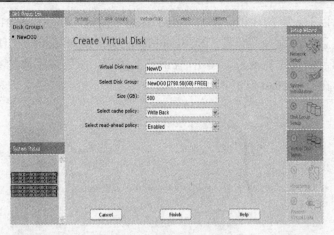

图 6-28　创建虚拟硬盘界面

图 6-29　虚拟硬盘扩容

5. 设置主机

在 Setup Wizard 上单击 Step5 将打开"Hosts Properties"界面，向存储磁盘阵列描述主机，如图 6-30 所示。在 RG-iS2000D 中，一般不需要设置主机，因为系统默认将虚拟硬盘映射给所有主机。在需要对访问进行限制时，使用此选项。

图 6-30　"Hosts Properties"界面

屏幕左边显示以前设置的主机。单击"Add Host"按钮，启动图 6-31 所示的 Add Host 向导，按照提示信息分别输入主机名、iSCSI initiator 或 SAS initiator、CHAP 安全认证信息及该主机的注释信息。设置完成后，单击"Finish"按钮，就完成了添加主机的操作。所有添加的主机将显示在左侧 Host List 下面。

图 6-31　Add Host 向导

6. 映射虚拟硬盘

最后一个步骤是把虚拟硬盘映射到主机上。单击"Step6 Present Virtual Disks"，出现如图 6-32 所示的界面。从下拉菜单选择需要的虚拟硬盘，单击"OK"按钮。

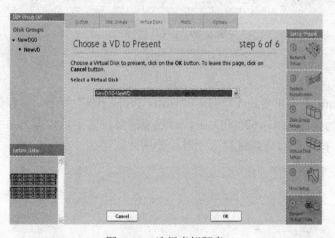

图 6-32　选择虚拟硬盘

图 6-33 所示的"Virtual Disk Presentation"界面显示了选定 VD 的 Presentation 详情。VD 被 present 的所有主机都将显示在工作区域的列表框中。因为该虚拟硬盘为新创建的，默认将它映射给所有主机。若需要将该虚拟硬盘映射给特定主机，选择 Present VD to specific host，并单击"Save Changes"按钮。

从图 6-34 所示的主机下拉列表中选择一个主机，单击"Finish"按钮，然后出现当前虚拟硬盘映射的页面，单击"Save Changes"按钮保存设置即可。

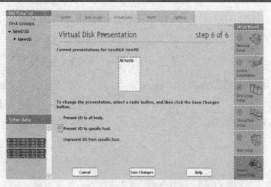

图 6-33　"Vitual Disk Presentation"界面

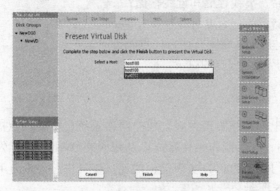

图 6-34　选择指定主机

练　习　题

一、填空题

1．在分级存储方式下，可以把数据存储分为＿＿＿＿＿＿＿＿、＿＿＿＿＿＿＿＿和近线存储（Near store）3 种方式。

2．SCSI（Small Computer System Interface）是一种专门为＿＿＿＿＿＿＿＿设计的存储单元接口模式，可以对计算机中的多个设备进行动态分工操作。

3．磁带机一般指单驱动器产品，通常由＿＿＿＿＿＿＿＿和＿＿＿＿＿＿＿＿构成，是一种经济、可靠、容量大、速度快的备份设备。

4．MTBF 即＿＿＿＿＿＿＿＿，是衡量一个产品（尤其是电器产品）可靠性的指标。

5．＿＿＿＿＿＿＿＿是 FC SAN 的核心设备，它连接着 SAN 网络中的主机和存储设备。

6．＿＿＿＿＿＿＿＿就是根据数据不同的重要性、访问频度等指标将数据分别存储在不同性能的存储设备上。

二、单项选择题

1．具有最高的数据访问速度，成本最高的是（　　　）。

   A．光盘　　　　　　　　　　　　　　B．DRAM

   C．磁盘　　　　　　　　　　　　　　D．ROM

2. 存储设备的接口类型多种多样，下面不属于接口类型的是（　　）。

    A．SATA   B．SCSI

    C．SAS   D．SAN

3. FC SAN 的主要缺点不包括（　　）。

    A．成本高昂   B．扩展能力差

    C．兼容性差   D．速度慢

三、思考题

1. 什么是分级存储，分级存储有什么优点？

2. 什么是在线存储、离线存储和近线存储？

3. 什么是虚拟存储，为什么要进行虚拟存储？

4. 什么是 NAS？与 DAS 相比有什么优点？

5. 简述 IP SAN 的主要优点有哪些？

四、综合题

1. 北京歌华有线电视网络股份有限公司的网络系统包含视频点播服务器、视频直播服务器、视频编码工作站、视频制作工作站，以及相应的 Web、FTP 发布服务器。数据存储采用锐捷双虚拟化引擎 RG-iS2000D 实现盘柜的连接，提供总容量为 10.8T 的 SAS 磁盘阵列组，具体连接如图 6-35 所示。

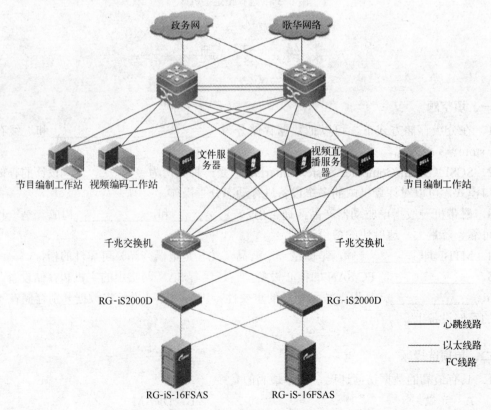

图 6-35　网络系统连接示意图

【任务要求】

（1）分析指出该网络存储解决方案的优点。

（2）对 RG-iS2000D 设备进行配置，使其能够正常工作。

2．某单位原有信息系统中，信息查询服务器连接在 IBM DS3400 磁盘阵列上，另一部分服务器连接在一台 IBM DS400 磁盘阵列上。经过一段时间的运行后，现有磁盘阵列的空间已经无法满足系统的需求，并且也缺乏必要的数据安全和系统连续性的保护机制。因此对系统进行升级。经过分析，该单位的主要需求为：对系统进行容灾保护，以保证数据安全不丢失，并且能够保障磁盘或磁盘阵列故障时，业务系统能够连续运行；实现对多台磁盘阵列的空间进行灵活整合，提升存储空间的利用率。

【任务要求】

（1）分析上述情况，为该单位设计解决方案，并画出系统结构图。

（2）对方案中采用的主要技术进行说明，分析方案的优点和缺点。

第 7 章　数据备份软件配置与应用

学习目标

➢ 了解数据备份的定义和作用。
➢ 知道数据所面临的安全威胁。
➢ 掌握数据备份系统的架构和组成。
➢ 掌握数据备份的方式和策略选择。
➢ 掌握数据备份软件的安装与使用。

引导案例

计算机技术的发展给人们的日常生活提供了很多便利，然而人为的操作错误，系统软件或应用软件的缺陷、硬件的损毁、计算机病毒、黑客攻击、自然灾难等诸多因素都有可能造成计算机中数据的丢失，造成交易的中断，甚至瘫痪，从而给企业造成无可估量的损失。这时，关键的问题是如何尽快恢复计算机系统，使其能正常运行。所以一套高效的备份恢复系统对于企业，尤其是对视数据为生命的企业来说是至关重要的。

××网作为中国领先的行业门户，提供行业资讯、交易市场、电子商务、企业信息服务的网站，随着近些年来信息量和业务量的不断壮大，其应用系统中的数据量不断增长，数据保护和备份的重要性也逐步凸显，所以如何保护好后台计算机系统里大量的数据资源，保证系统稳定可靠地运行，并为各部门办公系统提供稳定可靠的访问，是系统建设中最重要的问题之一。而要保证系统稳定可靠地运行，关键要保护基于计算机的信息，也就是存储在计算机内的数据。

因此，该企业需要建设一套高效的备份恢复系统，并且要求能够进行大容量数据的快速备份，具有很好的可扩展性，尤其是要能保证备份数据的可恢复性，并能在需要时完成快速的恢复。同时，还要求备份系统的建设对现有的应用系统没有影响，可以很好地与现有的备份软、硬件整合。

相关知识

7.1　数据备份概述

7.1.1　数据备份的定义和作用

顾名思义，数据备份就是用户将重要的数据制作一份或者多份副本以某种方式加以保留，以便在系统遭受破坏或其他特定情况下，重新加以利用的一个过程。数据备份的根本目的是重新利用，也就是说备份的核心是恢复，一个无法恢复的备份对任何系统来说都是毫无意义的。因此，能够安全、方便而又高效地恢复数据才是备份系统真正的生命所在。在日常生活中，我们经常需要为自己家的房门多配几把钥匙，为自己的爱车准备一个备胎，这些都是备份思想的体现。

数据备份作为存储领域的一个重要组成部分，其在存储系统中的地位和作用都是不容忽视的。对一个完整的 IT 系统而言，备份工作是其中必不可少的组成部分。其意义不仅在于防范意外事件的破坏，而且还是历史数据保存归档的最佳方式。因此，即使系统正常工作，没有任何数据丢失或破坏发生，备份工作仍然具有非常大的意义，它为用户查询、统计和分析历史数据，以及归档保存重要信息提供了可能。

简单地说，数据备份的作用不仅像房门的备用钥匙一样，当原来的钥匙丢失或损坏了，才能派上用场。有时，数据备份的作用更像是我们为了留住美好时光而拍摄的照片，把暂时的状态永久地保存下来，供我们分析和研究。当然我们不可能凭借一张儿时的照片就回到从前，在这一点上数据备份就更显神奇。一个存储系统乃至整个网络系统，完全可以回到过去的某个时间状态，或者重新"克隆"一个指定时间状态的系统，只要在这个时间点上，我们有一个完整的系统数据备份。

有一个问题需要澄清，数据备份更多的是指数据从在线状态剥离到离线状态的过程，这与服务器高可用集群技术及远程容灾技术，在本质上有所区别。虽然从目的上讲，这些技术都是为了消除或减弱意外事件给系统带来的影响，但由于其侧重的方向不同，实现的手段和产生的效果也不尽相同。

集群和容灾技术的目的是为了保证系统的可用性，也就是说当意外发生时，系统所提供的服务和功能不会因此而间断。对数据而言，集群和容灾技术是保护系统的在线状态，保证数据可以随时被访问。而相对来说，备份技术的目的是将整个系统的数据或状态保存下来，这种方式不仅可以挽回硬件设备损坏带来的损失，也可以挽回逻辑错误和人为恶意破坏的损失。然而，数据备份技术通常并不保证系统的实时可用性。一旦意外发生，备份技术只保证数据可以恢复，但是在恢复的过程中系统是不可用的。因此，备份技术、集群技术和容灾技术互相不可替代，它们稳定和谐地相互配合，共同保证系统的正常运转。

7.1.2　数据面临的安全威胁

作为信息安全的一个重要内容，数据备份的重要性往往被人们所忽视。事实上，只要发生数据传输、数据存储和数据交换，就有可能产生数据故障，造成无法弥补的损失。目前，计算机数据面临的安全威胁主要有以下几个方面。

1．自然灾害

如水灾、火灾、雷击、地震等造成计算机系统的破坏，导致存储数据被破坏或丢失，这些属于客观因素，通常情况下用户无能为力。

2．硬件故障

硬件故障包括存储介质的老化、失效，这也属于客观原因，但可以提前预防，只要做到经常维护，就可以及时发现问题，避免灾难的发生。

3. 操作失误

信息系统使用者或者维护人员的操作失误，这属于主观因素，虽然不可能完全避免，但至少可以尽量减少。

4. 病毒感染

计算机病毒感染造成的数据破坏，虽然这也可归属于客观因素，但其实还是可以做好预防的，而且还有可能完全避免这类灾难的发生。

5. 遗失/被盗

遗失或被盗的设备本身可能损失不大，但丢失的数据很可能是个人或公司几年的心血。这种情况下唯一能做的事情，恐怕就是祈祷数据在其他地方有备份的副本。

6. 恶意删除

积怨的离职员工或者网络黑客，可能会恶意删除重要的工作数据。尽管可以追究个人责任，但丢失数据将很可能无法挽回。

7.2　数据备份的系统架构

7.2.1　备份系统的架构

1. 基于主机的备份

基于主机的备份是传统的数据备份的架构，是基于 DAS 的存储备份系统，在 DAS 系统中，内置或外置的数据存储设备直接连接到需要备份的主机的扩展端口上。

在这种备份架构下，每台需要备份的主机都配备有专用的存储磁盘或磁带系统，主机中的数据必须备份到位于本地的专用磁带设备或磁盘阵列中。这样，即使一台磁带机（或磁带库）处于空闲状态，另一台主机也不能使用它进行备份的工作，磁带资源利用率较低。

另外，不同的操作系统平台使用的备份恢复程序一般也不相同，这样使得对数据资源和备份工作的总体管理变得更加复杂。

基于主机的备份结构适合于对存储容量要求不高、服务器数量较少的中小型局域网，其优点是：

（1）安装方便、成本较低。

（2）数据传输速率快，备份管理简单。

（3）存储容量的扩展简单。

2. 基于 LAN 的备份

为了克服在基于主机的备份系统中，专用存储设备（磁带或磁盘）利用率低，备份系统不易共享的缺点，可以采用基于 LAN 的备份架构。

要实现基于 LAN 的备份，需要在 LAN 中配置一台服务器作为备份服务器，用于备份的存储设备连接在备份服务器上，由备份服务器直接管理和控制，其他需要备份的主机作为备份服务器的客户端，如图 7-1 所示。

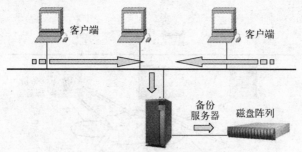

图 7-1　基于 LAN 的备份架构

在基于 LAN 的备份架构中，数据的传输是以 LAN 网络为基础的。备份服务器接收其他主机通过局域网发来的数据，并将其存入公用磁盘或磁带系统中。整个网络的备份操作由备份服务器负责。

基于 LAN 的备份架构，适合于网络中需要备份数据的主机较多，但需要备份的数据量不是很大的情况，其优点是：

（1）结构简单，易于部署。

（2）能够方便的实现存储设备（磁带库/磁盘阵列等）的共享。

（3）便于实现集中的备份管理。

（4）极大地提高了存储设备资源的利用效率。

3．基于 SAN 的 LAN-Free 备份

在基于 LAN 的备份架构中，用于备份的存储设备只由本地服务器进行备份操作，欲备份的数据全部通过 LAN 网络传输到备份服务器，再经由备份服务器备份到存储介质中。随着每台主机上数据量的不断增大，备份数据在网络上的传输势必给网络造成很大压力，影响正常的业务应用系统在网络上的传输。虽然通过调整备份操作的时间窗口，可解决部分问题，但随着备份主机数量不断增多，最终将不可避免地导致数据备份的时间与正常的业务应用处理时间重叠，从而影响到正常业务应用系统的响应时间。这种情况下，可以采用基于 SAN 存储架构的 LAN-Free 备份。

LAN-Free 备份主要指快速随机存储设备（磁盘阵列或服务器硬盘）向备份存储设备（磁带库或磁带机）复制数据，SAN 技术中的 LAN-Free 功能用在数据备份上就是所谓的 LAN-Free 备份，LAN-Free 备份架构如图 7-2 所示。

SAN 架构决定了备份数据的源设备和目的设备都存在于一个高速 SAN 网中，并可被 SAN 内所有的服务器共享。在 SAN 内进行大量数据的传输、复制、备份时不再占用宝贵的 LAN 资源，从而使 LAN 的带宽得到极大的释放，服务器能以更高的效率为前端网络客户机提供服务。

基于 SAN 技术实现 LAN-Free 备份时，也同传统的网络数据备份一样需要有备份服务器。但 SAN 中的备份服务器的主要工作已经不再是简单地通过网络得到数据，直接完成备份作业，而是管理 SAN 中被共享的备份设备，接受其他服务器或客户机的备份请求，按优先级将所有的备份作业进行排队管理，控制备份数据在 SAN 中的传输。因此，根据不同的

服务器平台，选择合适的 SAN 备份软件并进行合理配置，确定高效安全的备份管理机制，对于更好地进行数据备份具有重要的实际意义。

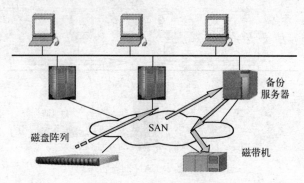

图 7-2　LAN-Free 备份架构

LAN-Free 备份全面支持文件级的数据备份和数据库级的全程或增量备份，这种备份服务可由服务器直接发起，也可由客户机通过服务器发起。在多服务器，多存储设备，大容量数据频繁备份的应用需求环境中，SAN 的 LAN-Free 备份更显示出其强大的功能。它的优点是：

（1）高性能的数据备份。在 SAN 存储区域网络中光纤技术的应用使数据的传输速率得到很大的提升，从而使系统的备份性能得到质的飞跃。

（2）灵活的可扩展性。在 SAN 存储网络中，系统拥有很好的可扩展性，整个网络在设计上采用了模块化和可热更换性，使系统能满足灵活扩展的存储备份需求。

（3）数据备份的集中化管理。由于采用了 SAN 存储架构，使数据从原有的数据岛转向数据集中化，从而实现了集中化的数据备份。

（4）解放 LAN 网络。在传统的网络备份中，特别是越来越多的数据需要备份的今天，大量数据备份需要占据大量的以太网带宽，使越来越紧张的网络带宽不堪重负，而 LAN-Free 备份能够有效地解决这个问题。

4．基于 SAN 的 Server-Less 备份

LAN-Free 备份操作将数据在 SAN 上由源移动到目标时，服务器仍然参与了将备份数据从一个存储设备转移到另一个存储设备的过程，因为数据必须先从 SAN 的磁盘移到服务器内存，再从服务器内存移到 SAN 上的磁带驱动器。即服务器仍然要管理传输和执行激活的操作，在一定程度上占用了宝贵的 CPU 处理时间和服务器内存。这样，尽管备份窗口不像使用 SAN 以前那样受到限制但仍然不够用，备份操作仍然必须安排在不影响服务器上的用户和业务处理的时间段内进行。还有一个问题是，LAN-Free 技术的恢复能力依赖用户的应用。许多产品是采用映像级的恢复，不支持文件级或目录级的恢复。所谓映像级恢复，是把整个映像从磁带复制到磁盘上。这样，如果需要快速恢复某一个文件，整个操作将变得非常麻烦。减少对服务器系统资源消耗的办法之一就是采用 Server-Less 备份技术。

Server-Less 备份是 LAN-Free 的一种延伸，可使数据能够在 SAN 结构中的两个存储设备之间直接传输，通常是在磁盘阵列和磁带库之间。这种方案的主要优点之一是不需要在服务器中缓存数据，显著减少了对备份服务器 CPU 的占用，提高操作系统的工作效率。

目前，随着计算机技术的发展，实现 Server-Less 的备份方式大致概括为两种：第一种

是最传统的方式，这种方式在整个备份域指定一台专有的备份服务器用来作为专门执行备份，并且还要配合一些第三方的备份软件才能实现 Server-Less 的备份，如 VERITAS Volume Manager 的 FastResync 功能。第二种是借助 SAN 中的某些设备进行数据管理和传输。如 SAN 交换机和磁带库的驱动器，但它们均需要相应的 Agent 才能实现，只不过是不同的厂家对 Agent 的命名不同而已。如在交换机厂家可能叫 DataMover，而在磁带库厂家却叫 E-copy。总的来说技术的原理是一致的。

　　以上两种实现方式原理大致如下：在第一种方式下采用 VERITAS Volume Manager 的 FastResync 的功能实现数据镜像，保证工作盘与镜像盘数据实时同步，当数据需要备份时 Volume Manager 会自动将镜像盘挂载到备份服务器上，此时备份所管理和复制的数据是由备份服务器来执行的，所以就做到 Server-Less 的数据备份了。同样，当备份完成后，镜像盘会自动的重新与应用服务器的工作盘进行快速同步。而第二种方法则是利用 SCSI 扩展复制命令，是在当前 SCSI-3 规范中说明的。扩展复制命令使交换机或磁带驱动器能作为 SCSI 的启动者，使它能建立与目标磁盘的连接，并且发出读/写及其他 SCSI 命令到磁盘。交换机和磁带驱动器可代替服务器做"数据移动"，在备份时磁带驱动器直接从磁盘接收数据，并在恢复时将数据写入磁盘，同时从磁盘上得到有关的状态信息。LAN-Free 备份系统的结构及数据流向如图 7-3 所示。

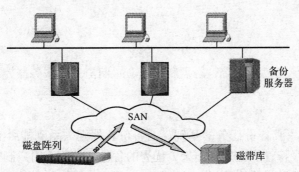

图 7-3　LAN-Free 备份系统的结构及数据流向

　　Server-Less 备份适合大量数据存储，且对存储及恢复时间要求较高的网络。它的优点如下：

　　（1）由于服务器瓶颈已不存在，备份将更快。

　　（2）配置灵活，可以通过软件实现，也可以通过硬件实现。

　　（3）由于数据被直接送到磁带设备而不受服务器性能的限制，磁带机的速度被发挥到最佳。

　　（4）能在任何时候进行备份并不会对用户网络造成影响，真正实现 7×24h 全天候备份。

　　（5）数据恢复速度更快。

　　4 种方案中，基于主机的备份本质上属于单机备份，备份的数据量最少，成本最低。另外 3 种方案中，基于 LAN 的备份通常备份的数据量最少，对服务器资源占用最多，成本最低；基于 SAN 的 LAN-Free 备份通常备份的数据量要大一些，对服务器资源占用要小一些，成本也相应的高一些；基于 SAN 的 Server-Less 备份方案能够在短时间备份大量数据，对服务器资源占用最少，但成本也最高。

7.2.2　备份系统的组成

为了降低人为错误的发生，理想的备份系统需要提供无人值守的自动化备份，而无须系统管理员进行任何干涉。图 7-4 给出了一个典型的、完善的、基于网络的数据备份系统逻辑结构图，其主要功能组件有以下几个。

1．备份客户端

需要备份数据的任何计算机都称为备份客户端。通常是指应用程序服务器、数据库服务器或文件服务器等在网络中起重要的作用的主机。备份客户端也用来表示能从在线存储介质上读取数据并将数据传送到备份服务器的软件组件。

2．备份服务器

将数据复制到备份介质并保存历史备份信息的计算机系统称为备份服务器。备份服务器通常分以下两类：

（1）主备份服务器：用于安排备份和恢复工作，并维护数据的存放介质。

（2）介质服务器：按照主备份服务器的指令将数据复制到备份介质上。备份存储单元与介质服务器相连。

3．备份存储单元

常用的备份存储单元包括磁带、磁盘和光盘，它们由介质服务器控制和管理组成。

4．备份软件

好的备份硬件是完成备份任务的基础，而备份软件则关系到能否实现备份，以及是否能够将备份硬件的优良特性完全发挥出来。优秀的备份软件便于用户制定灵活的备份策略，快速恢复数据，支持各种操作系统平台及数据库。同时包括加速备份、自动操作、灾难恢复等特殊功能，对于安全有效的数据备份是非常重要的。

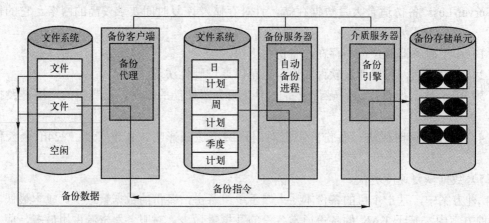

图 7-4　数据备份系统逻辑结构图

数据备份与恢复是主备份服务器、备份客户端和介质服务器，以及存储单元在备份软件的管理控制下 4 方协作的过程。

在进行数据备份时，主备份服务器根据预先制定的策略和当前的条件为每个备份任务选择一个介质服务器，启动并监控备份工作。有数据需要备份的客户端，将要备份的数据从它的在线卷传送到指定的介质服务器，同时将实际备份过的文件列表传送到主备份服务器。介质服务器选择一个或多个备份存储单元，选择并加载介质，通过网络接受客户端数据并写入存储介质。

同样，要从备份恢复数据时，客户端请求主备份服务器恢复特定备份的数据。主备份服务器确定由哪个备份介质服务器来监控被请求的备份，然后命令该介质服务器执行恢复操作。介质服务器查找并安装包含恢复数据的备份介质，然后将数据发送到请求恢复的客户端。备份客户端接收来自介质服务器的数据，并将数据写入本机文件系统。

7.2.3　备份系统的选择

数据备份与恢复或多或少的会给系统的正常应用带来性能或功能上的影响，所以在建设数据备份系统时，如何尽量减少这种"额外负担"从而充分保证系统正常业务的高效运行，也是数据备份技术发展的一个重要方向。

对一个相当规模的系统来说，完全自动化的进行备份是对备份系统的一个基本要求。除此以外，CPU 占用、磁盘空间利用率、网络带宽占用、备份时间等都是需要重点考查的。千万不要小看备份系统给应用系统带来的影响和对系统资源的占用，在实际的环境中，一个备份系统运行起来，可能会占掉一个中档小型机服务器 CPU 资源的 60%，而一个未经妥善处理的备份日志文件，可能会消耗 30%的磁盘空间。

由此可见，备份系统的选择和优化也是一个至关重要的任务。选择的原则并不复杂，一个好的备份系统应该能够以很低的系统资源占用率和很少的网络带宽来进行高速而自动化的数据备份与恢复。

很多备份软件对数据恢复过程都给出了强大的技术支持和保证。一些中低端备份管理软件支持智能灾难恢复技术，即用户几乎无须干预数据恢复过程，只要利用备份数据介质，就可以迅速地恢复数据。而一些高端的备份软件，支持多种恢复机制，用户可以灵活地选择恢复程度和恢复方式，极大地方便了用户。

7.3　数据备份的方式和策略

7.3.1　数据备份的方式

按照不同的分类依据，数据备份有很多种不同的方式。从采用的备份方法来看，备份方式可以分为硬件冗余和软件备份。常用的硬件冗余技术有双机容错、磁盘双工、RAID 与磁盘镜像等多种形式。

硬件冗余技术的使用使系统具有充分的容错能力，对于提高系统的可靠性非常有效。硬件冗余也有不足之处：首先是不能解决因病毒或人为操作引起的数据丢失及系统瘫痪等灾难；其次是硬件冗余对错误的或带有病毒的数据写入备份磁盘无能为力。因此，理想的备份系统应该使用硬件冗余来防止硬件故障，使用软件备份和硬件冗余相结合的方式来解决软件故障，以及用户误操作造成的数据丢失。

按照备份时的数据状态来划分，可以分为冷备份和热备份。冷备份也称脱机备份，是指以正常方式关闭数据库，并对数据库的所有文件进行备份。冷备份的缺点是需要一定的时间来完成，在数据恢复期间用户无法访问数据库，而且这种方法不易做到实时的备份。所谓热备份，也称联机备份，是指数据库在打开，用户对数据库进行操作的情况下进行的备份，这种情况下可以做到实时备份。

按照备份的数据和总数据量的关系不同，可以把数据备份的方式分为 4 种。

（1）完全备份。备份系统中所有的数据。优点是恢复时间最短、操作最方便、也最可靠；缺点是备份数据量大，数据多时可能做一次全备份需要很长时间。

（2）增量备份。备份上一次备份以后更新的所有数据，其优点是每次备份的数据量少、占用空间少、备份时间短；缺点是恢复时需要全备份及多份增量备份。

（3）差分备份。备份上一次全备份以后更新的所有数据，其优缺点介于上两者之间。

（4）按需备份。根据临时需要有选择地进行备份。

另外，从备份地点来划分，还可以把备份分为本地备份和异地备份。

7.3.2　数据备份的原则

对数据进行备份是为了保证数据的一致性和完整性，消除系统使用者和操作者的后顾之忧。不同的应用环境要求用不同的解决方案来适应，一般来说，一个完善的备份系统，需要满足以下原则。

1．稳定性

备份产品的主要作用是为系统提供一个数据保护的方法，于是该产品本身的稳定性和可靠性就变成了最重要的一个方面。首先，备份软件一定要与操作系统 100%的兼容；其次，当事故发生时，能够快速有效地恢复数据。

2．全面性

在复杂的计算机网络环境中，可能会包括多种操作平台（如 UNIX、NetWare、Windows、Linux 等），并安装了多种应用系统（如 ERP、数据库、集群系统等）。选用的备份软件要支持各种操作系统、数据库及典型应用。

3．自动化

很多系统由于工作性质，对何时备份、用多长时间备份都有一定的限制。在非工作时间系统负荷较轻，适于备份。可是这会增加系统管理员的负担，由于精力状态等原因，还会给备份安全带来潜在的隐患。因此，备份方案应能提供定时的自动备份，并利用自动磁带库等技术进行自动更换磁带。在自动备份过程中，还要有日志记录功能，并在出现异常情况时自动报警。

4．高性能

随着业务的不断发展，数据越来越多，更新越来越快，在休息时间来不及备份如此多的内容，在工作时间备份又会影响系统性能。这就要求在设计备份时，尽量考虑到提高数据备份的速度，利用多种技术加快对数据的备份，充分利用通道的带宽和性能。

5．维持应用系统的有效性

实时备份对应用系统的性能将会产生一定的影响，有时会很大。如何采取有效的技术手段避免备份对服务器系统、数据库系统、网络系统的影响，是非常重要的。例如，使用先进的 LAN-Free 或者 Server-Less 等技术。

6．操作简单

数据备份应用于不同领域，进行数据备份的操作管理人员也处于不同的层次。这就需要一个直观的、操作简单的数据备份，在任何操作系统平台下都统一的图形化用户界面，缩短操作人员的学习时间，减轻操作人员的工作压力，使备份工作得以轻松地设置和完成。

7．实时性

部分关键性的业务需要 24 小时不间断运行，在进行备份时，有一些文件可能仍然处于打开的状态。这时就要采取措施，实时地查看文件大小，进行事务跟踪，以保证正确地备份系统中的所有文件。

8．容灾考虑

将本地的数据复制一份，存放在远离数据中心的地方，以防数据中心发生不可预测的灾难，实现异地容灾备份管理。

7.3.3　数据备份的策略

制定数据备份的策略包括确定需要备份的内容、备份时间及备份方式等，应考虑通过已有的或有条件达到的技术和管理手段，尽可能地防止重要数据丢失，最低程度减少各种灾难带来的损失。

对个人用户而言，往往需要对重要数据进行备份，如操作系统、应用软件或重要文档等。对操作系统进行备份，可以在安装完操作系统与应用软件后，将操作系统所在的分区映射为一个镜像文件，保存在另一块硬盘或另一个逻辑分区上，这样在数据恢复时就可以直接由镜像文件恢复为操作系统。而对各类文档，最好每天都进行备份。例如，可以每月对文档进行一次完全备份，每天只进行增量备份，这样在任何需要的时候都可以很快恢复。

对需要备份的数据，可以采用完全备份、增量备份、差分备份或按需备份 4 种方式中的一种或者几种的组合，决定采用何种备份方式通常取决于以下两个重要的因素。

（1）备份窗口：完成一次给定备份所需的时间。备份窗口由需要备份数据的总量和处理备份的数据网络的速度决定。

（2）恢复窗口：恢复整个系统所需时间。恢复窗口的长短取决于网络的负载和磁带库的性能及速度。

在实际应用中，必须根据备份窗口和恢复窗口的大小，以及整个数据量等因素，决定采用哪种备份方式。例如，对于日常更新量大但总体不大的关键数据，可安排在每天系统相对空闲时进行完全备份；对日常更新量小但总体数据量非常大的关键数据，可每隔一个月或一周安排一次全备份，在此基础上每隔一个较短的时间做一次增量备份。

一般来说，差分备份避免了完全备份和增量备份的缺陷，又具有它们的优点。差分备份无须每天都做系统完全备份，并且灾难恢复很方便，只需要上一次完全备份磁带和灾难发生前一天磁带就可以完全恢复数据，因此大部分情况下采用完全备份结合差分备份的方式较为适宜。

选择备份存储介质和备份设备时，要从系统的实际需求出发，并留有良好的升级、扩容余地，在合理的成本内使宝贵的数据万无一失。可以基于以下几个因素来确定采用多大容量的备份设备。

（1）网络中的总数据量，即 ml。

（2）数据备份时间表（即增量备份的天数），假设用户每天做一个增量备份，周末做一个完全备份，a=6 天。

（3）每天数据改变量，即 m2。

（4）期望无人干涉的时间，假定为 3 个月，b=3。

（5）数据增长量的估计，假定每年以 20%递增，i=20%。

（6）考虑坏带，这是不可预见因素，一般为 30%，假定 u=30%。通过以上各因素考虑，可以较准确地推算出备份设备的大概容量为：c=[(ml+m2*a)*4*b*(l+i)]*(l+u)。

用户根据推算的备份容量，再考虑一定的冗余，就可以算出需要选择的存储容量。需要指出的是，许多用户在选择存储介质时，对容量的选择没有概念，经常出现刚刚购买的存储介质没过多久就不够用的情况。因此建议用户在选择产品时，至少要考虑到未来 2～3 年的数据需求，同时还要考虑到存储介质是否可通过升级、级联等方式保护现有投资。

容量确立后根据备份窗口时间、数据吞吐量等确定所需的驱动器、磁带机数量；另外还要确定与服务器的连接方式是直接相连还是通过 SAN，对特殊的应用备份则还要考虑采用专业的备份软件。

另外，备份数据的保管和编册记录也是防止数据丢失的另一个重要因素。这将避免数据备份与恢复的混乱，并为实施备份与恢复的所有人员提供此类信息，以免发生问题时因忙乱而找不到应使用的备份数据。

数据备份的核心是数据库的备份，虽然数据库系统都有自己的备份工具，但它们一般都不能实现自动备份，而且只能将数据备份到磁带机或硬盘上，不能驱动磁带库等自动加载设备。显然，利用数据库本身的备份工具远远达不到用户的要求，必须采用具有自动加载的磁带库硬件产品与具有在线备份功能的自动备份软件。

7.4　数据备份软件介绍

目前在数据存储领域可以完成网络数据备份管理的软件产品主要有 Legato 公司的 NetWorker、IBM 公司的 Tivoli、Veritas 公司的 NetBackup 等。另外有些操作系统，诸如 UNIX 的 tar/cpio、Windows 2000/NT 的 WindowsBackup、NetWare 的 Sbackup 也可以作为 NAS 的备份软件。

7.4.1　Veritas 公司产品

Veritas 公司可以称得上是备份软件市场上的霸主，其市场占有率已达四成左右。其备份产品主要有两个系列——高端的 NetBackup 和低端的 Backup Exec，它们都支持前面介绍的 LAN-Free Backup 备份和恢复方案。其中 NetBackup 适用于中型和大型的存储系统，可以广泛地支持各种开放平台。NetBackup 还支持复杂的网络备价方式，其技术的先进性在业界得到一致认可。

Backup Exec 是原 Seagate Soft 公司的产品，在 Windows 平台上具有相当的普及率和认可度。微软公司不仅在公司内部全面采用这款产品进行数据保护，还将其简化版打包在 Windows 操作系统中。Windows 操作系统中自带的 netbackup 备份程序，就 OEM 自 Backup Exec 的简化版。在 2000 年年初，Veritas 收购了 Seagate Soft 之后，在原来的基础上对这个产品进一步丰富和加强，现在这款产品在低端市场的占有率已经稳稳占据第一的位置。Backup Exec 可从网上免费下载试用。

VERITAS netbackup 软件是一个功能强大的企业级数据备份管理软件，它为 Windows、UNIX、NetWare 等多种操作系统提供全面的数据保护。组织机构可以通过直观的图形用户界面来管理全部的数据备份和数据恢复工作，在整个企业内制定内容备份策略。NetBackup 可以对多种数据库和应用提供数据备份和恢复的解决方案，如 Oracle、SAP、R/3、Infomix、Sybase、Microsoft SQL Server、Microsoft Exchange Server、DB2、Lotus Notes/Domino 等。

VERITAS NetBackup 的数据中心级介质管理使企业具有包括带库共享在内的管理介质的各方面能力，并且 VERITAS NetBackup 的 Java 界面提供了对所有备份和恢复操作的完整的实时和历史情况分析，以上特性已经成功地应用于像 Oracle、克莱斯勒、波音等大型企业中。VERITAS NetBackup 成为企业数据安全方面最广泛的选择，全球 1000 多家大型企业选择了 NetBackup 软件。

7.4.2　Legato 公司的产品

Legato 公司是在备份领域内仅次于 Veritas 的主要厂商。作为专业的备份软件厂商，Legato 公司拥有着比 Veritas 更久的历史，这使其具有了相当的竞争优势，在一些大型应用的产品中涉及备份的部分时都会率先考虑与 Legato 的接口问题。而且，像 Oracle 等一些数据库应用干脆内置了 Legato 公司的备份引擎。这些因素使得 Legato 公司成为了高端备份软件领域的一面旗帜。在高端市场领域，Legato 公司与 Veritas 公司一样具有极强的技术和市场实力，两家公司在高端市场的争夺一直难分伯仲。

Legato 公司的备份软件产品以 NetWorker 系列为主线。与 NetBackup 一样，NetWorker 也适用于大型复杂的网络环境，具有各种先进的备份技术机制，广泛地支持各种开放系统平台。值得一提的是，NetWorker 中的 Cellestra 技术第一次在产品上实现了 Server-Less Backup 的思想。

7.4.3　IBM 公司的产品

除了 Veritas 和 Legato 这两个备份领域的巨头之外，IBM Tivoli 也是重要角色之一。其 Tivoli Storage Manager 产品是高端备份软件市场中的有力竞争者。与 Veritas 的 NetBackup 和 Legato 的 NetWorker 相比，Tivoli Storage Manager 更多地适用于以 IBM 主机为主的系统平台，但以其强大的网络备份功能绝对可以胜任任何大规模的海量存储系统的备份工作。

7.4.4　CA 公司的产品

CA 作为世界领先的管理软件供应商，虽然重要精力没有放在存储技术方面，但其原来的备份软件 ARCserve Backup 仍然在低端市场具有相当广泛的影响力。这些年来,随着存储市场的发展,CA 公司调整了策略,并购了一些备份软件厂商,推出了新一代的备份产品——BrightStor ARCserve Backup,这款产品的定位直指中高端市场,看来 CA 公司是要在高端市场与 Veritas 和 Legato 一决雌雄。

学习项目

7.5 项目 1: 数据备份软件的部署

7.5.1 任务 1: 需求分析

目前,××网在网通和电信均有 IDC 机房和应用系统。主要 IDC 机房是北京的网通皂君庙机房和上海的横滨电信机房,均有自己的存储系统和应用系统,运行着关键业务应用,为××网的用户提供 Internet 服务。这些业务系统是××网重要的无形资产,然而一直以来却没有一套完善的备份系统以保证数据的安全,目前,各应用系统仍采用人工方式进行分散的备份,多数系统由管理员进行手工备份,还有些系统未做任何备份。这种情况,在应用系统建设初期由于数据量较小,所以可以满足用户的需求。但随着应用系统的不断完善,数据量的不断增加,备份的问题也逐渐显现出来,主要问题有以下几点。

(1)备份没有集中管理,造成各系统备份各自管理,无统一规划,使管理十分复杂,混乱,备份效率低下。

(2)多数据备份要人工操作,容易产生误操作,造成备份不成功或备份数据有问题,无法恢复等风险。

(3)恢复的风险,由于数据量较大,数据分布在不同的系统硬盘或不同的磁带上,恢复时如果有硬盘故障或一盘磁带发生问题,就造成恢复失败,从而无法恢复系统,造成重大损失。

(4)备份可靠性问题,由于普通的磁盘和磁带是易损存储介质,所以很容易损坏或丢失数据,同时又无法对其可恢复性进行数据完整性检验,这给我们的恢复也带来了极大的风险。

(5)恢复的速度问题,由于磁带的恢复速度比备份速度还要慢,同时还要进行大量的倒带,查找定位等操作,所以要恢复所有数据,其速度将更是难以接受的。

(6)备份数据没有进行异地保存,如果发生重大灾难或自然灾害,公司数据将全面丢失,业务将很难恢复。

针对上面备份系统所存在的问题,所以新的备份架构要符合下面的几点要求:

(1)要能实现集中化的管理,对所有要备份的系统实现统一规划,策略制定和无人值守的管理。

(2)要支持不同操作系统,不同数据库和不同应用的备份,同时对重要的系统要有系统级的备份和恢复功能。

(3)不对现有应用系统造成影响,易于与现有备份系统整合,同时备份和恢复要易于操作。

(4)具有高速的备份恢复功能,能在较短时间内完成所有备份,以不影响应用系统的正常运行和使用。

（5）具有高可靠性，能够进行数据完整性检查，保证备份数据的 100%可快速恢复。

由于系统的发展，数据量也会高速增长，所以备份设备要有较大的数据容量，同时具有高可扩展性，且扩展灵活方便。

（6）要对数据进行异地保存，使备份数据在北京和上海的信息中心各保存一份，以提高抵御重大灾难的能力。

（7）大容量，低成本，具有良好的性价比。

7.5.2　任务 2：方案设计

为了很好地满足该企业级数据备份和存储管理的要求，保证前台系统的正常进行，提供全面的可用性管理，把计划的和非计划的停机时间降到最低，并让其具有非常好的扩展能力，可以采用 Veritas 备份软件 Backup Exec 和美国 Data Domain 公司的容量优化磁盘备份系统（COS）——DD400 Restorer 构建一套完整高效的备份系统，具体拓扑结构如图 7-5 所示。DD410 磁盘备份系统，可以很好地与 VERITAS 备份软件相结合，使软件的功能得到更好的发挥。

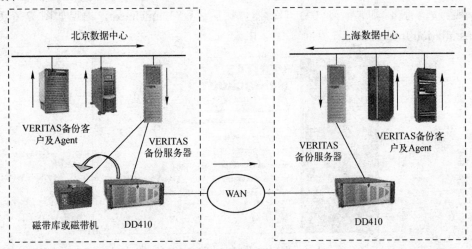

图 7-5　备份拓扑结构

DD410 磁盘备份系统在整个备份系统中起到了关键性作用，构建了强大的备份系统，各应用服务器能通过备份服务器将数据备份到 DD410 上。DD410 作为磁盘备份可以快速地备份和恢复数据，同时具有完整性校验，保证数据的可恢复性，最主要的是其出色的压缩专利技术可以大大减少备份数据占用的磁盘空间，从而使高昂的磁盘成本减至与磁带相当。它可以方便地接入现有的系统，不会对现有备份系统造成影响，而且配置方便，易于维护和管理，是要实现高效备份的很好选择。

根据用户备份数据量的分析，为了快速恢复数据，可将数据分两级存储。磁盘中保存最近的备份数据，磁带中保存长期保存的数据。如前面所分析，估算磁盘存储容量为 8TB 左右，DD410 的容量可达 15TB 左右，备份速度可达每分钟 160GB，所以可以很好地满足用户的需求，并保证了更多的数据保存于磁盘上，以便进行快速度恢复。

对于用户数据容灾的需求，在此方案中也提供了很好的解决方案，由于 Data Domain 的 DD400 系统产品提供远程复制模块，所以可在北京和上海各设置一个 DD410，两台 DD410

通过 WAN 连接,这样北京所有备份到 DD410 上的数据将会全部复制到上海的 DD410 上,这就很好地实现了备份数据的异地保存,当灾难发生时,可以很快在上海进行恢复,使业务迅速恢复正常。

由于 Data Domain 的 DD410 系统产品具有容量优化功能,可以对数据进行高倍的压缩,大大节省了磁盘容量,此功能与复制功能结合,可以大大减少通过 WAN 复制的数据量,由于备份数据量很大,所以两地复制数据所需网络费用也是相当可观的,而在此方案中 DD410 先压缩,再将压缩后的数据从北京复制到上海的方式,大大节约用户的网络费用。

7.6　项目 2: 数据备份软件的配置

7.6.1　任务 1: 安装 NetBackup 服务器软件

在服务器上本地安装 NetBackup 服务器端软件的操作步骤如下:

(1)以 Administrator 身份登录到安装 NetBackup 的系统,将 NetBackup 安装 CD 插入到驱动器中。在已启用“自动运行”的系统上,NetBackup 安装浏览器会自动启动。如果禁用“自动运行”,则导航到 CD 驱动器,然后运行 Launch.exe,出现如图 7-6 所示的“Pre-Installation Information”界面。

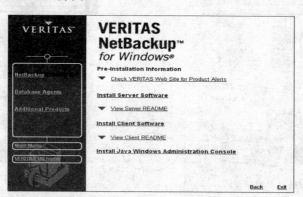

图 7-6　“Pre-Installation Information”界面

(2)选择安装服务器软件(Install Server Software),单击“Next”按钮,出现如图 7-7 所示的“Welcome”界面。

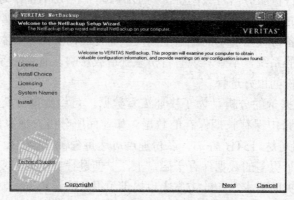

图 7-7　“Welcome”界面

（3）单击"Next"按钮，在图 7-8 所示的"License"屏幕中，选择"I accept the terms of the license agreement"单选框，然后单击"Next"按钮。

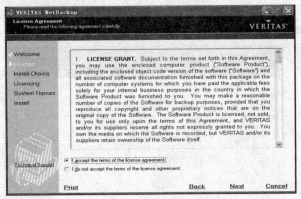

图 7-8　"License"屏幕

（4）在"Installation Choice"屏幕中，选择仅安装到此计算机（Install to this computer only）和典型（Typical），如图 7-9 所示，然后单击"Next"按钮。如果要自定义安装，选择"Custom"。

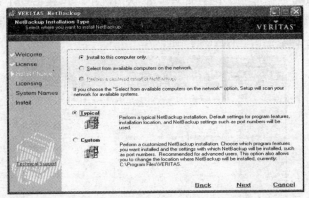

图 7-9　"Installation Choice"屏幕

（5）在"Licensing"屏幕中，输入随产品得到的许可证密钥，并选择"安装 Master Server"选项，如图 7-10 所示，单击"Next"按钮。输入的许可证密钥确定可以选择的组件，如果输入主服务器密钥，则只能选择 NetBackup 主服务器，不能选择的组件显示为灰色。

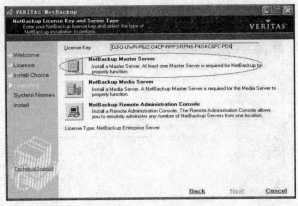

图 7-10　"Licensing"屏幕

（6）如图 7-11 所示，在"Master Server Name"后面输入主服务器的计算机名称，如果在本机上安装使用默认就可以，单击"Next"按钮。如果安装的是介质服务器，则"System Name"屏幕中还会有一个附加行，其中填写了本地介质服务器，还必须在下面填写配置此介质服务器的主服务器的名称。

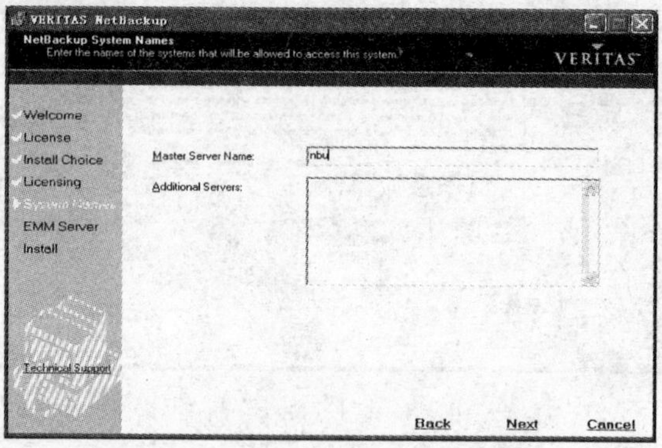

图 7-11　"System Name"屏幕

（7）在图 7-12 所示的"EMM Server"屏幕上输入服务器名称，该服务器是全局设备配置信息（存储在 EMM 数据库中）的存储库。默认情况下，承载 EMM 数据库的服务器是用户要安装的主服务器。可以允许每个服务器具有其自己的 EMM 服务器，或允许每个远程系统使用相同的服务器，单击"Next"按钮。

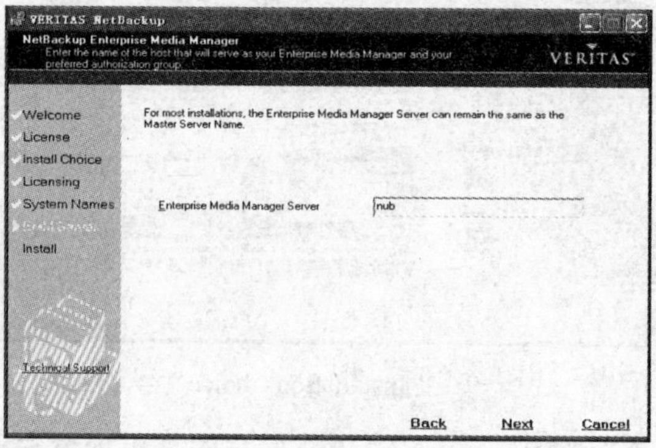

图 7-12　"EMM Server"屏幕

（8）如果不需要更改安装设置，单击"Install"屏幕中的安装（Install）。安装过程开始后，将出现一个显示安装进度的屏幕，如图 7-13 所示。

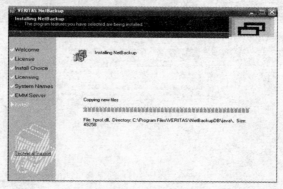

图 7-13　"Install"屏幕

（9）安装完成后出现如图 7-14 所示的屏幕，如果要输入其他许可证密钥，单击"Add keys"按钮；如果要立即启动 NetBackup 管理控制台，需要选中"Launch NetBackup Administration Console now"旁边的复选标记，然后单击"Finish"按钮。

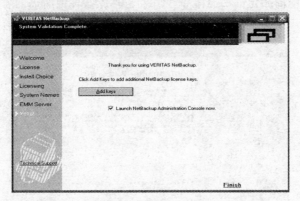

图 7-14 "System Validation Complete"屏幕

7.6.2 任务 2: 配置 NetBackup 服务器软件

默认情况下，NetBackup 管理控制台在安装之后自动启动，在此控制台中引导用户使用"入门（Getting Started）"向导来配置 NetBackup 服务器软件，如图 7-15 所示。

图 7-15 "Getting Started"界面

单击"下一步"按钮，出现图 7-16 所示的界面，用户可以依次配置存储设备、卷、目录备份，以及创建备份策略。

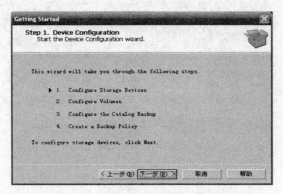

图 7-16 "Getting Started"配置条目

1. 配置存储设备

（1）在进入存储设备配置向导之前，先以物理方式将存储设备挂接到服务器上。并执行设备和操作系统供应商指定的所有配置步骤，包括安装任何所需的设备驱动程序和软件修补程序。完成后，单击"下一步"按钮，如图 7-17 所示。

图 7-17　存储设备配置向导

（2）在"Device Hosts"对话框中，必须指定要在其上自动发现和配置设备的主机。单击"下一步"按钮，如图 7-18 所示。

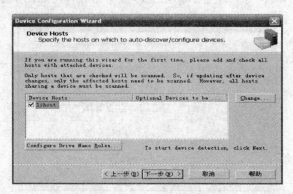

图 7-18　"Device Hosts"对话框

（3）扫描主机，扫描后就可以看到连接的设备，如图 7-19 所示，单击"下一步"按钮继续。

图 7-19　"Scanning Hosts"对话框

（4）在"备份设备（Backup Devices）"对话框中，确认显示的设备列表。这里还能显示出检测到的设备状态，如图 7-20 所示。

如果某个已知的备份设备未出现在此列表中，则执行下列操作：单击"取消"按钮关闭并退出向导；检查备份设备是否已经物理挂接到主机；检查设备和操作系统供应商指定的所有安装过程是否都已经成功执行。返回到管理控制台，单击"配置存储设备（Configure Storage Devices）"链接并再次开始此过程。设备配置更新完成后，将出现在"配置存储单元"窗口。

（5）按照需要创建一个硬盘存储的集合，并在图 7-21 所示的对话框中设定好路径，单击"下一步"按钮。

图 7-20 "Backup Devices"对话框

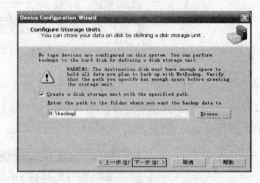

图 7-21 "Configure Storage Units"对话框

（6）出现图 7-22 所示的界面，表示存储设备的配置已经成功完成，单击"完成"按钮退出。

2. 配置卷

通过使用"卷配置向导（Volume Configuration Wizard）"，可以启动对每个已配置机械手的清点过程，如图 7-23 所示。如果 NetBackup 在清点过程中找到新的机械手介质，则它会自动更新卷数据库。另外，还可以定义在独立驱动器中使用的新卷。

图 7-22 配置成功完成

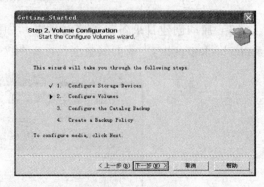

图 7-23 配置卷向导

3. 配置目录备份

（1）NetBackup 依靠目录中存储的信息来恢复数据，必须定期备份该目录，以防其损坏或丢失。在图 7-24 所示的界面中，单击"下一步"按钮。

图 7-24　开启目录备份向导

（2）选择联机的目录热备份，如图 7-25 所示，此方法使用备份策略控制目录备份，使用专用目录备份介质池中的介质，可跨越两个或更多的磁带。单击"下一步"按钮。如果选择脱机冷备份，则备份必须存在一个磁带上，并且该目录只能包含目录备份数据。

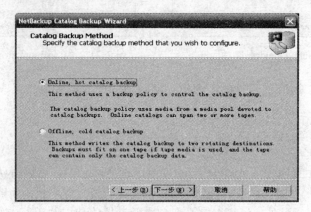

图 7-25　指定目录备份类型

（3）启动创建目录备份策略对话框，如果要新建目录备份策略，选中"Create a new catalog backup policy"前面的复选框，如图 7-26 所示，单击"下一步"按钮。

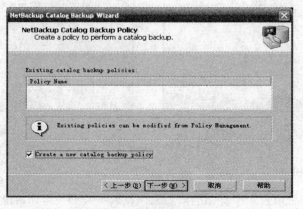

图 7-26　创建目录备份策略

（4）输入策略名称，这里为了见名知义，名称使用 catalog，如图 7-27 所示。单击"下一步"按钮。

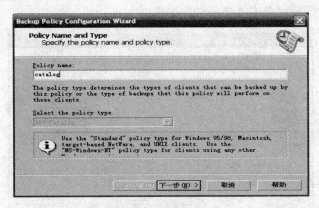

图 7-27　指定策略的名字

（5）选择备份类型。Full Backup（完全备份）、Incremental Backup（增量式备份）、Differential（差异式）、Cumulative（累积式）。这里选择"Full Backup"，如图 7-28 所示。单击"下一步"按钮。

图 7-28　选择备份类型

（6）"Star a full backup"指定完全备份的备份周期。"Retain full backups for"指定完全备份保留的时间和相对应的级别，如图 7-29 所示。单击"下一步"按钮。

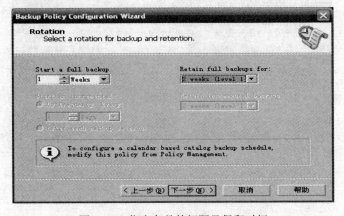

图 7-29　指定备份的间隔及保留时间

（7）指定备份的时间范围，选择其中的"Custom"，则允许用户自己指定开始时间和持续时间，如图 7-30 所示，单击"下一步"按钮。

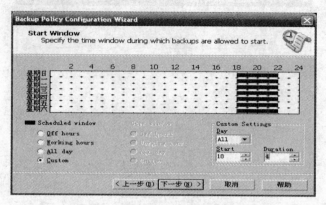

图 7-30 指定备份的时间范围

（8）指定备份路径及登录用户和密码，如图 7-31 所示，单击"下一步"按钮。

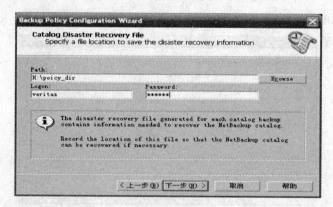

图 7-31 备份路径及登录用户和密码

（9）设置邮件地址，用来接收灾难恢复的相关信息，如图 7-32 所示。也可以选择"No"不设置邮箱地址，单击"下一步"按钮。

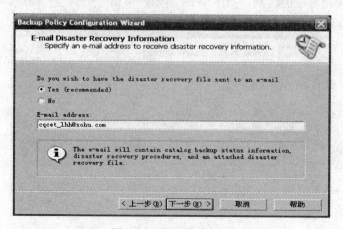

图 7-32 设置邮件地址

（10）在图 7-33 所示的对话框中，可以看到刚刚设置的目录备份策略。单击"完成"按钮，结束设置。

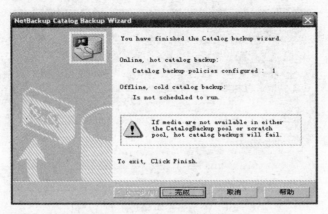

图 7-33　目录备份策略配置完成

4．创建一个备份策略

（1）启动备份策略配置向导欢迎界面，如图 7-34 所示。单击"下一步"按钮。

图 7-34　启动备份策略配置向导

（2）指定备份策略名称，并选择策略的类型，如图 7-35 所示。单击"下一步"按钮。

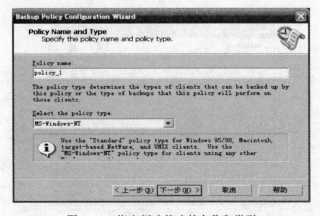

图 7-35　指定新建策略的名称和类型

（3）在"Client List"对话框中单击"Add"按钮，添加建备份策略所适用的客户机，如图 7-36 所示。单击"下一步"按钮。

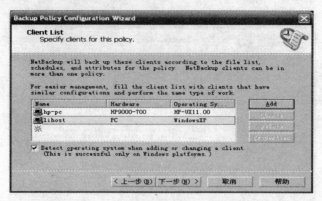

图 7-36　添加备份策略适用的客户机

（4）在"Files"对话框中单击"Add"按钮，添加客户机上所要备份的内容，如图 7-37 所示。选择"Backup all local drives"前面的复选框，可备份所选客户机上的所有文件。

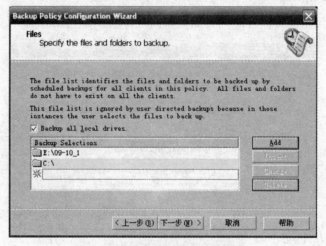

图 7-37　设置要备份的文件

（5）选择备份类型。这里选择"Full Backup（完全备份）"，如图 7-38 所示。单击"下一步"按钮。

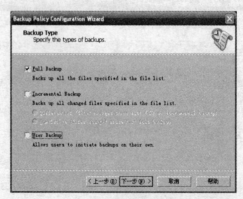

图 7-38　选择备份类型

（6）指定完全备份的备份周期，以及完全备份保留的时间和相对应的级别，如图 7-39 所示。单击"下一步"按钮。

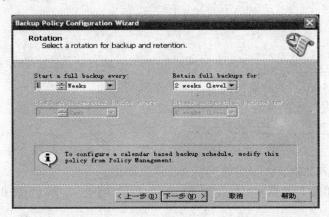

图 7-39 指定完全备份的周期和备份保留时间

（7）指定备份的时间范围，如图 7-40 所示。选择其中的"Custom"，则允许用户自己指定开始时间和持续时间，单击"下一步"按钮。

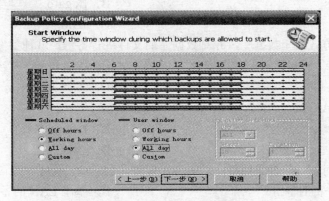

图 7-40 指定备份的时间范围

（8）在图 7-41 所示的对话框中，可以看到新建的备份策略。单击"完成"按钮，结束创建过程。

图 7-41 备份策略建立成功

练 习 题

一、填空题

1. ＿＿＿＿＿＿＿＿是用户将重要的数据制作一份或者多份副本以某种方式加以保留，以便在系统遭受破坏或其他特定情况下，重新加以利用的一个过程。

2. 集群和容灾技术的目的是为了保证系统的＿＿＿＿＿＿，也就是说当意外发生时，系统所提供的服务和功能不会因此而间断。

3. ＿＿＿＿＿＿＿无须每天都做系统完全备份，并且灾难恢复很方便，只需要上一次完全备份磁带和灾难发生前一天磁带就可以完全恢复数据。

4. 按照备份的数据和总数据量的关系不同，可以把数据备份的方式分为＿＿＿＿＿、＿＿＿＿＿、＿＿＿＿＿和＿＿＿＿＿4种。

二、单项选择题

1. NetBackup 是（　　）公司的产品。
   A. Veritas   B. Legato
   C. CA   D. IBM

2. 以正常的方式关闭数据库，并对数据库的文件进行备份，这种备份方式是（　　）。
   A. 热备份   B. 冷备份
   C. 完全备份   D. 差异备份

3. 备份软件 ARCserve Backup 是（　　）公司的产品。
   A. Veritas   B. Legato
   C. CA   D. IBM

4. 能够在短时间备份大量数据，对服务器资源占用最少，成本也最高的是（　　）。
   A. 基于主机的备份   B. 基于 LAN 的备份
   C. 基于 SAN 的 LAN-Free 备份   D. 基于 SAN 的 Server-Less 备份

三、思考题

1. 计算机数据所面临的安全威胁有哪些？
2. 数据备份的原则有哪些？
3. 如何确定采用多大容量的备份设备？
4. 什么是冷备份和热备份？
5. 什么是备份窗口和恢复窗口？

四、综合题

某大型公司业务复杂，拥有大量的服务器，这些服务器对公司的正常运作意义重大，为了有效地进行保护数据，公司决定采用 NetBackup 数据备份软件。该公司的网络拓扑及要采购和部署的 NetBackup 组件如图 7-42 所示。

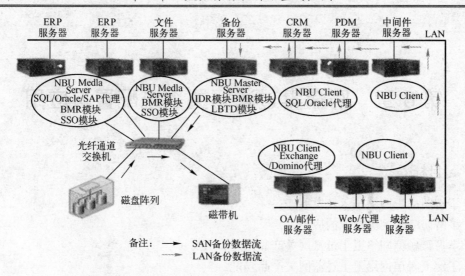

图 7-42 某公司的网络拓扑及要采购和部署的 NetBackup 组件

🔧【任务要求】

（1）安装 NetBackup 主服务器和 NetBackup 介质服务器软件。

（2）安装 NetBackup 客户机，并启用客户机上的 NetBackup for Oracle 代理。

（3）以管理员身份登录 NetBackup 主服务器，通过 NetBackup 管理控制台备份 ERP 服务器上的 Oracle 数据库。

第8章 防病毒过滤网关系统配置与应用

学习目标

- 了解防病毒网关技术及发展。
- 了解防病毒网关技术的应用。
- 掌握天融信网络卫士过滤网关产品原理。
- 了解天融信网络卫士过滤网关产品功能。
- 掌握天融信网络卫士过滤网关产品的典型部署方法。
- 掌握天融信防病毒过滤网关基本配置方法。

引导案例

某集团公司随着各种系统和网络安全系统的应用，集团 CIO 发现内部用户计算机遭受病毒攻击事件依然频频出现，并且部分事件已经造成了数据破坏，经过内部详细调查和分析后发现：

（1）中病毒的计算机基本上都是在浏览网页或查看邮件时，被网页或邮件病毒感染的；

（2）中病毒的计算机中感染病毒时，防病毒软件发出"发现病毒"的提示，但使用计算机的用户认为有防病毒软件了，就没有去理睬这个提示，而是继续浏览带有病毒的网站；

（3）部分网页病毒在感染内部某单台计算机后，会自动向网内其他计算机传播。

针对上述问题，集团 CIO 在与一家知名网络安全公司的顾问沟通后，一直认为是由于两个原因造成了上述问题：一是集团用户对信息安全认识不清，没有能及时地依照防病毒软件的提升查杀病毒并离开带病毒的网页；二是集团的防病毒体系还有待进一步完善，现在的网络防病毒软件，只是做到了针对网络内单机的病毒防御，需要一款能及时、有效地对网络流量病毒自动查杀的系统。

为此，集团 CIO 在经过多方查找和测试后，选用了一款防病毒网关设备，并部署于集团互联网出口边界，对所有进入集团网络的互联网流量进行病毒查杀。该设备实际是与集团内部的防病毒软件构成了一个立体的防病毒体系，在网络边界再做一次病毒处理，将互联网病毒拒之门外。在该设备部署后的一个月，发现其作用明显。

2009 年年末，某市电信集团在全市范围的网吧内，实施了一项绿色上网工程。该工程旨在减少网吧上网计算机遭受病毒、木马攻击的可能，进一步加强网吧计算机使用者的个人信息的保护。该项目中，电信工程师在所有网吧边界分别部署 1 台硬件防病毒网关设备，对所有通过该设备的网络流量进行病毒、木马、恶意代码的查杀。在项目完成后的 3 个月的试运行内，设备运行状态良好，根据设备记录的病毒、木马等查杀情况分析，表明该工程达到了预期目标。

防病毒网关是一种网络设备，用以保护网络内（一般是局域网）进出数据的安全。主要体现在病毒查杀、关键字过滤（如色情、反动）、垃圾邮件阻止的功能。近些年来，公众特别是大型网络，对防病毒产品已经从单一的防病毒软件需求，向整体防病毒体系需求转变，因为单一的防病毒软件在大型网络下，已经有些力不从心。防病毒网关的出现，正是完美地解决了这种大型网络结构下的病毒查杀问题，同时防病毒网关与主机用防病毒软件系统组建立体防病毒体系，整个体系不但关注了单机病毒防御，同时还顾及到了网络病毒查杀，可以说是一个无缝的病毒防御方案。

相关知识

8.1　计算机病毒技术概述

计算机病毒（Computer Virus）在《中华人民共和国计算机信息系统安全保护条例》中被明确定义，病毒指"编制或者在计算机程序中插入的破坏计算机功能或者破坏数据，影响计算机使用并且能够自我复制的一组计算机指令或者程序代码"。而在一般教科书及通用资料中被定义为：利用计算机软件与硬件的缺陷，由被感染机内部发出的破坏计算机数据并影响计算机正常工作的一组指令集或程序代码。

计算机病毒的概念起源很早，在第一部商用计算机出现之前好几年时，计算机的先驱者冯·诺伊曼（John Von Neumann）在他的一篇论文《复杂自动装置的理论及组识的进行》里，已经勾勒出病毒程序的蓝图。不过在当时，绝大部分的计算机专家都无法想象会有这种能自我繁殖的程序。

1975 年，美国科普作家约翰·布鲁勒尔（John Brunner）写了一本名为《震荡波骑士》（Shock Wave Rider）的书，该书第一次描写了在信息社会中，计算机作为正义和邪恶双方斗争的工具的故事，成为当年最佳畅销书之一。

1977 年夏天，托马斯·捷·瑞安（Thomas. J. Ryan）的科幻小说《P-1 的春天》（The Adolescence of P-1）成为美国的畅销书，作者在这本书中描写了一种可以在计算机中互相传染的病毒，病毒最后控制了 7000 台计算机，造成了一场灾难。虚拟科幻小说世界中的东西，在几年后终于逐渐开始成为计算机使用者的噩梦。

而差不多在同一时间，美国著名的 AT&T 贝尔实验室中，3 个年轻人在工作之余，很无聊地玩起一种游戏：彼此撰写出能够吃掉别人程序的程序来互相作战。这个叫做"磁芯大战"（core war）的游戏，进一步将计算机病毒"感染性"的概念体现出来。

1983 年 11 月 3 日，一位南加州大学的学生弗雷德·科恩（Fred Cohen）在 UNIX 系统下，写了一个会引起系统死机的程序，但是这个程序并未引起一些教授的注意与认同。科恩为了证明其理论，将这些程序以论文发表，在当时引起了不小的震撼。科恩的程序，让计算机病毒具备破坏性的概念具体成形。

不过，这种具备感染与破坏性的程序被真正称为"病毒"，则是在两年后的一本《科学美国人》的月刊中。一位叫做杜特尼（A. K. Dewdney）的专栏作家在讨论"磁芯大战"与苹果二型电脑（别怀疑，当时流行的正是苹果二型电脑，在那个时候，我们熟悉的 PC 根本还不见踪影）时，开始把这种程序称为病毒。从此以后我们对于这种具备感染或破坏性的程序，终于有一个"病毒"的名字可以称呼了。

8.1.1　计算机病毒分类

1．按寄生方式分为引导型病毒、文件型病毒和复合型病毒

引导型病毒是指寄生在磁盘引导区或主引导区的计算机病毒。此种病毒利用系统引导时，不对主引导区的内容正确与否进行判别的缺点，在引导型系统的过程中侵入系统，驻留内存，监视系统运行，待机传染和破坏。按照引导型病毒在硬盘上的寄生位置又可细分为主引导记录病毒和分区引导记录病毒。主引导记录病毒感染硬盘的主引导区，如大麻病毒、2708 病毒、火炬病毒等；分区引导记录病毒感染硬盘的活动分区引导记录，如小球病毒、Girl 病毒等。

文件型病毒是指能够寄生在文件中的计算机病毒。这类病毒程序感染可执行文件或数据文件。如 1575/1591 病毒、848 病毒感染.COM 和.EXE 等可执行文件；Macro/Concept、Macro/Atoms 等宏病毒感染.DOC 文件。

复合型病毒是指具有引导型病毒和文件型病毒寄生方式的计算机病毒。这种病毒扩大了病毒程序的传染途径，它既感染磁盘的引导记录，又感染可执行文件。当感染此种病毒的磁盘用于引导系统或调用执行染毒文件时，病毒都会被激活。因此在检测、清除复合型病毒时，必须全面彻底地根治，如果只发现该病毒的一个特性，把它只当做引导型或文件型病毒进行清除。虽然好像是清除了，但还留有隐患，这种经过消毒后的"洁净"系统更赋有攻击性。这种病毒有 Flip 病毒、新世际病毒和 One-half 病毒等。

2．按破坏性分为良性病毒和恶性病毒

良性病毒是指那些只是为了表现自身，并不彻底破坏系统和数据，但会大量占用CPU，增加系统开销，降低系统工作效率的一类计算机病毒。这种病毒多数是恶作剧者的产物，他们的目的不是为了破坏系统和数据，而是为了让使用染有病毒的计算机用户通过显示器或扬声器看到或听到病毒设计者的编程技术。这类病毒有小球病毒、1575/1591 病毒、救护车病毒、扬基病毒、Dabi 病毒，等等。还有一些人利用病毒的这些特点宣传自己的政治观点和主张。也有一些病毒设计者在其编制的病毒发作时进行人身攻击。

恶性病毒是指那些一旦发作后，就会破坏系统或数据，造成计算机系统瘫痪的一类计算机病毒。这类病毒有黑色星期五病毒、火炬病毒、米开朗·基罗病毒等。这种病毒危害性极大，有些病毒发作后可以给用户造成不可挽回的损失。

8.1.2　计算机病毒特征

1．非授权可执行性

用户通常调用执行一个程序时，把系统控制交给这个程序，并分配给它相应的系统资源，如内存，从而使之能够运行完成用户的需求。因此程序执行的过程对用户是透明的。而计算机病毒是非法程序，正常用户是不会明知是病毒程序，而故意调用执行。但由于计算机病毒具有正常程序的一切特性：可存储性、可执行性。它隐藏在合法的程序或数据中，当用户运行正常程序时，病毒伺机窃取到系统的控制权，得以抢先运行，然而此时用户还认为在执行正常程序。

2．隐蔽性

计算机病毒是一种具有很高编程技巧、短小精悍的可执行程序。它通常黏附在正常程序之中或磁盘引导扇区中，或者磁盘上标为坏簇的扇区中，以及一些空闲概率较大的扇区中，这是它的非法可存储性。病毒想方设法隐藏自身，就是为了防止用户察觉。

3．传染性

传染性是计算机病毒最重要的特征，是判断一段程序代码是否为计算机病毒的依据。病毒程序一旦侵入计算机系统就开始搜索可以传染的程序或者磁介质，然后通过自我复制迅速传播。由于目前计算机网络日益发达，计算机病毒可以在极短的时间内，通过像 Internet 这样的网络传遍世界。

4．潜伏性

计算机病毒具有依附于其他媒介而寄生的能力，这种媒介称为计算机病毒的宿主。依靠病毒的寄生能力，病毒传染合法的程序和系统后，不立即发作，而是悄悄隐藏起来，然后在用户不察觉的情况下进行传染。这样，病毒的潜伏性越好，它在系统中存在的时间也就越长，病毒传染的范围也越广，其危害性也越大。

5．表现性或破坏性

无论何种病毒程序一旦侵入系统都会对操作系统的运行造成不同程度的影响。即使不直接产生破坏作用的病毒程序也要占用系统资源（如占用内存空间，占用磁盘存储空间及系统运行时间等）。而绝大多数病毒程序要显示一些文字或图像，影响系统的正常运行，还有一些病毒程序删除文件，加密磁盘中的数据，甚至摧毁整个系统和数据，使之无法恢复，造成无可挽回的损失。因此，病毒程序的副作用轻者降低系统的工作效率，重者导致系统的崩溃、数据丢失。病毒程序的表现性或破坏性体现了病毒设计者的真正意图。

6．可触发性

计算机病毒一般都有一个或几个触发条件。满足其触发条件或者激活病毒的传染机制，使之进行传染；或者激活病毒的表现部分或破坏部分。触发的实质是一种条件的控制，病毒程序可以依据设计者的要求，在一定条件下实施攻击。这个条件可以是输入特定字符，使用特定文件，某个特定日期或特定时刻，或者是病毒内置的计数器达到一定次数等。

8.1.3　计算机病毒的来源与传播途径

常见计算机病毒的来源主要有以下几个方面：

（1）引进的计算机系统和软件中带有病毒；

（2）各类出国人员带回的机器和软件染有病毒；

（3）一些染有病毒的游戏软件；

（4）非法复制中毒；

（5）计算机生产、经营单位销售的机器和软件染有病毒；

（6）维修部门交叉感染；

（7）有人研制、改造病毒；

（8）敌对分子以病毒进行宣传和破坏；

（9）通过国际计算机网络传入的。

根据国家计算机病毒应急处理中心的调查结果显示，网络型病毒在所调查的病毒感染事件中呈逐年上升趋势，在传播方式上，通过网络浏览下载感染病毒的比例由 2006 年的9%猛增到 2007 年的 53%，控制网络病毒传播已经成为病毒防治的首要工作，从而网关型防病毒设备随之应运而生。

8.2　防病毒技术概述

防病毒技术就是如何通过各种技术手段，预防、查杀各种病毒代码，通过防范计算机遭受各种病毒（包括病毒、蠕虫、恶意代码、木马等）的感染、攻击和破坏，保证计算机的数据安全和应用安全。

8.2.1　防病毒产品的分类

从防病毒产品的形态来分，可分为软件防病毒产品和硬件防病毒产品。从防病毒产品的部署来看，可分为主机防病毒产品和网关型防病毒产品。而随着网络应用的不断增加，网关型防病毒产品在市场的占有率不断增加，已经成为了病毒防御产品里不可缺少的一个环节。

8.2.2　防病毒网关功能

防病毒网关采取的是一个与单机防护不同的基于网络的病毒防护方案。它被设计成安装在网络边缘，在病毒侵入网络之前实时地阻止它们。这样很好地解决了病毒在被单机防病毒软件查杀前已经进入网络的安全风险，并且很好地避免了计算机用户不熟悉防病毒软件使用的风险。

一般防病毒网关都具有即插即用的能力，只要部署好之后就可以进行网络协议数据的病毒过滤功能；目前过滤网关基本可以支持主要的网络协议，SMTP、IMPA4、POP3、HTTP 及 FTP 协议。从上述角度看，很明显防病毒网关是单机防病毒系统的有效补充，但是绝对不能完全代替。作为企业级防病毒网关产品，除了需要具备病毒查杀过滤功能外，一般还会具备良好的可管理性等，常见的防病毒网关产品主要功能如表 8-1 所示。

表 8-1　常见的防病毒网关产品主要功能

功 能 类 别	功 能 说 明
安全功能	单通道或多通道的病毒过滤：在过滤网关内部采用创新的技术可使用户选择通道单或双通道的病毒扫描通道。当配置成双通道，两条通道之间相互隔离，增加产品的可扩展性
	透明接入方式：一般过滤网关均采用即插即用的思路设计，以透明网桥方式部署在企业网络中，无须改变企业内部的网络配置，从而使安装工作变得非常简单。一旦部署完成，网络卫士防病毒网关就开始对企业网络进行病毒防护，保障网络不受病毒侵害
	全面的协议保护：过滤网关可以对 SMTP、POP3、IMAP、HTTP 和 FTP 等应用协议进行病毒扫描和过滤，有效地防止可能的病毒威胁
	内嵌的内容过滤功能：过滤网关支持对数据内容进行检查，可以采用关键字过滤、URL 过滤等方式来阻止非法数据进入企业网络，同时支持对 Java 等小程序进行过滤等，防止可能的恶意代码进入企业网络
	防垃圾邮件功能：一般过滤网关采用黑名单技术实时检测垃圾邮件并阻止其进入企业网络，为企业节省宝贵的带宽，同时部分产品支持灰名单和启发式扫描的反垃圾邮件的算法来进行垃圾邮件防御
	防蠕虫攻击：一般过滤网关可以实时检测到日益泛滥的蠕虫攻击，并对其进行实时阻断，从而有效地防止企业网络因遭受蠕虫攻击而陷于瘫痪

续表

功能类别	功能说明
管理功能	友好的管理界面：一般过滤网关采用基于 Web 的管理界面，用户只需打开浏览器，就可以方便地通过 HTTPS 协议对过滤网关进行有效管理
	自动在线升级：一般过滤网关可以按照管理员设定的更新策略自动连接到指定的升级服务器，升级最新的病毒库，保证企业网络得到最有效的保护
日志与报表	日志功能：一般防病毒网关可以提供完整的病毒日志、访问日志和系统日志等记录
	统计报表功能：可根据日志数据生成多种格式的统计图形化统计报表，形象直观，方便管理员的管理工作
监控和报警功能	强大的监控功能：一般防病毒网关可以提供一定的监控功能，可以监控过滤网关系统资源、网络流量、当前会话数、当前病毒扫描信息等，极大地方便管理员对过滤网关进行监控
	报警功能：报警配置用于当某个病毒突然爆发时，防病毒网关可向网络管理员发送报警信息
高性能	网关构建在高性能的硬件平台上，采用高效的流扫描算法，最大限度地提高过滤效率与处理性能

8.2.3　防病毒网关主流技术

1．流扫描技术

防病毒网关采用流扫描技术来获得很高的吞吐率，同时大大减少网络延迟和超时。流扫描技术在收到文件的一部分时就开始扫描，大大减少总的处理时间，如图 8-1 所示。

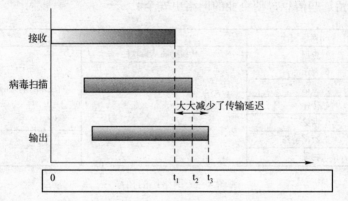

图 8-1　流扫描技术

下面这个例子演示了流扫描技术怎样处理一个 zip 文件。在此例中，zip 文件顺序包含 5 个文件，F1～F5。处理的流程如下：

（1）扫描引擎在检测到这个流时就开始扫描，并且发现它是一个 zip 文件。引擎查找流中的 F1 文件的开始处并开始解压；

（2）解压出来的部分文件被送到病毒检测引擎。随着扫描引擎收到 F1 的其余部分，引擎将对 F1 的其余部分进行实时解压并进行实时扫描。病毒检测引擎发现 F1 的这部分没有病毒，数据被重新压缩、输出；

（3）当扫描引擎收到 F1 的最后一部分时，这一部分被解压、扫描、重新压缩、输出。这就意味着当收到 F1 的最后一部分时，额外需要的时间就是解压、扫描，重新压缩 F1 的最后一部分，而不是整个文件。对于 F2～F5 引擎将重复以上步骤；

（4）在传统的使用随机存取算法的防病毒系统中，只有当整个 zip 文件都被收到时才开始扫描，总的扫描时间比较长，如图 8-2 所示。

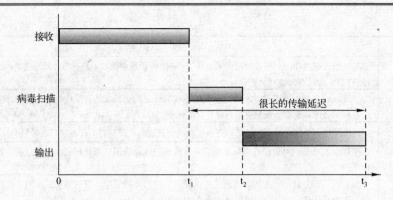

图 8-2　随机存取的扫描算法（传统的解决方案）

2. 透明扫描

早期的大多数传统的网关防病毒解决方案工作在 OSI 的应用层，以代理的方式截获数据进行扫描：客户机首先连接到防病毒网关，防病毒网关再连接到真正的服务器，转发并扫描通过的数据流，这种方法丢失了很多有用的客户端及服务器的信息。邮件服务器往往需要知道客户机的地址来决定是否允许客户端通过它发送邮件，特别是现在的垃圾邮件实在是泛滥成灾，这一点尤其重要。当前采用新技术的防病毒网关工作在 3～7 层，如图 8-3 所示，它能够完整地保留这些信息，使企业的网络更安全。

OSI网络层次	覆　盖　面	
7.应用	传统的防病毒软件	
6.表示		新技术防病毒网关
5.会话		
4.传输		
3.网络		
2.数据链路		
1.物理		

图 8-3　网络层的扫描

3. 同时支持单通道、双通道的病毒扫描

主流防病毒网关可以提供灵活的部署方案，根据用户的需要，它可以被部署在网络的任何地方，并且可以配置成单通道或双通道的病毒扫描模式。第一，网关是最合理和有效的部署位置，它可以从公司网络的入口处直接封堵住病毒；第二，可以将它部署在邮件服务器之间，分担网络负载；第三，可以将它部署在每个需要保护的网段中，分别进行病毒的扫描和防护。

主流防病毒网关在配置时可以设置成单通道的病毒防御模式，或者设置成双通道的病毒防护模式，用户除了可以像单通道的防护模式单独保护内网，也可以利用同一台过滤网关的第二条扫描通道单独对防火墙的 DMZ 区的服务器组实现病毒防护，更加增强了安全性，降低了企业的成本。

4. 即插即用

因为防病毒网关部署在网关位置所造成的网络变动影响，传统的解决方案实施有一定

的挑战性。网络管理员需要重定向网络数据流，这个过程可能会很复杂。例如，为了重定向
SMTP 数据流，管理员可能需要改变公司的 DNS 的 MX 设置；重定向 HTTP 数据流可能会
更复杂。

　　主流防病毒网关产品，已经可以实现即插即用接入网络，一旦部署的位置被确定，设
备只需要连接上网线，开启电源就可以进行流量病毒扫描、过滤。主流防病毒网关产品的部
署，几乎不会对现有网络结构、网络设备配置带来任何影响和变动。

5. 主要网络协议防病毒保护

　　防病毒网关需要对网络流量进行病毒查杀，主流防病毒网关至少能处理以下网络协
议流量：SMTP、POP3、HTTP、FTP 和 IMAP。同时管理员还可以针对每个协议设置高
级选项，如可以选择清除病毒、删除文件、隔离病毒或是记录日志的方式来处理病毒。
而且还可以在相应的协议中设置一些附加功能，如对关键字的过滤，对特定文件类型的
扫描和过滤等功能。以下是主流防病毒网关产品，对 HTTP 协议病毒过滤处理流程，
如图 8-4 所示。

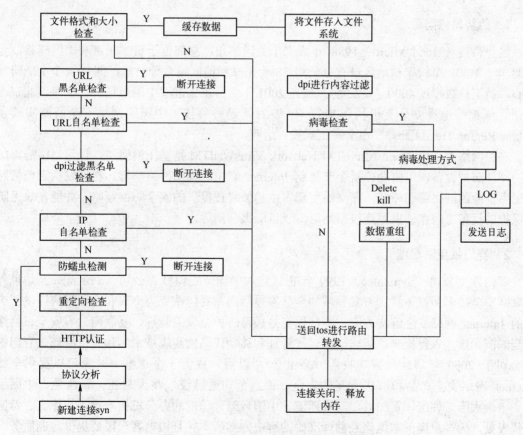

图 8-4　对 HTTP 协议病毒过滤处理流程

8.2.4　防病毒网关的局限性

　　正如前边内容所描述的那样，防病毒过滤网关的产生，是随着网络型病毒的出现而产

生的，因为防病毒网关的部署特点，其仅限于对流经该防病毒网关的指定协议（如HTTP、FTP 和 POP3 等）的网络流量进行病毒查杀，对于单机已经存在的病毒、外部存储设备携带的病毒及连接到单机后所造成的病毒感染，这些病毒流量是不会经过防病毒网关的，这种情况下，防病毒网关也就无法对其进行查杀，这是防病毒网关本身特点所造成的，自从防病毒网关出现的那一刻，这种技术就没有考虑过去查杀单机、不经过网络传播的病毒。

现今较为完善的防病毒技术方案，实际上是融合了单机防病毒软件和网关防病毒软件两个部分，其互为补充，各司其职，最终实现一个统一的、从网络到单机的立体防病毒体系。

8.3　防病毒网关性能与部署

8.3.1　常见的防病毒网关产品

1．趋势网络防毒墙

趋势科技（Trend Micro）1988 年成立于美国加州，总部位于日本东京和美国硅谷，至2008 年，在 32 个国家和地区设有分公司 38 个国家和地区设有分公司，拥有 7 个全球研发中心，员工总数超过 4000 人。趋势科技在 2001 年 7 月正式进军中国市场，在上海、北京、广州、成都等地设立分支机构，2007 年 7 月，趋势科技"中国区网络安全监测实验室（China Region Trend Labs）"在上海正式投入运营。　　　　．

趋势网络防毒墙 Trend MicroTM Network VirusWallTM 是基于网络层，针对网络病毒防御的硬件防护设备，可协助公司企业防制 Internet 蠕虫之类的网络病毒，在爆发病毒疫情时隔绝高危险的网络脆弱环节，在网络层部署由趋势科技提供的安全防御策略，并能在缺乏防毒保护的设备等潜在感染源连接网络时，予以隔离和清除。

2．赛门铁克防毒墙

赛门铁克公司（Symantec）1999 年正式进入中国。赛门铁克公司（Symantec）是世界互联网安全技术和整体解决方案领域的全球领导厂商，赛门铁克为个人和企业用户提供了全面的 Internet 网络安全解决方案。赛门铁克是病毒防护、风险管理、互联网内容安全、网络安全漏洞扫描、入侵检测、防火墙、远程管理和移动代码侦测等技术的领先供应商。赛门铁克公司于 2000 年 12 月成功收购 Axent 公司以后，成为了全球唯一一家可以提供全线Internet 网络安全产品和解决方案的安全厂商。公司通过设于澳大利亚、新西兰、中国香港、中国大陆、韩国、新加坡、马来西亚、中国台湾、印度的办公机构及设于菲律宾、泰国的代表处，为客户提供本地化且翻译准确的解决方案版本并且根据客户需要提供定制服务。赛门铁克澳大利亚公司是亚太地区总部，中国香港是北亚地区的中心，而新加坡则是东南亚地区的中心。

Symantec 与趋势科技是目前世界防病毒市场的两强，两家的市场份额加起来达到 65%的市场占有率，但是两家分别偏重于不同的领域，Symantec 侧重于客户端的反病毒市场，所以它们的产品是在客户端的基础上进行研发的，而趋势科技一贯致力于网络防病毒产品的研发。但随着客户需求的变化，Symantec 在原有终端防病毒的基础上，研发出网络防病毒网关设备，与其原有的终端病毒防护系统，组建成比较完善的立体防病毒体系。

3. 天融信防病毒网关

天融信网络卫士过滤网关系统 TopFilter 是在天融信公司安全系统（TOS）平台发展起来的一个网关产品，天融信防病毒网关采取了一个与单机防护不同的基于网络的病毒防护方案中。它被设计成安装在网络边缘，在病毒侵入网络之前实时地阻止它们，并且没有传统解决方案中通常都有的延时。网络卫士防病毒网关具有真正的即插即用能力，只要部署好之后就可以进行网络协议数据的病毒过滤功能；目前，过滤网关基本可以支持主要的网络协议，SMTP、IMPA4、POP3、HTTP 及 FTP 协议。过滤网关采用业界先进的流扫描技术，所以具有优秀的扫描性能，对各种协议的处理性能表现优越。TopFilter 系列天融信防病毒网关系统，拥有从入门级到电信级全系列防病毒网关产品，最高端产品最大可具备 22 个千兆接口，实现多通道、高效率的网络流量病毒查杀。

4. 方正熊猫入侵防护

Panda 软件公司是欧洲第一位计算机安全产品公司，面临在中国市场上的迅速发展及日益增长的产品本化需求，为进一步迅速拓展市场，成为一个拥有核心本土技术的国际化厂商，方正科技于 2002 年年初正式入资熊猫中国，与其一同成为熊猫软件国内的主要股东，股东资源的进一步增强将为熊猫在中国市场长期发展奠定坚实的基础。

方正熊猫入侵防护 TruPrevent 企业版采用了新一代的防护技术，它比传统的检测系统更加智能化，能在第一时间发现新的威胁，并阻断企图越过传统防病毒软件的未知病毒的攻击，不管该未知病毒是以下列何种方式传播：外围设备、局域网共享资源、电子邮件 E-mail、互联网。方正熊猫入侵防护 TruPrevent 企业版是市场上唯一一款集已知和未知威胁防护于一身的入侵防护软件，能最大程度地抵御病毒、木马、蠕虫等网络威胁。

8.3.2　防病毒网关关键性能指标

防病毒网关（防毒墙）均为硬件防病毒网关产品，和防火墙等其他网络安全硬件产品一样，在设备选型时除了需要考虑产品功能外，还特别需要考虑设备性能，以便所选择的设备性能可以满足实际应用环境的需求。目前，对于防病毒网关产品的评测，均以评测病毒库查杀率为检测对象。如《中华人民共和国计算机病毒防治产品评级准则 GA 243—2000》对防病毒产品的测试标准，主要是测试防病毒产品对基准样本病毒库检测率、基准样本病毒库清除率、流行样本病毒库检测率和流行样本病毒库清除率等，这些内容可以在上述标准里查找，这里就不再做过多说明。

下面重点对防病毒网关产品选型时，对产品性能指标的选择进行说明。因为上述情况，导致每个防病毒网关产品厂家，所提供给自己的防病毒网关产品的性能参数各有不同，但综合目前市面上主流防病毒网关产品，大部分涉及的性能指标主要有最大并发连接数、用户数和最大病毒过滤吞吐量等。

最大并发连接数，和本书前面部分提到的防火墙产品的最大并发连接数的概念基本一样，它是指穿越防病毒网关的主机之间或主机与防病毒网关之间能同时建立的最大连接数，它表示防病毒网关对其业务信息流的基本处理能力。

用户数，这个参数实际是一个比较概括的数据，因为防病毒网关产品需要对流经的网络流进行病毒查杀，而要查杀的这些流量主要是内网用户访问外网时所产生的，因为每个用户可能同时在访问多个网站或收发邮件，所以用户数可作为直观的一个用户网络规模的参考。

最大病毒过滤吞吐量，是指在没有数据帧丢失的情况下，防病毒网关在过滤病毒的同时能够接受并转发的最大速率，和防火墙的吞吐量定义基本一致。这里顺便提一下，防病毒网关产品在病毒过滤时，对设备性能消耗最大的是 HTTP 协议病毒过滤，所以一般在实际产品测试过程中，大部分用户会重点对这个方面进行性能测试。

8.3.3 防病毒网关部署方式

目前，业内防病毒网关产品部署都十分简单，从部署方式上来讲，均可以采用透明网桥方式部署，在设备接入网络后，不会对用户现有网络结构、附件路由交换设备及用户的应用带来任何影响和改变。

从防病毒网关的部署位置来看，要首先清楚防病毒网关部署的目的和可以实现的功能。防病毒网关的部署，是单机防病毒软件的补充，主要是针对网络传播病毒进行查杀，可以针对的协议一般是 HTTP、POP3、SMTP、FTP 等，保护的对象是网络内访问互联网的计算机终端。了解清楚了上述内容，设备部署位置也就很容易确认了。如图 8-5 所示，有 3 个位置可用来考虑部署防病毒网关，分别来了解一下，在不同位置部署后的优缺点。

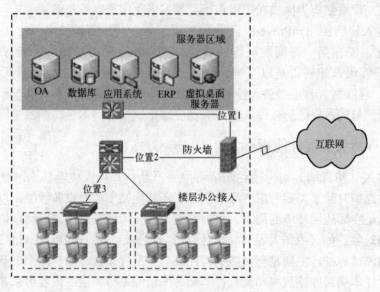

图 8-5 防病毒网关部署位置

1. 部署在位置 1

该位置实际是服务器区域，访问该区域的主要是内网计算机终端和互联网用户，如果防病毒网关部署在这个位置，网络拓扑看起来是保护了服务器，其实大家清楚防病毒网关的功能，应该知道如果这样部署，实际保护的是访问服务器的那些计算机终端。如果这些服务器里有已经感染病毒的系统，那么在远端计算机访问它们的应用时，不管是 HTTP、POP3还是 FTP 流量，均会被部署在这个位置的防病毒网关进行过滤，从而避免了感染访问这些服务器应用的计算机终端。反过来，因为受服务器应用的限制，一般终端是没有权限上传数据和文件的，那么就不会存在终端向服务器传播病毒的可能了。

换个角度分析，作为大部分企业 IT 管理员来讲，关心的是自己的网络内是否有病毒，是否会遭受病毒感染，并且他们会特别关注对于他们服务器的维护，以防止这些服务器遭受攻击、病毒感染等，所以一般企业是不会选择位置 1 来部署防病毒网关的。

2. 部署在位置 2

如果将防病毒网关部署在这个位置，可以对内部终端访问互联网、服务器的流量进行病毒查杀，因为一般用户使用互联网时使用的也都是 HTTP、FTP、POP3、SMTP 等协议，所以只要用户访问的互联网流量里有病毒，那么经过防病毒网关时，就会被防病毒网关过滤掉，避免病毒进行网络内部感染计算机终端。这个病毒查杀过程是在用户访问互联网时同步完成的，和用户计算机本地的防病毒软件，可以实现很好的互补。

另外，部署的这个位置和位置 3 有明显区别，这个位置是部署在整个网络的互联网接入边界，在设备性能允许的情况下，可以实现对全网边界的网络病毒过滤。

3. 部署在位置 3

这个位置主要是和位置 2 的区别，这里是将防病毒网关部署企业网络内部一个部门（或子网）接入企业核心网络的边界上。这样部署的防病毒网关设备，只能针对这个部门的网络流量进行病毒查杀，而其他部门网络流量不会经过这个防病毒网关设备，所以也就不会对其他部门进行网络病毒过滤。这种部署方式，往往是在企业的网络规模很大，并且企业内部跨部门的网络访问很多，需要单独保护某个较大的部门网络，并且希望转移网络故障点、减少网络瓶颈时使用。

综合上述 3 种部署方式的分析，可以了解到，常见的防病毒网关设备，是部署在图 8-10 的位置 2 和位置 3，而且需要根据具体的情况选择实际的部署位置，这些具体情况就包括应用目标、网络规模和资金投入，等等。

学习项目

8.4　项目 1：防病毒过滤网关产品部署

8.4.1　任务 1：需求分析

某企业局域网规模一般，大约有 100 台计算机终端用于日常办公，终端上均安装有防病毒软件，但是这些计算机终端依然经常感染病毒，严重时甚至会影响整个企业内部局域网性能，造成应用系统无法访问，业务无法通过网络正常开展，企业 IT 管理员对此非常烦恼。我们了解到该企业基本现状如下：

（1）该企业核心业务，主要是在内部网络和互联网上完成；

（2）企业内部的 100 台计算机终端，是企业核心业务应用的节点，他们为实现业务运转，需要访问企业局域网核心应用，同时为便于数据获取，某些计算机终端可以在受限的情况下访问互联网，但这些计算机终端在企业局域网内可以不受限制的互相访问（在一个两层结构的网络内）；

（3）企业的互联网接入边界，部署有 1 台防火墙设备，将企业内部私有地址进行隐藏，实现互联网访问，并禁止互联网用户主动发起对企业内部网络及应用的访问，同时规则上允许企业局域网内指定的大于 1/3 的计算机终端可以访问互联网；

（4）企业内所有计算机终端、服务器均已安装有防病毒软件系统，并实现了防病毒软件的集中管理、病毒查杀和病毒库更新；

（5）因为该企业已经完全实现无纸化办公，计算机终端、网络、信息数据成为企业运转和发展的根本，计算机终端故障、网络故障、信息数据破坏均会对企业的业务运转带来严重影响。

针对上述现状，该企业 IT 管理员户提供了所绘制网络拓扑如图 8-6 所示。为了能从根本上解决病毒问题，管理员找到一家知名网络安全公司的咨询顾问，希望他能协助解决目前企业内部计算机在安装了防病毒软件的情况下，还容易感染病毒并影响企业业务的问题，并提出了以下几点要求：

（1）解决企业内部计算机遭受病毒感染时，会影响到整个网络的问题；

（2）缩小计算机病毒在企业内部网络传播和影响的范围，尽量避免大面积影响企业内部应用；

（3）降低企业内部计算机感染互联网病毒的概率；

（4）对互联网严重的带有病毒、木马的网站，自动加入黑名单，禁止企业内部用户访问；

（5）防止企业内部计算机访问互联网上带有非法脚本、恶意代码的网站。

根据上述情况，该网络安全公司的咨询顾问（为方便说明问题，以下以第一人称角度进行描述）计划为该客户设计一个切实可行立体病毒防护安全方案。

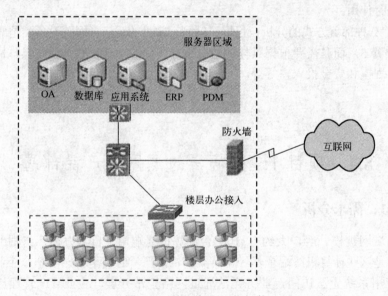

图 8-6 项目学习-网络拓扑

8.4.2 任务 2：方案设计

在前面了解了该企业客户的实际网络、应用现状后，可以分析得到该企业网络中存在一个非常不合理的地方：该企业计算机数量虽然不多（100 台左右），但均被放置在了一个二层网络结构下，这些计算机之间的访问没有任何限制，暂不去提企业内部的信息访问安全问题，从单纯的病毒防护角度看，这样的网络结构下，只要有 1 台计算机感染病毒，并且如果感染的是网络蠕虫病毒，那么整个企业网络 100 台计算机，均可能在短时间内遭受病毒感染，影响整个企业网的应用。另外，如常见的 ARP 病毒，即使整个网络里只有 1 台计算机感染 ARP 病毒，那么在这种网络结构下，这个企业网络内的计算机应用均会受到严重影响，甚至会造成企业内部及企业员工私密信息泄露。为此对于该企业，要最大限度地解决防病毒问题，首先需要的是对其网络架构进行调整，然后是在网络病毒入口（互联网接入边界）部署防病毒网关设备。按照这样的思路，修改其网络拓扑如图 8-7 所示。

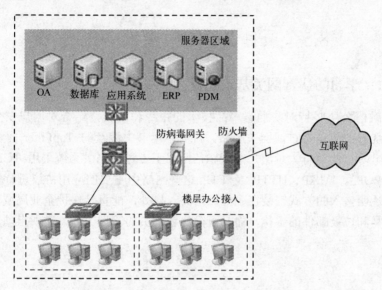

图 8-7　项目学习-方案设计网络拓扑

　　如图 8-7 所示，我们对该企业的网络结构进行了局部的调整，并在互联网防火墙与核心交换机之间部署了防病毒网关设备，整个网络改造和设计如下：

　　（1）增加接入层交换机，并在核心交换机上进行 VLAN 划分，按照内部应用访问的区别，将 100 台计算机终端划分为 10 个 VLAN，每个 VLAN 下大约为 10 台计算机，计算机之间的访问通过交换机的 ACL 进行控制，这样的划分主要好处如下：

　　网络广播被限定在更小的子网内，避免网络风暴产生的可能，提升了内网传输性能；对于 ARP 病毒等类似病毒，所带来的网络影响，被限定到一个更小的范围（1 个 VLAN 内），从而解决了一台计算机感染 ARP 病毒，而影响整个企业网络办公的问题，并且提升了管理员追查问题计算机的速度；内部用户之间的互相访问，被一定程度上进行了限制，VLAN 之间的互访受限后，避免了因内部用户随便互访而带来的病毒互相传播的问题，并提升了内部信息传输的安全性，避免没有权限的违规访问公司信息数据的问题。

　　（2）在网络边界部署 1 台防病毒网关设备，部署在核心交换机和外网防火墙之间，其部署原因和主要作用如下：

　　部署在内网核心交换机和防火墙之间，一方面避免了该防病毒网关遭受互联网的流量攻击，另一方面可以成为整个企业接入互联网时的一道病毒过滤防线；防病毒网关部署后，根据系统的配置，可以自动的对内网用户访问互联网的 HTTP、POP3、SMTP、FTP 等流量进行病毒过滤，对于含有病毒的流量，自动进行查杀，避免互联网病毒流量进入企业内部，并感染内部计算机；开启防病毒网关的恶意代码防护后，可以自动清除内网用户所访问网站的恶意代码，避免内网用户被植入木马、恶意代码等；开启防病毒网关的垃圾邮件处理功能后，对用户使用 POP3 和 SMTP 时，收发的垃圾邮件进行自动删除、阻断等，降低了垃圾邮件对网络、对用户日常办公的影响；开启防病毒网关的黑名单功能后，企业管理员可以自己增加被列入黑名单的网站，禁止用户访问。

防病毒网关的部署，是查杀网络病毒的有效手段，但仍然需要与单机防病毒软件结合使用，并通过配置，使其组建成立防病毒体系，保护企业内部计算机，免受病毒侵害。

8.5　项目 2：防病毒设备配置

8.5.1　任务 1：学习防病毒网关基本配置方法

多年来天融信公司坚持对防病毒产品技术的跟踪和创新，结合对用户安全需求的深入了解，打造出优异的防病毒过滤网关产品。目前，本书中涉及的 TopFilter 产品在军队、政府、能源、金融等行业拥有大量用户。天融信网络卫士过滤网关系统采用 TCP 黏合技术，可对 SMTP、POP3、IMAP、HTTP 及 FTP 这些网络中主要的应用协议进行病毒过滤和防护。该产品以透明接入的方式安装在企业网络的入口处，能直接保护企业局域网免受各类病毒、蠕虫、木马和垃圾邮件的干扰，而且可简化管理员的管理工作，实现自动升级、报警等众多功能。

1．网络配置

在正确登录设备管理界面后，选择"系统设置"→"网络配置"命令，界面如图 8-8 所示。

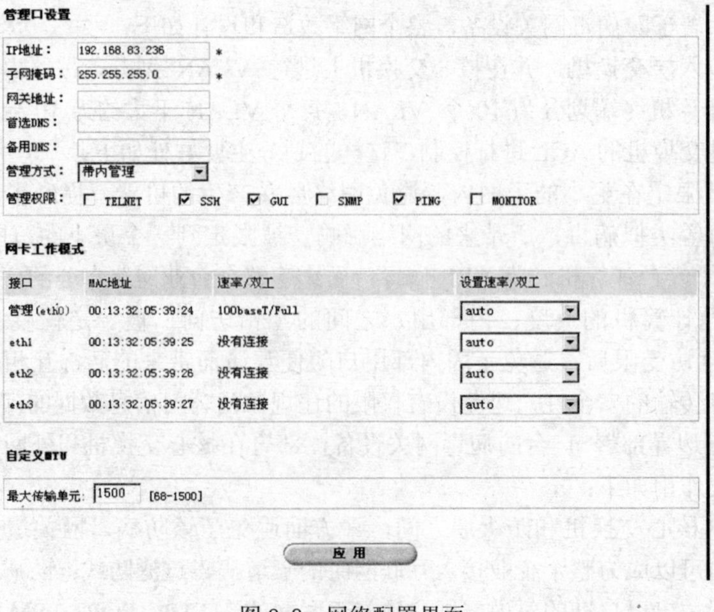

图 8-8　网络配置界面

2. 管理员用户管理

superman 是系统中唯一的超级管理员，初次登录的默认用户名是"superman"，密码是"talent"。超级管理员可以修改自己的用户信息，具体步骤如下。

（1）在左侧导航菜单中选择"系统设置"→"用户管理"命令，界面如图 8-9 所示。

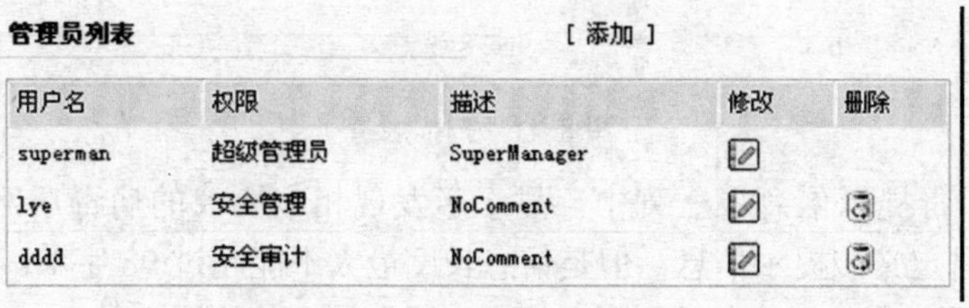

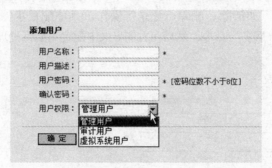

图 8-9　用户管理

（2）单击"添加"按钮，进入"添加用户"界面，如图 8-10 所示。输入用户名称、用户密码及用户权限。

图 8-10　"添加用户"界面

3. 系统服务配置

天融信病毒过滤网关具有卓越的病毒查杀能力，不仅能够对所有主要网络协议（即HTTP、SMTP、POP3、FTP，以及 IMAP）的标准端口进行病毒扫描和过滤，而且可以扫描过滤协议的非标准端口，极大地增强了网关的适应能力，有效地防止了可能的病毒威胁。

本章主要介绍如何开启/关闭协议的扫描服务；扫描到病毒后，网关如何对病毒进行处理；如何配置被扫描的文件大小。

1. 开启/关闭协议的扫描服务

只有开启了某个协议的扫描服务，网关才能够对通过该协议传输的数据进行病毒扫描和过滤。具体配置步骤如下：

（1）在左侧导航树选择"服务"命令。然后在右侧界面中配置"扫描服务"参数，如图 8-11 所示。

（2）勾选"启用"复选框，可以开启相应协议的扫描服务。

（3）"扫描的端口"一列中，默认显示了相应协议的标准端口。管理员可以根据网络拓扑的需要，灵活的配置非标准端口。每种协议最多可以配置 5 个扫描端口，多个端口之间用","分隔。

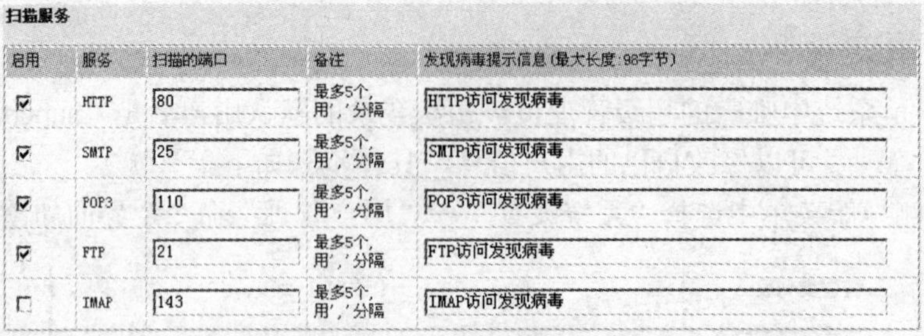

图 8-11　扫描服务

（4）"发现病毒提示信息"一列中，显示了发现相应协议的病毒后网关默认的提示信息。管理员可以自定义该提示信息，但是信息长度最大不能超过 98 字节。

（5）参数配置完成后，单击界面下方的"应用"按钮使配置生效。

2．扫描到病毒后，网关对病毒的处理策略

当网关扫描到某个协议的数据携带病毒后，可以根据管理员配置的病毒处理策略对相应协议的病毒进行处理，如清除、删除、记录等操作。具体配置步骤如下。

在左侧导航树选择"服务"命令，然后在右侧界面中配置"病毒处理方式"参数，如图 8-12 所示。

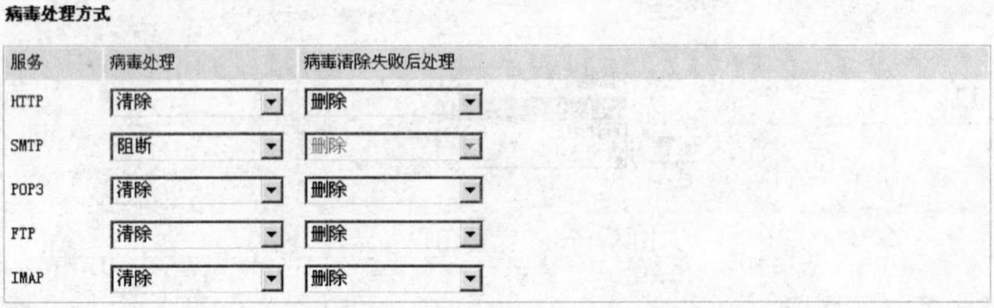

图 8-12　病毒处理方式

3．配置被扫描的文件大小

待扫描的文件大小将会影响到网关的处理性能，所以管理员需要根据网络情况设置文件的最大值，超过该值的文件不予扫描，以便最大限度地提高过滤效率与处理性能，大大减少网络延迟和超时。

（1）在左侧导航树选择"服务"命令，然后在右侧界面中配置"扫描限制"参数，如图 8-13 所示。

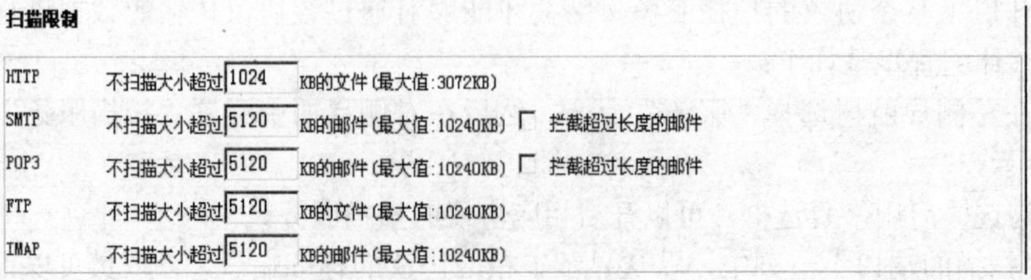

图 8-13　扫描限制

（2）为各网络协议配置待扫描文件的最大值，网关不对超过该值的文件进行病毒扫描。

（3）对于 SMTP 协议和 POP3 协议，还需要配置是否拦截超过长度限制的邮件。如果勾选了"拦截超过长度的邮件"，则当邮件正文和附件超过配置的最大值时，网关不允许该邮件通过；如果没有勾选，则当邮件正文和附件超过配置的最大值时，网关对该邮件予以放行。参数配置完成后，单击页面下方的"应用"按钮使配置生效。

4．恢复网关中各种协议的默认配置

天融信病毒过滤网关在出厂时，默认配置了扫描服务的相关参数，如果管理员希望恢复到出厂配置时的参数，则只需在左侧导航树选择"服务"命令，然后在右侧界面中单击"恢复默认"按钮即可。

5．网页扫描

在天融信病毒过滤网关中，管理员可以自定义网页扫描策略，以便对 HTTP 流量进行全面扫描，然后对其中的恶意程序进行相应处理。由于网页扫描消耗性能和资源，所以管理员可以根据网络实际情况选择适当的扫描类型，平衡数据安全和数据传输速度之间的矛盾。只有开启了 HTTP 服务开关，网页扫描策略才能生效。

下面主要介绍如何配置网页扫描策略：

（1）在左侧导航树选择"网页扫描"命令，右侧界面显示当前网页扫描策略的配置内容，如图 8-14 所示。

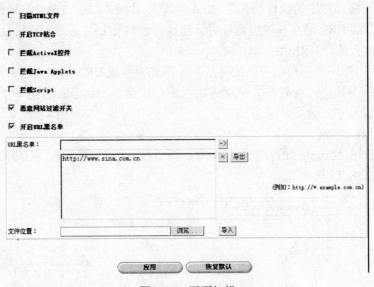

图 8-14 网页扫描

（2）选择是否扫描 HTML 文件。

勾选"扫描 HTML 文件"左侧的复选框，表示网关将扫描 HTML 静态页面；否则，不扫描，但是其他与该页面有关的文件，如图片、Javascript 等依然会被扫描。

建议不扫描 HTML 文件，因为静态页面藏毒的概率很低，而且该扫描很消耗性能。

（3）选择是否开启 TCP 黏合。

勾选"开启 TCP 黏合"左侧的复选框，表示当病毒过滤网关进行 HTTP 透明代理时，应用 TCP 黏合技术；否则，病毒过滤网关使用 HTTP 代理技术转发客户端和服务器

之间的数据。建议开启 TCP 黏合，因为性能问题一直是病毒过滤网关进行大规模通信时的瓶颈，而开启该功能后，可以有效提升网关进行代理转发的性能，并且能够大大降低通信延迟。

（4）选择是否拦截 ActiveX 控件。

勾选"拦截 ActiveX 控件"左侧的复选框，网关将拦截所有的 ActiveX 控件；否则，予以放行。

（5）选择是否拦截 Java Applets。

勾选"拦截 Java Applets"左侧的复选框，网关将拦截所有的 Java Applets 控件；否则，予以放行。

（6）选择是否拦截 Script。

勾选"拦截 Script"左侧的复选框，网关将拦截所有的 Script 控件；否则，予以放行。

（7）选择是否开启恶意网站过滤开关。

勾选"恶意网站过滤开关"左侧的复选框，网关将对 URL 恶意库中的恶意网站进行拦截；否则，不进行恶意网站过滤。建议开启恶意网站过滤，因为恶意网站过滤是一种简化用户操作，提高过滤网关易用性的重要功能，并且，恶意库的扫描和检测工作不在过滤网关中进行，不会占用过滤网关过多的系统资源。

开启恶意网站过滤后，过滤网关需要定期升级 URL 恶意库，否则难以保证 URL 恶意库的准确性（升级恶意库的操作请参见 15.5 恶意库升级）。只有在许可证没有过期的情况下，才能正常升级 URL 恶意库（更新许可证的操作请参见 15.4 恶意库许可证升级）。

（8）选择是否开启 URL 黑名单。

勾选"开启 URL 黑名单"左侧的复选框，网关将拦截 URL 黑名单中的 URL 页面，无论该页面是否携带病毒，同时在客户端弹出天融信安全提示信息；否则，予以放行。配置 URL 黑名单的操作如下命令。

① 添加 URL 地址。

a. 在左侧导航树选择"网页扫描"命令，然后在"URL 黑名单"右侧的文本框中输入 URL 地址，如图 8-15 所示。

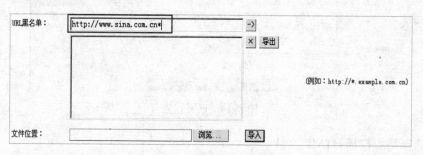

图 8-15　URL 黑名单添加 1

URL 黑名单中可以输入 URL 格式的字符串，如 http://www.sina.com.cn*（不区分大小写），支持通配符"*"和"?"。

b. 单击"添加"按钮，该地址将显示在 URL 黑名单的地址列表中，如图 8-16 所示。

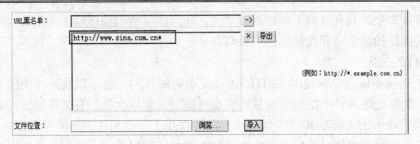

图 8-16　URL 黑名单添加 2

c．单击"应用"按钮使配置生效。

② 删除 URL 地址。

在 URL 黑名单的地址列表中，选中待删除的 URL 地址，单击"删除"按钮，然后单击"应用"按钮使配置生效。

③ 通过导入".txt"格式的地址列表文件，批量添加 URL 地址。

当管理员需要为多台过滤网关配置相同的 URL 黑名单时，可以首先配置一个".txt"文件，然后依次导入到所有过滤网关中；也可以先配置一台过滤网关的 URL 黑名单，然后导出该黑名单，再依次导入其他过滤网关中。

a．单击"浏览..."按钮，然后选择".txt"文件。

b．单击"导入"按钮，即可将该文件中的所有 URL 地址导入 URL 黑名单的地址列表中。

④ 导出黑名单中的 URL 地址。

a．单击"导出"按钮，弹出"文件下载"对话框，如图 8-17 所示。

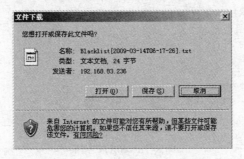

图 8-17　"文件下载"对话框

b．在"文件下载"对话框中，单击"保存"按钮，弹出"文件保存"对话框。

c．在"文件保存"对话框中，选择"保存"路径，然后输入文件名后，单击"保存"按钮即可。

（9）上述操作配置完成后，单击"应用"按钮使配置生效。

（10）恢复网页扫描策略的默认配置。

天融信病毒过滤网关在出厂时，默认配置了网页扫描策略，如果管理员希望恢复出厂配置，则只需在左侧导航树选择"网页扫描"命令，然后在右侧界面中单击"恢复默认"按钮即可。

6．邮件扫描

在天融信病毒过滤网关中，管理员可以自定义邮件扫描策略和反垃圾邮件策略，以保证用户的邮件安全。只有开启了邮件服务开关，相应的邮件扫描策略才能生效。下面主要介绍如何配置邮件扫描策略和反垃圾邮件策略。

☆　SMTP 扫描

SMTP 扫描不仅可以对使用 SMTP 协议发送的邮件的主题，以及附件中的文件名进行过滤，而且能够处理邮件中的加密附件。病毒过滤网关默认允许所有邮件通过，如果命中了 SMTP 扫描策略中的关键字和附件名，网关将拦截并丢弃该邮件；如果没有命中 SMTP 扫描策略中的关键字和附件名，但是邮件中有加密附件，则网关将丢弃邮件中的附件或者予以放行，同时在该邮件中提示"附件带密码保护"。

只有开启了 SMTP 服务开关，SMTP 扫描策略才能生效。下面主要介绍如何配置 SMTP 扫描策略：

在左侧导航树选择"邮件扫描"→"SMTP 扫描"命令，右侧界面显示当前 SMTP 扫描策略的配置内容，如图 8-18 所示。

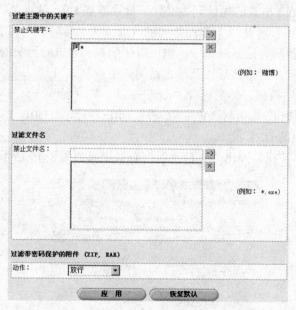

图 8-18　SMTP 扫描

（1）配置邮件主题的关键字过滤。

该配置用于过滤邮件主题中的敏感内容，只要邮件主题中包含了此处配置的某个关键字，该邮件就会被过滤网关截获并丢弃。

① 在"禁止关键字"右侧的文本框中输入待过滤的邮件主题，然后单击"➡"按钮将其添加到下方的关键字过滤列表中。管理员可以添加多个关键字（支持通配符"*"和"?"），每个关键字的长度最多不能超过 31 字节，并且不能包含空字符。关键字的总长度最多不能超过 255 字节。

② 在关键字过滤列表中，选中某个关键字，然后单击"✕"按钮即可将其删除。

③ 配置邮件附件的文件名过滤。

该配置用于过滤邮件附件名中的敏感内容，只要邮件中的附件名称以"禁止文件名"中配置的某个文件名开头，该邮件就会被过滤网关截获并丢弃。

① 在"禁止文件名"右侧的文本框中输入待过滤的附件名（包括其扩展名），然后单

击"➡"按钮将其添加到下方的文件名过滤列表中。管理员可以添加多个文件名（支持通配符"*"和"?"），每个文件名的长度最多不能超过 31 字节，并且不能包含空字符。文件名的总长度最多不能超过 255 字节。

② 在文件名过滤列表中，选中某个文件名，然后单击"⊠"按钮即可将其删除。

（2）配置加密附件的处理方式。

在"过滤带密码保护的附件（ZIP，RAR）"的下拉框中选择过滤网关对加密附件的处理方式：丢弃附件，或者放行。

（3）上述操作配置完成后，单击"应用"按钮使配置生效。

（4）恢复 SMTP 扫描策略的默认配置。

天融信病毒过滤网关在出厂时，默认配置了 SMTP 扫描策略，如果管理员希望恢复出厂配置，则只需在左侧导航树选择"邮件扫描"→"SMTP 扫描"命令，然后在右侧界面中单击"恢复默认"按钮即可。

☆ POP3 扫描

POP3 扫描不仅可以对使用 POP3 协议接收的邮件的主题，以及附件中的文件名进行过滤，而且能够处理邮件中的加密附件。病毒过滤网关默认允许所有邮件正常通过，如果匹配到 POP3 扫描策略中的关键字和附件名，收件人只能收到过滤网关的警告邮件，提示收件人"此邮件违反了安全策略，被过滤"；如果没有匹配到 POP3 扫描策略中的关键字和附件名，但是邮件中有加密附件，则网关将丢弃邮件中的附件或者予以放行，同时在该邮件中提示"附件带密码保护"。

只有开启了 POP3 服务开关，POP3 扫描策略才能生效。下面主要介绍如何配置 POP3 扫描策略：

（1）在左侧导航树选择"邮件扫描"→"POP3 扫描"命令，右侧界面显示当前 POP3 扫描策略的配置内容，如图 8-19 所示。

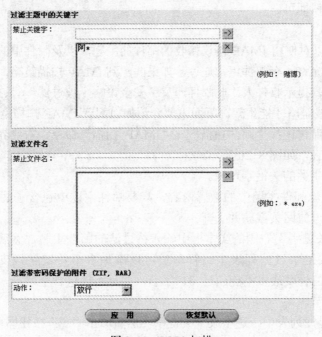

图 8-19　POP3 扫描

（2）配置邮件主题的关键字过滤。

该配置用于过滤邮件主题中的敏感内容，只要邮件主题中包含了此处配置的某个关键字，该邮件就会被过滤网关截获并丢弃。

① 在"禁止关键字"右侧的文本框中输入待过滤的邮件主题，然后单击"⬛"按钮将其添加到下方的关键字过滤列表中。管理员可以添加多个关键字（支持通配符"*"和"?"），每个关键字的长度最多不能超过 31 字节，并且不能包含空字符。关键字的总长度最多不能超过 255 字节。

② 在关键字过滤列表中，选中某个关键字，然后单击"⬛"按钮即可将其删除。

（3）配置邮件附件的文件名过滤。

该配置用于过滤邮件附件名中的敏感内容，只要邮件中的附件名称以"禁止文件名"中配置的某个文件名开头，该邮件就会被过滤网关截获并丢弃。

① 在"禁止文件名"右侧的文本框中输入待过滤的附件名（包括其扩展名），然后单击"⬛"按钮将其添加到下方的文件名过滤列表中。管理员可以添加多个文件名（支持通配符"*"和"?"），每个文件名的长度最多不能超过 31 字节，并且不能包含空字符。文件名的总长度最多不能超过 255 字节。

② 在文件名过滤列表中，选中某个文件名，然后单击"⬛"按钮即可将其删除。

（4）配置加密附件的处理方式。

在"过滤带密码保护的附件（ZIP，RAR）"下方的下拉框中选择过滤网关对加密附件的处理方式：丢弃附件，或者放行。

（5）上述操作配置完成后，单击"应用"按钮使配置生效。

（6）恢复 POP3 扫描策略的默认配置。

天融信病毒过滤网关在出厂时，默认配置了 POP3 扫描策略，如果管理员希望恢复出厂配置，则只需在左侧导航树选择"邮件扫描"→"POP3 扫描"命令，然后在右侧界面中单击"恢复默认"按钮即可。

☆ IMAP 扫描

IMAP 扫描可以对使用 IMAP 协议接收的邮件的主题，以及附件中的文件名进行过滤。病毒过滤网关默认允许所有邮件正常通过，如果匹配到 IMAP 扫描策略，收件人只能收到过滤网关的警告邮件，提示收件人"此邮件违反了安全策略，被过滤"。只有开启了 IMAP 服务开关，IMAP 扫描策略才能生效。下面主要介绍如何配置 IMAP 扫描策略：

（1）在左侧导航树选择"邮件扫描"→"IMAP 扫描"命令，右侧界面显示当前 IMAP 扫描策略的配置内容，如图 8-20 所示。

（2）配置邮件主题的关键字过滤。

该配置用于过滤邮件主题中的敏感内容，只要邮件主题中包含了此处配置的某个关键字，该邮件就会被过滤网关截获并丢弃。

① 在"禁止关键字"右侧的文本框中输入待过滤的邮件主题，然后单击"⬛"按钮将其添加到下方的关键字过滤列表中。管理员可以添加多个关键字（支持通配符"*"和"?"），每个关键字的长度最多不能超过 31 字节，并且不能包含空字符。关键字的总长度最多不能超过 255 字节。

② 在关键字过滤列表中，选中某个关键字，然后单击"⬛"按钮即可将其删除。

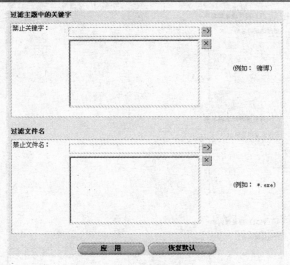

图 8-20　IMAP 扫描

（3）配置邮件附件的文件名过滤。

该配置用于过滤邮件附件名中的敏感内容，只要邮件中的附件名称以"禁止文件名"中配置的某个文件名开头，该邮件就会被过滤网关截获并丢弃。

① 在"禁止文件名"右侧的文本框中输入待过滤的附件名（包括其扩展名），然后单击"⇥"按钮将其添加到下方的文件名过滤列表中。管理员可以添加多个文件名（支持通配符"*"和"?"），每个文件名的长度最多不能超过 31 字节，并且不能包含空字符。文件名的总长度最多不能超过 255 字节。

② 在文件名过滤列表中，选中某个文件名，然后单击"✕"按钮即可将其删除。

（4）上述操作配置完成后，单击"应用"按钮使配置生效。

（5）恢复 IMAP 扫描策略的默认配置。

天融信病毒过滤网关在出厂时，默认配置了 IMAP 扫描策略，如果管理员希望恢复出厂配置，则只需在左侧导航树选择"邮件扫描"→"IMAP 扫描"命令，然后在右侧界面中单击"恢复默认"按钮即可。

☆ 反垃圾邮件

天融信病毒过滤网关具备反垃圾邮件功能，避免垃圾邮件给用户带来不必要的困扰，节省宝贵的网络带宽，提高工作效率。网关通过检查其发件人的邮件地址及 IP 地址是否匹配黑白名单，来确认邮件是否为垃圾邮件。网关进行反垃圾邮件检查时，黑白名单的匹配顺序为：（1）IP 地址白名单；（2）邮件地址白名单；（3）IP 地址黑名单；（4）邮件地址黑名单。对以 SMTP 协议发送的邮件，如果命中白名单，则予以放行；如果命中黑名单，则该邮件被拦截并抛弃。对以 POP3 和 IMAP 协议接收的邮件，如果命中白名单，予以放行，收件人能正常接收到原邮件；如果命中黑名单，收件人仍然能够接收到邮件，但是接收到的邮件中加入了垃圾邮件标记信息。如果黑白名单均不匹配，则进行邮件扫描。

配置反垃圾邮件检查的具体步骤如下。

（1）在左侧导航树选择"邮件扫描"→"反垃圾邮件"命令，右侧界面显示当前反垃圾邮件策略的配置内容，如图 8-21 所示。

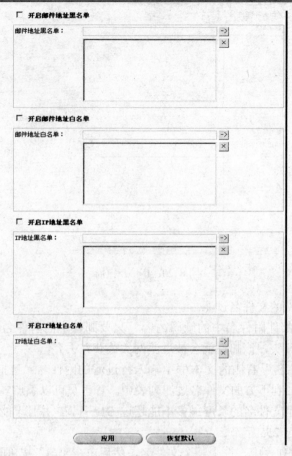

图 8-21　配置反垃圾邮件

（2）开启并配置邮件地址黑名单。

所有从邮件地址黑名单中发出的邮件都被认为是垃圾邮件。对以 SMTP 协议发送的邮件，如果命中黑名单，则该邮件被拦截并抛弃。对以 POP3 和 IMAP 协议接收的邮件，如果命中黑名单，收件人仍然能够接收到邮件，但是接收到的邮件中加入了垃圾邮件标记信息。

① 勾选"邮件地址黑名单"左侧的复选框。

② 在"邮件地址黑名单"右侧的文本框中输入邮件地址，然后单击"⇥"按钮将其添加到下方的邮件地址黑名单列表中。

邮件地址参数值是邮件地址格式的字符串，支持通配符"*"和"?"，格式为"lisi@topsec.com.cn"。邮件地址黑名单列表中最多可以添加 64 个邮件地址，每个邮件地址的长度最多不能超过 63 字节。

③ 在邮件地址黑名单列表中，选中某个邮件地址，然后单击"☒"按钮即可将其删除。

（3）开启并配置邮件地址白名单。

所有从邮件地址白名单中发出的邮件都被认为是正常邮件。对以 SMTP 协议发送的邮件，以及以 POP3 和 IMAP 协议接收的邮件，如果命中白名单，则予以放行，收件人能正常接收到原邮件。

① 勾选"邮件地址白名单"左侧的复选框。

② 在"邮件地址白名单"右侧的文本框中输入邮件地址，然后单击"⇥"按钮将其添

加到下方的邮件地址白名单列表中。

邮件地址参数值是邮件地址格式的字符串，支持通配符"*"和"?"，格式为"lisi@topsec.com.cn"。邮件地址白名单列表中最多可以添加 64 个邮件地址，每个邮件地址的长度最多不能超过 63 字节。

③ 在邮件地址白名单列表中，选中某个邮件地址，然后单击"⊠"按钮即可将其删除。

（4）开启并配置 IP 地址黑名单。

所有从 IP 地址黑名单中发出的邮件都被认为是垃圾邮件。对以 SMTP 协议发送的邮件，如果命中黑名单，则该邮件被拦截并抛弃。对以 POP3 和 IMAP 协议接收的邮件，如果命中黑名单，收件人仍然能够接收到邮件，但是接收到的邮件中加入了垃圾邮件标记信息。

① 勾选"IP 地址黑名单"左侧的复选框。

② 在"IP 地址黑名单"右侧的文本框中输入 IP 地址，然后单击"⇥"按钮将其添加到下方的 IP 地址黑名单列表中。

IP 地址参数值是 IP 地址格式的字符串，不支持通配符。IP 地址黑名单列表中最多可以添加 64 个 IP 地址。

③ 在 IP 地址黑名单列表中，选中某个 IP 地址，然后单击"⊠"按钮即可将其删除。

（5）开启并配置 IP 地址白名单。

所有从 IP 地址白名单中发出的邮件都被认为是正常邮件。对以 SMTP 协议发送的邮件，以及以 POP3 和 IMAP 协议接收的邮件，如果命中白名单，则予以放行，收件人能正常接收到原邮件。

① 勾选"IP 地址白名单"左侧的复选框。

② 在"IP 地址白名单"右侧的文本框中输入 IP 地址，然后单击"⇥"按钮将其添加到下方的 IP 地址白名单列表中。

IP 地址参数值是 IP 地址格式的字符串，不支持通配符。IP 地址白名单列表中最多可以添加 64 个 IP 地址。

③ 在 IP 地址白名单列表中，选中某个 IP 地址，然后单击"⊠"按钮即可将其删除。

（6）上述操作配置完成后，单击"应用"按钮使配置生效。

（7）恢复反垃圾邮件策略的默认配置。

天融信病毒过滤网关在出厂时，默认配置了反垃圾邮件策略，如果管理员希望恢复出厂配置，则只需在左侧导航树选择"邮件扫描"→"反垃圾邮件"命令，然后在右侧界面中单击"恢复默认"按钮即可。

7. FTP 扫描

在天融信病毒过滤网关中，管理员可以自定义 FTP 扫描策略，以便对 FTP 流量进行全面扫描。病毒过滤网关默认允许所有文件通过，拦截并丢弃命中 FTP 扫描策略的文件，以保障网络主机的安全。

只有开启了 FTP 服务开关，FTP 扫描策略才能生效。下面主要介绍如何配置 FTP 扫描策略：

（1）在左侧导航树选择"FTP 扫描"命令，右侧界面显示当前 FTP 扫描策略的配置内容，如图 8-22 所示。

图 8-22　FTP 扫描

（2）配置文件名过滤，该配置用于过滤文件名中的敏感内容，只要文件名称以"禁止文件名"中配置的某个文件名开头，该文件就会被过滤网关截获并丢弃。

① 在"禁止文件名"右侧的文本框中输入待过滤的文件名（包括其扩展名），然后单击" "按钮将其添加到下方的文件名过滤列表中。

管理员可以添加多个文件名（支持通配符"*"和"?"），每个文件名的长度最多不能超过 31 字节，并且不能包含空字符。文件名的总长度最多不能超过 255 字节。

② 在文件名过滤列表中，选中某个文件名，然后单击" "按钮即可将其删除。

（3）文件名过滤列表配置完成后，单击"应用"按钮使配置生效。

（4）恢复 FTP 扫描策略的默认配置。

天融信病毒过滤网关在出厂时，默认配置了 FTP 扫描策略，如果管理员希望恢复出厂配置，则只需在左侧导航树选择"FTP 扫描"命令，然后在右侧界面中单击"恢复默认"按钮即可。

8. 阻断文件列表

网络卫士病毒过滤网关支持 FTP、SMTP、POP3、HTTP 和 IMAP 5 种协议的文件类型过滤功能，对于通过设备传输的文件，系统通过查看文件的头部来获取文件的实际类型，如果文件类型在阻断文件列表中，将对该类型文件进行直接阻断处理。设备根据文件类型对文件进行过滤，而不是仅仅依靠文件的后缀来对文件进行过滤，这样即使文件被重新命名（如将文件扩展名从.mp3 改为.xyz），它也会被过滤，从而有效地防止了可能出现的误判情况。

设置阻断文件列表的方法为：

（1）选择阻断文件列表，进入设置界面。

（2）设置各协议是否开启文件类型阻断策略。TopFilter 默认对于各个协议关闭了文件类型阻断功能，需要管理员启动后才会根据文件类型对通过设备传输的文件进行过滤，如图 8-23 所示。

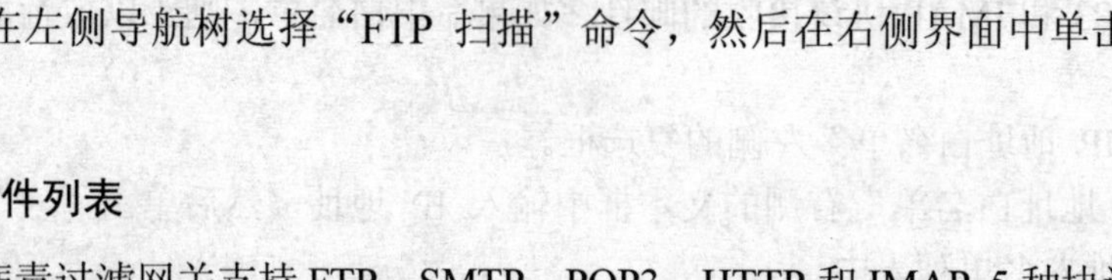

阻断文件列表服务					
服务	HTTP	SMTP	POP3	FTP	IMAP
启用	□	□	□	□	□

图 8-23　文件阻断列表服务

（3）设定支持的阻断文件类型。分为 6 组：可执行文件、**Office** 和文本文件、压缩文件、音频视频文件、图形图像文件、其他类型文件。所有文件类型共 70 种。勾选"所有类型文件"时，将对列表中所有的文件类型开启文件类型阻断功能。对于每一个大类的文件，可以单独勾选具体的文件类型，也可以直接勾选标题栏的"启用"，对该组中列出的所有文件类型启用文件类型阻断功能。

（4）设置完成后，单击"应用"按钮应用所有配置。

（5）单击"恢复默认"时，该模块的所有设置将恢复出厂时的默认配置，即对于各个协议都关闭文件类型阻断功能。

9. 蠕虫防护

管理员根据流行蠕虫病毒的攻击特性设定防护条件，网络卫士病毒过滤网关可以检测到 HTTP、FTP、SMTP、POP3 和 IMAP 协议中可能存在的蠕虫病毒并且进行及时拦截，防止蠕虫在网络内传播。设置蠕虫防护参数方法如下。

（1）选择蠕虫防护，界面如图 8-24 所示。

蠕虫防护设置

服务策略	连接统计时间（[1-65535]秒）	连接次数（[1-65535]次）	拦截间隔（[1-65535]秒）
HTTP	1	100	10
FTP	1	100	10
SMTP	1	100	10
POP3	1	100	10
IMAP	1	100	10

应用　　恢复默认

图 8-24　蠕虫防护

（2）设置完成后，单击"应用"按钮应用所有配置。

（3）单击"恢复默认"按钮时，该模块的所有设置将恢复出厂时的默认配置。

10. 信任站点

信任站点网关在杀毒过程中，性能和资源的消耗很大。为了增强网关性能，管理员可以为信任站点或信任连接配置访问控制规则，对于符合规则的数据，网关不对其进行扫描和杀毒；否则，网关将调用杀毒访问控制模块对其进行相应处理。

配置信任站点的具体操作如下：

（1）在左侧导航树选择"信任站点"命令，右侧界面显示信任列表及其配置参数，如图 8-25 所示。

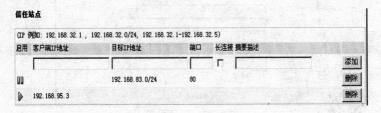

信任站点

（IP 例如：192.168.32.1，192.168.32.0/24，192.168.32.1-192.168.32.5）

启用	客户端IP地址	目标IP地址	端口	长连接	摘要描述	
				□		添加
		192.168.83.0/24	80			删除
	192.168.95.3					删除

图 8-25　信任站点

（2）为信任站点配置访问控制规则。

（3）删除访问控制规则。单击待删除规则条目右侧的"删除"按钮，弹出"删除确认"对话框，如图 8-26 所示。单击对话框中的"确定"按钮，即可删除该规则；单击"取消"按钮，取消此次操作。

图 8-26　确认是否删除

（4）启用/禁用访问控制规则。单击某条访问控制规则左侧"启用"一栏对应的图标，可以启用或者禁用该规则：▊▊表示该规则处于启用状态，单击图标后可以禁用该规则；▶表示该规则处于禁用状态，单击图标后可以启用该规则。

11．隔离

网络卫士病毒过滤网关支持病毒文件（或邮件）的隔离处理操作，病毒文件（或邮件）被网关成功隔离后，相关用户可以联系管理员重新获得该文件（或邮件）。

过滤网关隔离区的空间是有限的，所以需要定期清理隔离区的文件，并在隔离区空间达到一定百分比的时候向管理员进行邮件报警。管理员可以组合查询隔离区的病毒文件（或邮件），然后将指定的病毒文件（或邮件）压缩、加密后作为附件批量发送给指定管理员，同时将其在过滤网关中删除；或者只执行指定病毒文件（或邮件）的删除操作。

隔离区向管理员进行邮件报警，以及将指定隔离区文件（或邮件）发送给管理员之前，必须在过滤网关中配置邮件服务器和账户信息。下面主要介绍如何配置隔离区参数，以及如何查询隔离区文件（或邮件）。

（1）在左侧导航树选择"隔离"命令，右侧界面显示隔离区的相关配置，以及隔离区病毒文件（或邮件）的搜索项，如图 8-27 所示。

图 8-27　隔离设置

（2）设置隔离区的相关参数。

（3）查询隔离区文件（或邮件）。

（4）删除隔离区文件（或邮件）。选择一条或多条隔离区文件（或邮件），然后单击

"删除"按钮将其从过滤网关中删除。

（5）将隔离区文件（或邮件）发送给管理员。选择一条或多条隔离区文件（或邮件），然后单击"发送给管理员"按钮，可以将选定的隔离区文件（或邮件）以邮件方式批量发送给指定管理员：压缩并加密后的隔离区文件（或邮件）作为附件，隔离区文件（或邮件）的属性及加密密码作为正文。

过滤网关将指定隔离区文件（或邮件）发送给管理员后，会在过滤网关中删除这些文件（或邮件），用户可以联系管理员获取相关文件（或邮件）。

12. 日志与报警

☆ 日志设置

网络卫士病毒过滤网关可以按照 WELF 格式来记录日志，并通过 Syslog 协议传送到已设定的日志服务器上，并可以采用结合天融信的网络卫士安全审计系统（TOPAudit），或第三方软件来对日志进行集中统计与分析。

配置日志服务器的具体方法如下。

（1）选择导航菜单"日志与报警"→"日志设置"命令，进入"日志设置"界面，如图 8-28 所示。

图 8-28　设置日志服务器

（2）设置日志服务器参数后，单击"应用"按钮即可完成日志设置。

☆ 日志查看

网络卫士病毒过滤网关根据硬件设备性能可以缓存部分日志信息，方便用户对系统日志进行查看，并及时跟踪设备的工作状态。

1）查看日志

选择导航菜单"日志与报警"→"日志查看"命令，进入"日志查询"界面，如图 8-29 所示。

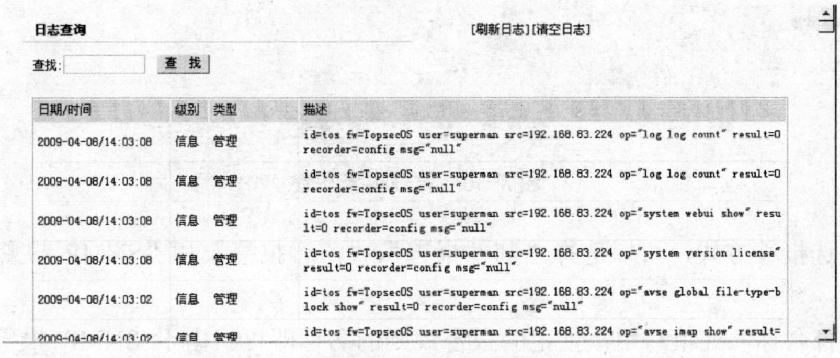

图 8-29　查看日志

　　界面中将显示系统中所有缓存的日志信息，管理员可以滚动查看，并可以根据日期、时间、日志类型，以及"描述"字段的信息查询希望查看的日志。

　　在"查找"右侧的文本框中，输入查询条件，然后单击"查找"按钮，则"描述"字段符合条件的日志信息将显示在下方的列表中。例如，如果希望查看有关类型是"管理"相关的日志，在查找中输入"config"或"管理"，然后单击"查找"按钮即可。

　　需要注意的是，输入的查询字符串，日期格式应当为 xxxx-xx-xx，时间格式应当为 xx:xx:xx，如图 8-29 中的列表所示。注意不能采用日期加时间的方式查询日志信息。

　　2）刷新日志

　　单击界面右上角的"刷新日志"按钮，界面中显示系统当前缓存的所有日志信息。

　　3）清空日志

　　单击页面右上角的"清空日志"按钮，将删除系统缓存的所有日志信息。

　　☆ 报警

　　网络卫士病毒过滤网关支持邮件报警、声音报警和 SNMP 报警 3 种报警方式。管理员首先需要添加报警规则，设置报警的对象和参数。当管理员对系统进行升级、修改超级管理员密码、系统发生故障（如网卡掉线或系统故障）、系统在 600s 内检测到有 5 个病毒爆发时，设备就会根据规则触发相应的报警信息。

　　具体设置方法如下。

　　（1）选择"日志与报警"→"报警"命令，界面如图 8-30 所示。

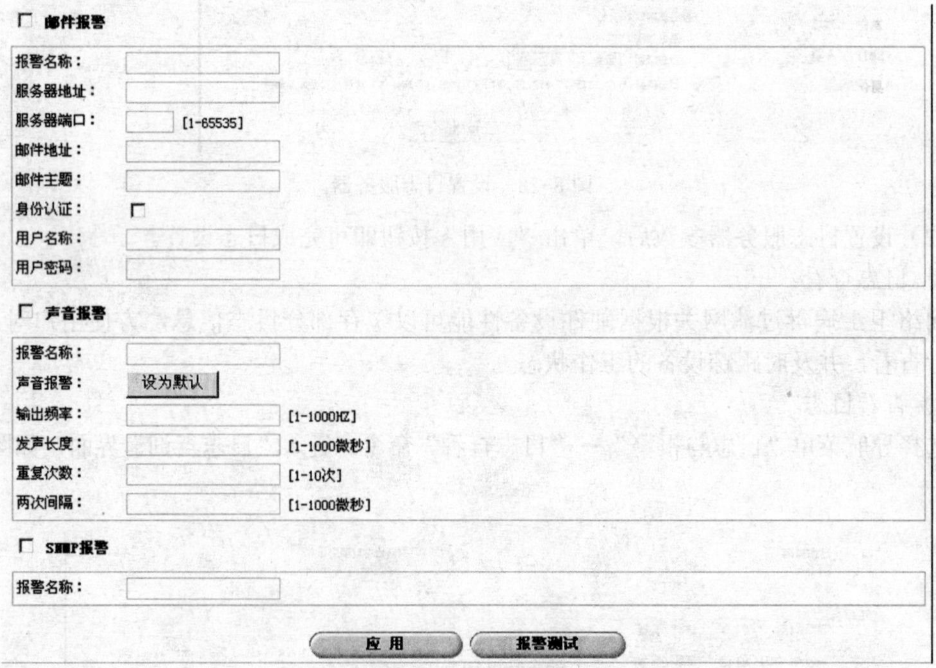

图 8-30　设置报警参数

　　（2）勾选报警方式，可以选择"邮件报警"、"声音报警"和"SNMP 报警"中的一种或多种。

　　在"报警名称"处填写用户指定的报警规则的名称即可。由于 SNMP 报警是通过发送

SNMP Trap 消息到能够接收 Trap 消息的 SNMP 陷阱主机报警，因此必须选择"系统设置"→ "SNMP"命令，启动 SNMP 服务，并设置 SNMP 陷阱主机地址。

要在陷阱主机上接收 SNMP 报警信息，需要在陷阱主机上安装 SNMP 管理软件（如 HP OPENVIEW 软件）。

（3）参数设置完成后，单击"应用"按钮使得相应的报警规则生效。

（4）在设置了报警规则后，可以对报警规则进行测试。单击"报警测试"按钮，系统将按照不同的报警类型测试规则是否有效。

☆　邮件报告

网络卫士病毒过滤网关可以通过邮件向管理员发送"系统信息"页面显示的基本信息、扫描统计、最新病毒、病毒排行等信息；当设备的隔离区空间达到一定百分比时也将向管理员发送邮件报警信息；网关还可以将隔离区文件（或邮件）以邮件方式批量发送给管理员。由于网络卫士病毒过滤网关不是一个独立的 MTA，所以在发送前，必须配置用于发送邮件的邮件服务器和发件人地址，以及接收邮件的管理员地址信息，设备会按照配置自动发送邮件。如果所配置的邮件服务器在发送邮件时需要验证用户名和密码，请正确设置用户名和密码。

具体设置方法如下：

（1）选择"日志与报警"→ "邮件报告"命令，界面如图 8-31 所示。

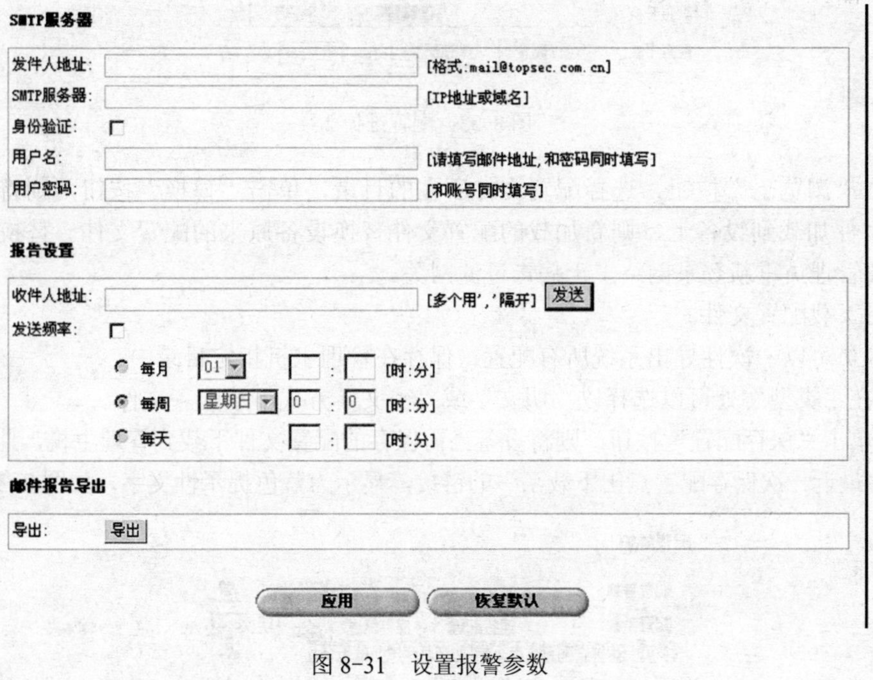

图 8-31　设置报警参数

（2）设置完参数后，单击"应用"按钮可以使参数设置生效。

（3）单击"发送"按钮，将按照设定的参数手工发送邮件报告信息。

（4）单击"恢复默认"按钮时，该模块的所有设置将恢复出厂时的默认配置。

4）系统设置

☆　配置维护

维护配置的操作方法如下：

（1）选择"技术支持"→"配置维护"命令，出现如图 8-32 所示界面。

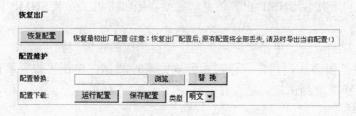

图 8-32　配置维护 1

（2）恢复出厂配置。系统提供了恢复出厂默认配置的功能，以方便用户重新配置设备。恢复出厂配置后，设备的网络接口地址会改变，配置信息会被清除，进而导致失去连接，请用户提前做好准备。单击"恢复配置"按钮，经用户确认后，系统恢复出厂配置并自动重启，此时用户与设备的连接断开。

（3）替换原有配置文件。配置替换是指把本地管理主机上备份的配置文件上传到设备，作为设备的保存配置，同时自动加载到运行配置，如图 8-33 所示。

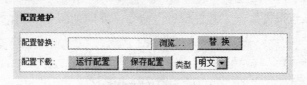

图 8-33　配置维护 2

单击"浏览…"按钮，选择配置文件所在的目录，单击"替换"按钮，则将本地保存的配置文件加载到设备上，则新加载的配置文件替换设备原来的配置文件。替换配置文件后，需要管理员重新登录网络卫士病毒过滤网关。

（4）下载配置文件。

管理员可以一次性导出系统所有配置，保存在管理主机指定目录中。

① 在"类型"处可以选择以"明文"或"密文"方式下载配置文件。

② 单击"保存配置"按钮，则将设备当前保存的配置文件下载到管理主机，此时界面上方增加"最近一次保存配置点击下载…"的链接，显示为蓝色提示性文字，如图 8-34 所示。

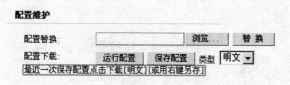

图 8-34　配置维护 3

单击此链接或单击鼠标右键菜单中选择"目标另存为"可以将配置文件保存到管理主机本地的文件夹中。

③ 单击"运行配置"按钮，则将设备当前运行的配置文件从设备中下载到管理主机，此时界面上方增加"当前运行配置点击下载…"的链接，显示为蓝色提示性文字，如

图 8-35 所示。

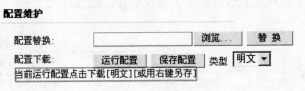

图 8-35　配置维护 4

单击此链接或单击鼠标右键菜单中选择"目标另存为"命令可以将系统当前运行的配置文件保存到管理主机本地的文件夹中。

☆ 系统重启

管理员可以重启系统，具体的操作为选择"技术支持"→"系统重启"命令，如图 8-36 所示。

图 8-36　系统重启

☆ 系统软关机

（1）选择"技术支持"→"系统软关机"命令，界面如图 8-37 所示。

图 8-37　系统软关机

（2）单击"软关机"按钮，系统弹出"确认"对话框，如图 8-38 所示。

图 8-38　确认系统软关机

（3）单击"确定"按钮，完成卸载硬盘及停止系统进程的工作。

☆ 病毒库许可证升级

网络卫士病毒过滤网关的病毒库是有使用期限的，其许可证到期后，必须通过更新许可证文件的方法获得授权，进而继续使用并及时更新病毒库。在 Web 界面中更新许可证文件的具体操作如下：

（1）选择"升级"→"病毒库许可证更新"命令，进入许可证更新界面，如图 8-39 所示。"许可证信息"下面的文本框中显示了当前的许可证信息。

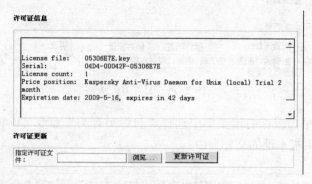

图 8-39　许可证更新

（2）单击"指定许可证文件"右侧的"浏览…"按钮，进入选择许可证文件的窗口。

（3）在"选择文件"窗口中选择待更新的许可证文件，然后单击"打开"按钮，许可证文件的路径显示在文本框中。

（4）单击"更新许可证"按钮，即可更新系统当前的许可证。

如果病毒库 license 选择错误，系统将弹出错误提示框。升级许可证成功后，系统会提示重启系统，用户需要重启系统后病毒库许可证的升级才能生效。

☆　病毒库升级

网络卫士病毒过滤网关是根据病毒库来查杀病毒的，所以为了使病毒库保持最新的状态，天融信网络安全设备的病毒过滤引擎提供了病毒库的升级功能，包括连接病毒库服务器进行在线升级和手动导入病毒库文件进行升级。病毒库的升级操作如下：

（1）在左侧导航菜单中选择"升级"→"病毒库升级"命令，进入"病毒库更新信息"界面，如图 8-40 所示。

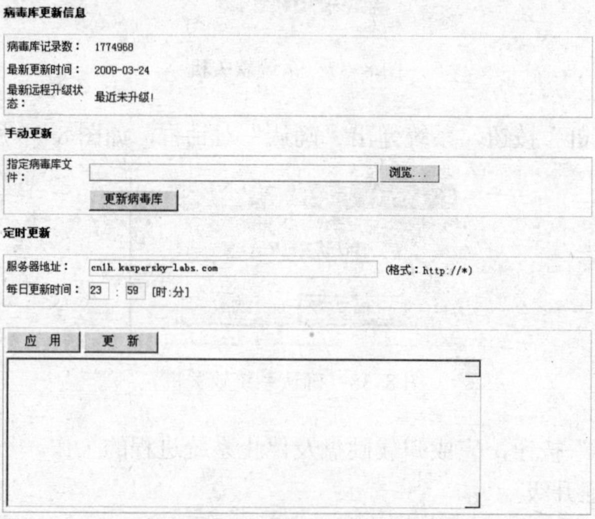

病毒库更新信息

病毒库记录数：1774968
最新更新时间：2009-03-24
最新远程升级状态：最近未升级！

手动更新

指定病毒库文件：　　　　　　　　　　　　　　　浏览…
更新病毒库

定时更新

服务器地址：cn1b.kaspersky-labs.com　　　　（格式：http://*）
每日更新时间：23　59　[时:分]

应用　更新

图 8-40　"病毒库更新信息"界面

（2）在线升级病毒库指的是通过连接病毒库服务器来更新病毒库。

① 定时更新。

在"定时更新"处设置升级所用的"服务器地址"在默认出厂配置中已经设置完成，建议用户不要修改，否则可能会导致无法进行升级操作。管理员只需要设定升级的时间，然后单击"应用"按钮。此后，防病毒安全引擎的病毒库会每天在设定的时间自动完成升级。

② 手动即时更新。

进行手动即时升级时，只需单击"更新"按钮，便可完成病毒库的升级。

（3）离线升级病毒库指的是通过手动指定本地病毒库文件来更新病毒库。

① 单击"指定病毒库文件"右侧的"浏览…"按钮，进入选择病毒库文件的窗口。

② 在"选择文件"窗口中选择待更新的病毒库文件后，单击"打开"按钮，该文件的路径显示在文本框中。

③ 单击"更新病毒库"按钮，即可完成病毒库的离线升级。如果选择了错误的病毒库升级包，系统将弹出错误提示框。

8.5.2　任务 2：防病毒网关的配置实训

1．网络拓扑

某单位使用的天融信防病毒网关部署及位置，如图 8-41 所示。

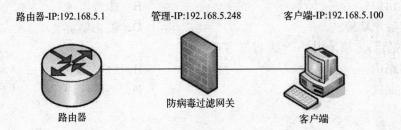

路由器-IP:192.168.5.1　　　管理-IP:192.168.5.248　　　客户端-IP:192.168.5.100

路由器　　　　防病毒过滤网关　　　　客户端

图 8-41　某单位使用的天融信防病毒网关部署及位置

2．配置说明

以下是在天融信防病毒网关上的配置步骤：

（1）配置防病毒过滤网关管理 IP：192.168.5.248/24；

（2）配置防病毒过滤网关的网关 IP：192.168.5.1；

（3）配置 DNS：61.139.2.69；

（4）配置病毒查杀；

（5）升级病毒库许可；

（6）升级病毒库。

3．任务要求

完成上述病毒网关的配置，写出配置步骤。因为防病毒网关产品配置相对简单，大家可直接参考前面已经学习过的配置步骤，并结合在配置方法学习里面的部分，完成上述配置操作，这里不再赘述。

练 习 题

一、选择题

1. 防毒墙产品的发展也经历了由（　　）到（　　）的发展过程。
   - A. 移动存储
   - B. 软件
   - C. 网络
   - D. 硬件

2. 对于硬件防病毒网关来讲，在产品设计上厂商采用与防火墙产品大致相同的策略是（　　）。
   - A. 精简操作系统
   - B. Windows XP
   - C. Windows 2000
   - D. 复杂操作系统

3. 天融信网络卫士网关过滤协议包括（　　）。
   - A. HTTP
   - B. FTP
   - C. POP3
   - D. SMTP
   - E. ICMP
   - F. IMAP

4. 天融信网络卫士过滤网关通常部署在（　　）。
   - A. 出口
   - B. 服务器区
   - C. 客户端前
   - D. 路由器前

5. 天融信防火墙采用（　　）过滤方式。
   - A. 路由
   - B. 透明
   - C. 混合
   - D. 透明代理

二、思考题

1. 防病毒厂商所采取的病毒检测方式，主要分为哪 4 种方式？
2. 简述描述震荡波病毒的危害，并描述其传播方式和处理方式。

三、综合题

1. 某企业目前已经购买有网络版防病毒系统，该企业所有用户均可以访问互联网，虽然网络管理员特别强调所有用户必须开启防病毒软件，但是依然是经常有用户计算机感染病毒，该网络管理员已经束手无策。

【任务要求】

根据上述情况，分析上述企业用户感染病毒的原因，并以第三方的角度，向该管理员推荐防病毒网关系统，写出推荐原因及使用防病毒网关后的效果。

2. 某集团公司，已经部署有防病毒网关系统及防火墙系统，某日管理员在检查病毒网关日志时，发现病毒网关记录的大部分病毒事件，均是内部用户访问了某一个网站，而通过该管理员对该网站的了解，发现这个网站是一个非法的暗地专门传播病毒网站，为此该管理员对病毒网关设置进行了调整。

【任务要求】

分析该管理员进行了哪些方面的配置调整来禁止用户去访问这个非法网站，参考天融信防病毒网关，写出调整步骤。

反侵权盗版声明

电子工业出版社依法对本作品享有专有出版权。任何未经权利人书面许可，复制、销售或通过信息网络传播本作品的行为；歪曲、篡改、剽窃本作品的行为，均违反《中华人民共和国著作权法》，其行为人应承担相应的民事责任和行政责任，构成犯罪的，将被依法追究刑事责任。

为了维护市场秩序，保护权利人的合法权益，我社将依法查处和打击侵权盗版的单位和个人。欢迎社会各界人士积极举报侵权盗版行为，本社将奖励举报有功人员，并保证举报人的信息不被泄露。

举报电话：（010）88254396；（010）88258888

传　　真：（010）88254397

E-mail：dbqq@phei.com.cn

通信地址：北京市海淀区万寿路 173 信箱
　　　　　电子工业出版社总编办公室

邮　　编：100036

全国信息化应用能力考试介绍

考试介绍

  全国信息化应用能力考试是由工业和信息化部人才交流中心组织、以工业和信息技术在各行业、各岗位的广泛应用为基础，检验应试人员应用能力的全国性社会考试体系，已经在全国近 1000 所职业院校组织开展，年参加考试的学生超过 100 000 人次，合格证书由工业和信息化部人才交流中心颁发。为鼓励先进，中心于 2007 年在合作院校设立"国信教育奖学金"，获得该项奖学金的学生超过 300 名。

考试特色

* 考试科目设置经过广泛深入的市场调研，岗位针对性强；
* 完善的考试配套资源（教学大纲、教学 PPT 及模拟考试光盘）供师生免费使用；
* 根据需要提供师资培训、考前辅导服务；
* 先进的教学辅助系统和考试平台，硬件要求低，便于教师模拟教学和考试的组织；
* 即报即考，考试次数和时间不受限制，便于学校安排教学进度。

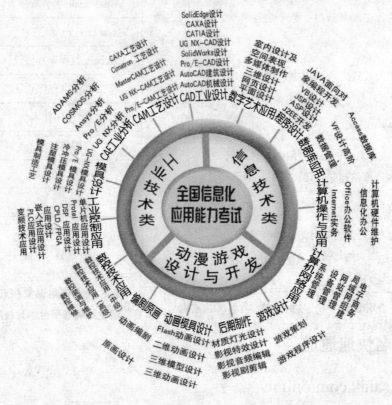

欢迎广大院校合作咨询
工业和信息化部人才交流中心教育培训处
电话：010-88252032 转 850/828/865
E-mail：ncae@ncie.gov.cn
官方网站：www.ncie.gov.cn/ncae